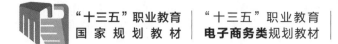

"十三五"职业教育
国家规划教材 | "十三五"职业教育
电子商务类规划教材

电子商务
数据分析与应用

邵贵平 / 主编

U0312224

E-Commerce
Data Analysis

人民邮电出版社
北　京

图书在版编目（CIP）数据

电子商务数据分析与应用 / 邵贵平主编. -- 北京：
人民邮电出版社，2018.12（2022.11重印）
"十三五"职业教育电子商务类规划教材
ISBN 978-7-115-49320-0

Ⅰ．①电… Ⅱ．①邵… Ⅲ．①电子商务－数据处理－
高等职业教育－教材 Ⅳ．①F713.36②TP274

中国版本图书馆CIP数据核字(2018)第209136号

内 容 提 要

本书理论与实践相结合，强调锻炼学习者的数据分析应用能力，着眼于培养具备数据分析技能的运营人才。

本书将电子商务数据分析岗位的工作内容整合成 9 个工作任务，分别为认知电子商务数据分析、运营数据分析、流量数据分析、转化数据分析、客单价数据分析、客户数据分析、商品数据分析、市场行情数据分析、竞争对手数据分析。

本书可作为高等院校、高职高专院校电子商务、市场营销、统计等专业的教材，也可作为电商数据分析师专业技能培训考试的教材。

♦ 主　编　邵贵平
　　责任编辑　刘琦
　　责任印制　焦志炜

♦ 人民邮电出版社出版发行　　北京市丰台区成寿寺路 11 号
　　邮编　100164　　电子邮件　315@ptpress.com.cn
　　网址　http://www.ptpress.com.cn
　　山东华立印务有限公司印刷

♦ 开本：787×1092　1/16
　　印张：18.5　　　　　　　　2018 年 12 月第 1 版
　　字数：462 千字　　　　　　2022 年 11 月山东第 14 次印刷

定价：49.80 元
读者服务热线：(010)81055256　印装质量热线：(010)81055316
反盗版热线：(010)81055315
广告经营许可证：京东市监广登字 20170147 号

前言

随着电商行业竞争日益加剧，内容同质化现象越来越严重，电商企业承受的竞争压力不断增大。原先简单、粗放的运营模式越来越难以立足，实现数据化运营、数据化营销才是电商未来的发展方向，而这些的基础就是数据分析。然而，很多电商运营人员和电商专业学生对数据分析有一种畏惧的心理，好像一谈到数据分析，就需要掌握高大上的数据分析工具，就需要学会抽象的建模或者编程等知识。因此如何提高电商运营人员和电商专业学生的数据分析技能已经成为电商企业和电商专业教学面临的共同课题。

本书作者从事电商领域的研究达十八年，从事数据分析研究有五年，对电商行业和数据分析领域有着深刻的理解和认知。因此在编写本书时，能够将复杂的数据分析问题用简单、浅显、易懂的案例进行全面、详细、深刻且独特的解析。例如，在优化产品的用户体验时，采用的是用户画像技术，结合电商平台数据，能简单易行地构建起用户画像，不需要建模，也不需要编程。

本书采用任务实战与拓展实训相结合的方式设计编写体例，内容涵盖电商运营各个环节的数据分析方法，包括营销推广、商品管理、交易管理、客户管理、市场行情和市场竞争等，共分九个任务。每个任务包括学习目标、任务导入、相关知识、任务实战、拓展实训、任务小结、同步习题几个部分。任务实战紧扣岗位操作需要，分析的数据取自真实的网店，拓展实训源于电商运营数据分析岗位的实际工作内容。

➢ 学习目标包括知识目标、技能目标和基本素养三部分，是学生学习的指引。

➢ 任务导入用案例引导学生进入本任务学习的情境，让学生在学习理论知识前有一个感性认识。

➢ 相关知识是为学生完成工作任务准备的相关理论知识，包括概念、内容、原理、模型、流程、方法、指标、工具等。

➢ 任务实战是学生在教师帮助下完成的工作任务，让学生初步具备数据分析的相关技能，有助于学生掌握完成工作任务的方法和技巧。

➢ 拓展实训要求学生在没有教师的指导下独立完成，目的是培养学生独立思考问题、分析问题和解决问题的能力。

➢ 任务小结的作用是帮助学生了解整个任务的内容结构。

➢ 同步习题用于检验学生对本任务知识点的掌握程度。

本书作者及教学团队在中国大学 MOOC 上建有在线开放课程，搜"商务营运数据分析"找到最新一次开课，里面提供课程大纲、微课视频、操作视频、运营数据、课件、测验、作业、考试、讨论、参考网站等资源。

本书由浙江商业职业技术学院邵贵平教授担任主编。在本书编写过程中，借鉴了国内外许多专家学者的学术观点，参阅了大量书籍、期刊和网络资料，在此谨对各位作者表示感谢。本书还得到思睿（杭州）大数据有限公司韩要宾、阿里巴巴（中国）有限公司王少娜的技术支持，以及浙江商业职业技术学院各位同仁的帮助，在此致以衷心的感谢！

编者
2018 年 8 月

目　　录

任务一　认知电子商务数据分析
——数据意味着什么

【知识目标】	1. 理解电子商务数据分析的相关概念；
	2. 熟悉电子商务数据分析的流程；
	3. 掌握电子商务数据分析的方法；
	4. 掌握电子商务数据分析工具；
	5. 理解电子商务数据分析模型。
【技能目标】	1. 具备运用思维导图绘制数据分析平台功能架构的能力；
	2. 具备运用 AARRR 模型分析产品的能力；
	3. 具备讲解数据分析案例的能力。
【基本素养】	1. 具有数据敏感性；
	2. 善于用数据思考和分析问题；
	3. 具备收集、整理和清洗数据的能力；
	4. 具有较好的逻辑分析能力。

一、任务导入

时趣大数据助力李宁精准跨界明星营销

　　李宁与韩国少女时代郑秀妍Jessica的跨界合作，让"LI-NING X Jessica"系列一经推出就备受追捧。在李宁首度宣布与Jessica合作当日，李宁官微创下自身官微互动记录，#型自西卡#也成为热门话题榜冠军。参与互动的30%以上的网友都明确表示具有购买欲望，之后"LI-NING X Jessica"跨界合作产品在李宁官方商城正式开始预售，瞬间就吸引了数以万计的客户蜂拥而至。

　　利用明星效应进行营销我们都不陌生，但所用明星对产品目标消费者影响力的大小，企业主常常难以把控。所有的成功都不是一次单纯的偶然，李宁与Jessica跨界合推新产品系列的成功是大数据下的产物，是基于社交媒体的数据收集、处理的一次精准营销。

　　那么时趣是怎样通过大数据分析帮助李宁选定合作明星Jessica，又是如何利用数据进行后续精准营销的呢？

　　首先，基于大数据的人群洞察——找到品牌与消费者的最优连接者。

　　作为中国最大的运动品牌之一，李宁需要清晰地把控自己新品系列的调性和受众。李宁把90后、女性这些未来消费主力军，作为他们主要的产品战略方向。基于这个战略，李宁联手合作伙伴大数据专家——时趣，在社交媒体上进行了全方位的人群洞察，以帮助李宁在年轻人群、女性群体身上找到自己新品系列的基础调性：小清新、运动、时尚、阳光。如何把新品信息精准抵达目标消费者，还需要一个"连接"，而李宁通过时趣基于社交媒体的卓越的大数据分析能力，找到了这个具有与李宁新产品系列属相相似的"连接"——韩国顶级女团少女时代成员郑秀妍Jessica。

其次，匹配明星信息——确保信息精准抵达。

时趣数据中心通过采集、清洗、存储、计算并整合新浪微博海量微博内容数据及相关客户数据、关系数据等，积累了庞大数量的活跃客户数据、关系数据、微博数据、标签数据，并保持每日新增客户数据及微博数据。利用足够多的客户数据，才能分析出客户的喜好与购买习惯，及时并且全面地了解客户的需求与想法，做到"比客户更了解客户自己"。因此，在纵向上，时趣基于数据对当红艺人社交网络影响力进行了详细的分析与总体评价；在横向上，时趣从性别、年龄、地域、兴趣标签、语义情感等几个维度上把Jessica粉丝的集中倾向属性和李宁新产品系列的调性进行了综合匹配，确保其推送信息可以精准抵达目标消费者，并且这个抵达过程速度极快，范围很广，单位抵达成本小得惊人。

最后，建立预测响应机制——优化后续营销活动设计。

当然，要做到"精准营销"就必须准确地预计客户需求，因此，时趣不仅对大量历史数据进行了挖掘与分析，还建立了相应的预测响应机制，根据客户在社交媒体上的活动建立数据收集模型，通过模型完成数据的加工和分析，为品牌下一步的产品策划与营销提供更加有意义的数据参考。"LI-NING X Jessica"相关话题中，"Jessica参与设计""Jessica行程"等相关内容被多次提及，根据这一数据信息，李宁建立了李宁首尔工作室，随继推出"型自首尔"系列，邀请Jessica亲自参与设计，并在其官方商城为"Jessica & Krystal 近距离接触"的活动造势，使新产品售卖热度继续升温。LI-NING X与Jessica的合作效果如图1-1所示。

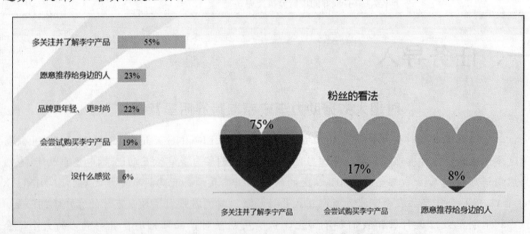

图 1-1 LI-NING X 与 Jessica 的合作效果

总的来说，时趣已经具备通过大数据战略打破行业边界的能力，通过对庞大、复杂的客户数据进行挖掘、追踪、分析，对不同客户群体进行聚合，获得更为完整的客户或客户群体的模型，从而打造个性化、精准化、智能化的产品营销解决方案，最终以个性化营销和主动营销打破传统无差异的、被动的产品服务营销方式。

思考：

1. 大数据分析在李宁的"LI-NING X Jessica"系列产品推广过程中起到哪些作用？
2. 如何评价李宁与明星这次合作的营销效果？请列出具体指标。

二、相关知识

电子商务数据分析指对电子商务经营过程产生的数据进行分析，在研究大量的数据的过程中寻找模式、相关性和其他有用的信息，从而帮助商家做出决策。

（一）电子商务数据分析的相关概念

1. 数据分析

数据分析是指收集、处理数据并获取信息的过程。具体地说，数据分析是指在业务逻辑的基础上，运用简单有效的分析方法和合理的分析工具对获取的数据进行处理的一个过程。

（1）数据分析的目的

数据分析的目的是把隐藏在一大批看来杂乱无章的数据中的信息集中、萃取和提炼出来，以找出所研究对象的内在规律。在实际生活中，数据分析可帮助人们做出判断，以便采取适当行动。

（2）数据分析的价值

数据分析的价值包含 3 个方面，一是帮助领导做出决策；二是预防风险；三是把握市场动向，如图 1-2 所示。通过数据分析，可以帮助企业发现做得好的方向、需要改进的地方，以及指出企业出现的问题。

图 1-2　数据分析的价值

（3）数据分析的作用

数据分析在企业日常经营分析中，具有以下三方面的作用。

① 现状分析，提供企业现阶段整体运营，以及企业各项业务的构成情况，包括各项业务的发展以及变动情况。

② 原因分析，发现企业存在问题的原因，并依据原因制订相应的解方案。

③ 预测分析，对企业未来的发展趋势做预测，便于企业制订运营计划。

（4）数据分析的应用

数据分析有极广泛的应用范围，在产品的整个生命周期内，从产品的市场调研到售后服务以及最终处置都需要适当运用数据分析。例如，企业会通过市场调查分析所得数据，以判定市场动向，从而制订合适的生产及销售计划。同样，在淘宝店铺运营过程中，数据分析也起着积极的作用。

（5）数据分析的分类

一般把数据分析分为三类：EDA（Exploratory Data Analysis，探索性数据分析）、CDA（Confirmatory Data Analysis，验证性数据分析）和定性数据分析。

EDA 是指对已有的数据在尽量少的先验假定下进行探索，侧重于在数据之中发现新的特征。EDA 讲究的是从客观数据出发，探索其内在的数据规律，让数据自己说话。

CDA 是指在进行分析之前一般都有预先设定的模型，侧重于已有假设的证实或证伪。

定性数据分析是指对词语、照片、观察结果之类的非数值型数据进行分析。

2. 大数据

大数据本身是一个比较抽象的概念，单从字面来看，它表示数据规模的庞大。目前大数据尚未有一个公认的定义，已有的定义基本是从大数据的特征出发，对其特征的阐述和归纳。在这些定义中，比较有代表性的是 3V 定义，即认为大数据需满足 3 个特点：规模性（VOLUME）、多样性（VARIETY）和高速性（VELOCITY）。维基百科对大数据的定义则简单明了：大数据是指利用常用软件工具捕获、管理和处理数据所耗时间超过可容忍时间的数据集。

 知识链接：数据分析从小数据开始

大数据最引人注目的是"大"，但是有时从小一些的数据集开始也是可以的，只要你能够分辨出你所寻找的是什么。如果你的研究对象为开业小于一年的零售店，那么你不需要一个大的 IT 系统来帮助你获取、贮存以及分析所有信息。如果你想要获得更愿意购买你的商品的顾客的统计资料，有很多免费的资源（如 Google Adwords 以及其相关的分析工具）可以帮助你达到目的。一旦你明白数据分析如何使你受益以及使你明白去获得什么，你将会非常确定地想要更大规模以及更可信的数据和方法。

3. 云计算

Google 作为大数据应用最为广泛的互联网公司之一，在 2006 年率先提出云计算的概念。云计算是一种大规模的分布式模型，通过网络将抽象的、可伸缩的、便于管理的数据能源、服务、存储方式等传递给终端客户。根据维基百科的说法，狭义云计算是指 IT 基础设施的交付和使用模式，指通过网络以按照需求量的方式和易扩展的方式获得所需资源；广义云计算指服务的交付和使用模式，指通过网络以按照需求量和易扩展的方式获得所需服务。目前云计算可以认为包含三个层次的内容：服务（IAAS）、平台即服务（PAAS）和软件即服务（SAAS）。国内的阿里云与云谷公司的 XenSystem，以及在国外已经非常成熟的 Intel 和 IBM 都是云计算的忠实开发者和使用者。

云计算是大数据的基础平台与支撑技术。如果将各种大数据的应用比作一辆辆"汽车"，支撑起这些"汽车"运行的"高速公路"就是云计算。正是因为云计算技术对数据存储、管理与分析等方面的支撑，才使得大数据有用武之地。

4. 数据可视化

数据可视化是指将数据分析结果用简单且视觉效果好的方式展示出来，一般运用文字、表格、图标和信息图等方式展示。Word、Excel、PowerPoint、水晶易表等都可以作为数据可视化的展示工具。现代社会已经进入一个速读时代，好的可视化图表可以清楚地表达数据分析的结果，大大节约人们思考的时间。

数据分析的使用者包括大数据分析专家和普通客户，他们对于大数据分析最基本的要求就是数据可视化，因为数据可视化能够直观地呈现大数据的特点，让数据自己说话，让观者直接看到结果，这就是数据可视化的作用。

5. 数据挖掘

大数据分析的理论核心就是数据挖掘。数据挖掘的各种算法基于不同的数据类型和格式，能更加科学地呈现出数据本身的特点，从而帮助人们更快速地处理大数据。如果采用一个算法需要花好几年才能得出结论，那大数据的价值也就无从说起了。因此，算法不仅能够满足处理大数据的数据量要求，也能一定程度地满足处理大数据的速度要求。

数据挖掘的重点不在数据本身，而在于如何能够真正地解决数据运营中的实际商业问题。但是，要解决商业问题，就得让数据产生价值，就得做数据挖掘。

6. 数据质量

因此，更好的数据意味着更好的决策，数据分析的前提就是要保证数据质量。因此，在数据分析和数据挖掘之前，必须完成数据质量的处理工作，即对数据的集成和处理。

数据质量的处理工作主要包括两方面：数据的集成和数据的清洗，关注的对象主要有原始数据和元数据两方面。

（1）数据的集成

数据的集成主要解决信息孤岛的问题，包括两方面：数据仓库对源数据的集成和元数据系统对不同数据源中的元数据的集成。相应地，数据质量管理也关注两方面：对数据仓库中的真实数据的质量探查和剖析，以及对元数据系统中元数据的数据质量的检查。

元数据的管理目标是整合企业信息资产、支撑数据在使用过程中的透明可视，提升数据报告、数据分析、数据挖掘的可信度，所以元数据的数据质量检查着重在于对元数据信息的唯一性、一致性、准确性的检查。

（2）数据的清洗

数据质量处理主要是采用一些数据清洗规则处理缺失数据、去除重复数据、去除噪声数据、处理异常（但真实）的数据，从而保证数据的完整性、唯一性、一致性、精确性、合法性和及时性。

知识链接：元数据

元数据是指信息的信息，是描述信息的属性信息。一个信息的元数据可以分为三类：固有性元数据，是指事物固有的与事物构成有关的元数据；管理性元数据，是指与事物处理方式有关的元数据；描述性元数据，是指与事物本质有关的元数据。

以摄像镜头为例，镜头的固有性元数据包括品牌、参数、类型、重量、光圈、焦距等信息；镜头的管理性元数据包括商品类型、上架时间及库存情况；镜头的描述性元数据包括用途、特色，如人文纪实和人像摄影。

7. 数据预测分析

数据预测分析是大数据技术的核心应用，如电子商务网站通过数据预测分析顾客是否会购买推荐的产品，信贷公司通过数据预测分析借款人是否会违约，执法部门用数据预测分析特定地点发生犯罪的可能性，交通部门利用数据预测分析交通流量等。预测是人类本能的一部分，只有通过大数据预测分析才能获取智能的、有价值的信息。

数据预测分析可以帮助企业做出正确而果断的业务决策，让客户更开心，实施成功的数据预测分析有赖于以下几个要素。

（1）数据质量

数据是预测分析的血液。数据通常来自内部，如客户交易数据和生产数据，但通常还需要补充外部数据源，如行业市场数据、社交网络数据和其他统计数据。与流行的技术观点不同，这些外部数据未必一定是大数据。数据中的变量是否有助于有效预测才是关键所在。总之，数据越多，相关度和质量越高，找出原因和结果的可能性越大。

（2）数据分析师

数据分析师必须理解业务需求和业务目标，审视数据，并围绕业务目标建立预测分析规则，如如何增加电子商务的销售额、保持生产线的正常运转、防止库存短缺等。数据分析师需要拥有数学、统计学等多个领域的知识。

知识链接：数据分析师应具备的能力

对于数据分析师来说，熟悉业务逻辑和掌握数据分析的方法与工具同样重要。数据分析师不可能在没有理解业务逻辑的基础上，提出一个基于数据的解决方案。因为每个行业都有不同的趋势、行为和驱动因素。事实上，一个不懂业务逻辑的数据分析师，其分析结果不会产生任何使用价值；而一个只懂业务逻辑而不精通数据分析方法与工具的数据分析人员，充其量只能算数据分析爱好者。现实情况是懂数据分析的人很多，懂业务逻辑的人更多，但既懂业务又懂数据分析，称得上"数据分析师"的人却非常少。

（3）预测分析软件

数据分析师必须借助预测分析软件来评估分析模型和规则，预测分析软件通过整合统计分析和机器学习算法发挥作用。

（4）运营软件

找到了合适的预测规则并将其植入应用，就能以某种方式产生代码，预测规则也能通过业务规则管理系统和复杂事件处理平台进行优化。

（二）电子商务数据分析的流程

最初的数据可能杂乱无章且无规律，要通过作图、制表和各种形式的拟合来计算某些特征量，探索规律性的可能形式。这时就需要研究用何种方式去寻找和揭示隐含在数据中的规律性。首先在探索性分析的基础上提出几种模型，再通过进一步的分析从中选择所需的模型，最后使用数理统计方法对所选定模型或估计的可靠程度和精确程度做出推断。数据分析流程如图1-3所示，具体步骤如下。

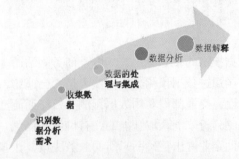

图 1-3　数据分析流程

1．识别数据分析需求

识别数据分析需求可以为收集数据、分析数据提供清晰的目标，是确保数据分析过程有效性的首要条件。在开始数据分析之前，就应该冷静思考在数据分析过程中想要获得什么。例如，是想要更精确地确定网店的客户群，还是想要扩大网店的客户群？或者是为了评估产品改版后的效果是否比之前有所提升？或者是找到产品迭代的方向？还是进行科学的排班以至于不必在闲时浪费人力、在忙时缺少人手？明确通过数据分析要获得什么以及数据分析的目标是什么是至关重要的。

明确了数据分析的目的，接下来需要确定应该收集的数据都有哪些。

2. 收集数据

当通过数据分析来揭示变化趋势时，数据量越大越好。对于任何类型的统计分析，样本量越大，所得到的结果越精确。仅仅是追踪公司一周的销售数据的价值是很难看出未来发展趋势的，3个月的会好一些，6个月的更佳。即使无法确定寻找的是什么，也要确保收集的数据所包含的信息要尽可能详尽和精确。试着弄清楚获得所需最优数据的途径，然后开始收集。如果没有数据，就不能够进行分析。

收集数据即是如何将数据记录下来的环节。在这个环节中需要着重说明的是两个原则，即全量而非抽样，以及多维而非单维。

（1）全量而非抽样

数据分析的人员能够做到完全全量的对数据进行收集和分析。

（2）多维而非单维

将数据针对客户行为实现5W1H的全面细化，将交互过程的什么时间、什么地点、什么人、因为什么原因、做了什么事情全面记录下来，并将每一个板块进行细化，时间可以从起始时间、结束时间、中断时间、周期间隔时间等细分；地点可以从地市、小区、气候等地理特征、渠道等细分；人可以从多渠道注册账号、家庭成员、薪资、个人成长阶段等细分；原因可以从爱好、人生大事、需求层级等细分；事情可以从主题、步骤、质量、效率等细分。通过这些细分维度，增加分析的多样性，并从中挖掘规律。

有目的的收集数据是确保数据分析过程有效的基础，需要对收集数据的内容、渠道、方法进行策划，主要考虑：①将识别的数据分析需求转化为更具体的要求，如评价供方时，需要收集的数据可能包括其过程能力、测量系统不确定性等相关数据；②明确由谁在何时何处，通过何种渠道和方法收集数据；③记录表应便于使用；④采取有效措施，防止数据丢失和虚假数据对系统的干扰。

3. 数据的处理与集成

数据的处理与集成主要是完成对于已经采集到的数据进行适当的处理、清洗去噪以及进一步的集成存储。对收集数据进行抽取，从中提取出关系和实体，经过关联和聚合之后采用统一定义的结构来存储这些数据。在数据抽取时，需要对数据进行清洗和整理，保证数据质量及可信性。常用的数据清洗和整理方法有三种：去重、排序和分组。

（1）去重

去重是指删除重复的数据，以减少对后续数据分析步骤的干扰。去重工作采用 Excel 工具，具体步骤如下。

步骤1：从网上获取原始空调型号一共有12个，如表1-1所示。

表 1-1 原始空调型号

序号	原始空调型号
1	Midea/美的 KFR-26GW/WCBD3@
2	AUX/奥克斯 KFR-35GW/NFI19+3
3	Midea/美的 KFR-35GW/WDBD3@

序号	原始空调型号
4	Midea/美的 KFR-26GW/WCBD3@
5	Midea/美的 KFR-23GW/DY-PC400（D3）
6	Midea/美的 KFR-26GW/WCAB3@
7	Gree/格力 KFR-26GW/（26592）NhAc-3
8	TCL KFRd-23GW/BF33-I
9	Midea/美的 KFR-35GW/WCBD3@
10	TCL 移动水冷气扇小空调
11	Midea/美的 KFR-26GW/WCBD3@
12	AUX/奥克斯 KFR-35GW/BpNFI19+3

去重的第一步是标识重复项，单击"数据/高亮重复项"按钮，结果显示 Midea/美的 KFR-26GW/WCBD3@有 2 条重复项，如图 1-4 所示。

步骤 2：单击"数据/删除重复项"按钮，打开"删除重复项"对话框，在"删除重复项"对话框的列中选择"空调型号"多选项，单击"删除重复项"按钮，删除 2 条重复项，如图 1-5 所示。

图 1-4　高亮重复项

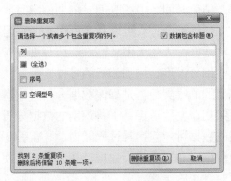
图 1-5　删除重复项

步骤 3：删除后保留 10 条唯一项，将 B2 中"原始空调型号"改成"去重后的空调型号"，修改序号，如图 1-6 所示。

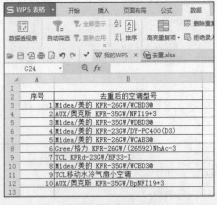
图 1-6　去重后的空调型号

去重可以节省存储空间，通过删除重复数据，可以大大降低需要的存储介质数量，进而降低成本，提升磁盘的写入性能，节省网络带宽。

知识链接：大数据时代数据的特征

大数据时代数据的特征之一是"VALUE"（价值），这是大数据低价值密度的体现。也就是说，大数据量并不意味着大信息量，很多时候它意味着冗余数据的增多、垃圾价值的泛滥，因此，对数据进行筛选、清理是十分必要的，否则过多的干扰信息一方面会占据大量的存储空间，造成存储资源的浪费，另一方面这些垃圾数据会对真正有用的信息造成干扰，影响数据分析结果。大数据时代的数据清洗过程必须更加细致和专业，即在数据清洗过程中，既不能清洗得过细，因为这会增加数据清洗的复杂度，甚至有可能会把有用的信息过滤掉；也不能清洗得不细致，因为要保证数据筛选的效果。

大数据时代数据的另一特征是"VARIETY"（多样），也就是大数据的多样性。这也使得通过各种渠道获取的数据种类和结构都非常复杂，也为之后的数据分析处理带来了极大的困难。通过数据处理与集成这一步骤，可以将结构复杂的数据转换为便于处理的结构，从而为以后的数据分析打下良好的基础。

（2）排序

整理数据时，排序也是重要的方法之一，因为数据经过排序后，会方便商家从中识别哪个数据最大，哪个数据最小，进而发现数据反映出的问题。排序的具体操作步骤如下。

步骤 1：打开空调各类型月销量数据表，如表 1-2 所示。单击数据选项卡下的"排序"按钮，开始排序。

表 1-2 　　　　　　　　　　　　　空调各类型月销量

序号	空调型号	销量
1	Midea/美的 KFR-26GW/WCBD3@	8 742
2	AUX/奥克斯 KFR-35GW/NFI19+3	7 674
3	Midea/美的 KFR-35GW/WDBD3@	5 213
4	Midea/美的 KFR-23GW/DY-PC400（D3）	3 125
5	Midea/美的 KFR-26GW/WCAB3@	2 189
6	Gree/格力 KFR-26GW/（26592）NhAc-3	1 908
7	TCL KFRd-23GW/BF33-I	1 324
8	Midea/美的 KFR-35GW/WCBD3@	3 174
9	TCL 移动水冷气扇小空调	14 106
10	AUX/奥克斯 KFR-35GW/BpNFI19+3	2 349

步骤 2：设置"排序"对话框，列的主要关键字设为"月销量"，排序依据设为"数值"，次序设为"降序"，单击"确定"按钮实施排序，如图 1-7 所示。

图 1-7 排序

排序的结果如表 1-3 所示，可以发现 TCL 移动水冷气扇小空调月销量最高，TCL KFRd-23GW/BF33-I 月销量最低。

表 1-3　　　　　　　　　　　　排序结果

序号	空调型号	月销量
1	TCL 移动水冷气扇小空调	14 106
2	Midea/美的 KFR-26GW/WCBD3@	8 742
3	AUX/奥克斯 KFR-35GW/NFI19+3	7 674
4	Midea/美的 KFR-35GW/WDBD3@	5 213
5	Midea/美的 KFR-35GW/WCBD3@	3 174
6	Midea/美的 KFR-23GW/DY-PC400（D3）	3 125
7	AUX/奥克斯 KFR-35GW/BpNFI19+3	2 349
8	Midea/美的 KFR-26GW/WCAB3@	2 189
9	Gree/格力 KFR-26GW/（26592）NhAc-3	1 908
10	TCL KFRd-23GW/BF33-I	1 324

（3）分组

商家日常都会收集数据，日积月累，数据量就会变得很大。面对这些毫无规律的数据，商家会感觉不知如何进行数据分析。但如果能对这些数据进行分组整理，分析起来就容易找到头绪。下面介绍通过建立数据透视报表来对数据进行分组管理的方法。

步骤 1：打开空调销售记录表，如图 1-8 所示。单击数据选项卡下的“数据透视表”按钮，创建数据透视表。

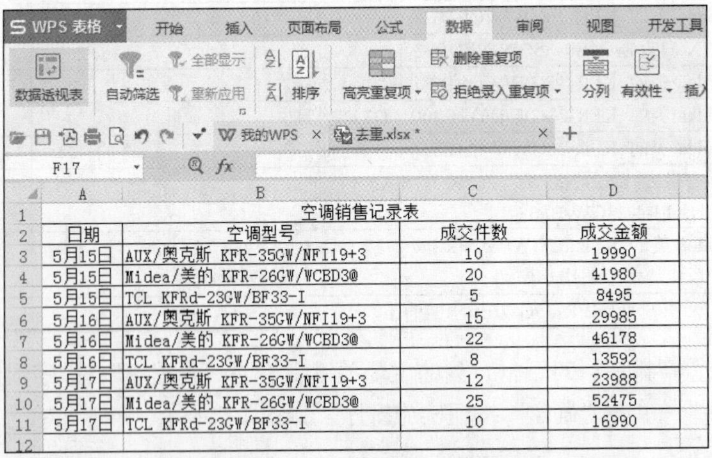

空调销售记录表

日期	空调型号	成交件数	成交金额
5月15日	AUX/奥克斯 KFR-35GW/NFI19+3	10	19990
5月15日	Midea/美的 KFR-26GW/WCBD3@	20	41980
5月15日	TCL KFRd-23GW/BF33-I	5	8495
5月16日	AUX/奥克斯 KFR-35GW/NFI19+3	15	29985
5月16日	Midea/美的 KFR-26GW/WCBD3@	22	46178
5月16日	TCL KFRd-23GW/BF33-I	8	13592
5月17日	AUX/奥克斯 KFR-35GW/NFI19+3	12	23988
5月17日	Midea/美的 KFR-26GW/WCBD3@	25	52475
5月17日	TCL KFRd-23GW/BF33-I	10	16990

图 1-8　空调销售记录表

步骤 2：设置“创建数据透视表”对话框，放置数据透视表的位置设为“新工作表”，单击“确定”按钮，创建数据透视表，如图 1-9 所示。

步骤 3：设置数据透视表，字段列表选择“日期”“空调型号”“成交件数”和“成交金额”。数据透视表区域的行选择“空调型号”，值选择“成交件数”和“成交金额”，筛选器选择“日期”，如图 1-10 所示。

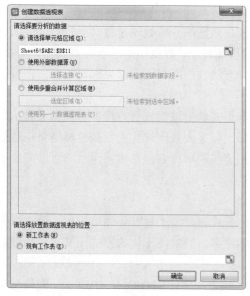

图 1-9　创建数据透视表

图 1-10　设置数据透视表

步骤 4：生成的数据透视表如图 1-11 所示。5 月 15～17 日 AUX/奥克斯 KFR-35GW/NFI19+3 空调的成交件数为 37 件，成交金额为 73 963 元；Midea/美的 KFR-26GW/WCBD3@ 空调的成交件数为 67 件，成交金额为 140 633 元，TCL KFRd-23GW/BF33-I 空调的成交件数为 23 件，成交金额为 39 077 元。

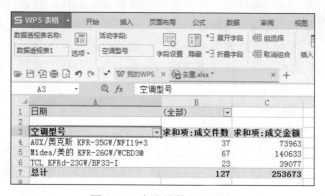

图 1-11　生成的数据透视表

4. 数据分析

数据分析是整个大数据处理流程里最核心的部分，因为在数据分析的过程中，会发现数据的价值所在。数据分析是指将收集到的数据通过加工、整理和分析后，将其转化为信息的过程。

常用的数据分析方法有排列图、因果图、分层法、调查表、散布图、直方图、控制图、关联图、系统图、矩阵图、KJ 法、计划评审技术、PDPC 法、矩阵数据图等。

在数据分析的基础上，还要进一步将分析方法应用在业务需求中。基于业务主题的分析可以涉及多个领域，从客户参与网店推广活动的转化率分析，到客户的留存时长分析，再到内部的各环节衔接的及时率和准确度分析等，每一方面都有独特的指标、维度以及分析方法的要求。

5. 数据解释

对于广大的数据信息客户来讲，最关心的并非是数据的分析处理过程，而是对大数据分析结果的解释与展示。因此，在一个完善的数据分析流程中，数据结果的解释步骤至关重要。如果数据分析的结果正确但是没有采用适当的解释方法，则所得到的结果很可能让客户难以理解，极端情况下甚至会误导客户。

数据解释的方法很多，比较传统的就是以文本形式输出结果或者直接在计算机上显示结果。这种方法在面对小数据量时是一种很好的选择，但是大数据时代的数据分析结果往往是海量的，同时结果之间的关联关系极其复杂，采用传统的解释方法基本不可行。可以考虑从下面两个方面提升数据解释能力。

（1）引入可视化技术

可视化作为解释大量数据最有效的手段之一率先被科学与工程计算领域采用。通过对分析结果的可视化，可以用更形象的方式向客户展示结果，同时图形化的方式比文字更易理解和接受。

常见的可视化技术有标签云（TAG CLOUD）、历史流（HISTORY FLOW）、空间信息流（SPATIAL INFORMATION）等。数据可视化工具中，报表类工具有 JReport、Excel、水晶报表、FineReport 等；BI 分析工具有 Style Intelligence、BO、BIEE、象形科技 ETHINK、Yonghong Z-Suite 等；国内的数据可视化工具有 BDP 商业数据平台、大数据魔镜、数据观、FineBI 商业智能软件等。用户可以根据具体的应用需要选择合适的可视化技术和工具。

（2）客户参与分析过程

另一方面，可以让客户能够在一定程度上了解和参与具体的分析过程，从而提升数据解释效果。客户参与分析过程有两种方式：既可以采用人机交互技术，利用交互式的数据分析过程来引导客户逐步地进行分析，使客户在得到结果的同时更好地理解结果的由来；也可以采用数据起源技术，通过该技术帮助追溯整个数据分析的过程，以帮助客户理解数据分析结果。

数据分析完成后一般会要求撰写数据分析报告，它是对整个数据分析过程的总结，是给企业决策者的一个参考报告，可以为决策者提供科学、严谨的决策依据。一份优秀的数据分析报告，需要有一个明确的主题、一个清晰的目录、图文并茂的数据阐述以及条理清晰的内容呈现。最后还需要加上结论和建议，并提供解决问题的方案和想法，以便决策者在决策时作为参考。

（三）电子商务数据分析的方法

从根本目的上来说，数据分析的任务在于通过抽象数据形成对业务有意义的结论。因为单纯的数据是毫无意义的，直接看数据是没有办法发现其中的规律的，只有通过使用分析方法将数据抽象处理后，人们才能看出隐藏在数据背后的规律。

1. 数据分析方法分类

选取恰当的数据分析方法是整个数据处理过程中的关键步骤，一般从分析方法复杂度上来讲，可以将数学分析方法分为三个层级，即常规分析方法、统计学分析方法和自建模型。

（1）常规分析方法

常规分析方法不对数据做抽象的处理，主要是直接呈现原始数据，多用于针对固定的指标且具有周期性的分析主题。常规分析方法直接通过原始数据来呈现业务意义，主要的分析方法有两种——趋势分析和占比分析，其对应的分析方法分别为同环比分析及帕累托分析。同环比分析，其核心目的在于呈现本期与往期之间的差异，如销售量增长趋势；而帕累托分析则是呈现单一维度中的各个要素占比的排名，如"各个城市本期的销售量增长趋势的排名"，以及"前百分之八十的增长量都由哪几个城市贡献"这样的结论。常规分析方法已经成为最基础的分析方法，在此不再详细介绍。

（2）统计学分析方法

统计学分析方法能够基于以往数据的规律来推导未来的趋势，根据使用的原理多分为以下几大类：有目标结论的有指导学习算法、没有目标结论的无指导学习算法以及回归分析法。

（3）自建模型

自建模型在分析方法中是最为高阶也是最具有挖掘价值的，多用于金融领域，甚至业界专门为自建模型的人群起了一个名字叫作"宽客"，这群人就是靠数学模型来分析金融市场的。统计学分析方法所使用的算法是具有局限性的，虽然统计学分析方法能够运用于各种场景中，但是它存在不精准的问题，在有指导和没有指导的学习算法中，得出的结论很多都不精准，而在金融这种锱铢必较的领域中，这种算法显然不能达到需求的精准度，因此数学家在这个领域专门自建模型，通过输入数据，得出投资建议。在统计学分析方法中，回归分析法是最接近于数学模型的，但回归分析法用到的公式的复杂程度有限，而数学模型是完全自由的，能够对指标进行任意的组合，从而确保最终结论的有效性。

2. 常用的数据分析方法

（1）回归分析法

回归分析法是研究一个随机变量（Y）对另一个（X）或一组（X_1, X_2, ..., X_k）变量的相依关系的统计分析方法。回归分析（Regression Analysis）法是确定两种或两种以上变数间相互依赖的定量关系的一种统计分析方法，其运用十分广泛。回归分析法按照涉及的自变量多少，可分为一元回归分析和多元回归分析；按照自变量和因变量之间的关系类型，可分为线性回归分析和非线性回归分析。

回归分析法简单说就是几个自变量加减乘除后就能得出因变量来。例如，想知道活动覆盖率、产品价格、客户薪资水平、客户活跃度等指标与购买量存在何种关系，就可以运用回归分析法，把这些指标及购买量的数据输入系统，运算后即可分别得出这些指标与购买量存在何种关系的结论，以及通过进一步的运算得出相应的购买量。

回归分析工具是一种非常有用的预测工具，既可以对一元线性或多元线性问题进行预测分析，也可以对某些可以转化为线性问题的非线性问题预测其未来的发展趋势。一般线性回归分析主要有以下 5 个步骤：

① 根据预测对象，确定自变量和因变量；
② 制作散点图，确定回归模型类型；
③ 估计参数，建立回归模型；
④ 检验回归模型；
⑤ 利用回归模型进行预测。

利用回归分析法进行预测时，常用的是一元线性回归分析，又称简单线性回归。

知识链接：回归模型

回归模型为：$Y=a+bX+\varepsilon$

Y——因变量；

a——常数项是回归直线在纵坐标上的截距；

b——回归系数是回归直线的斜率；

X——自变量；

ε——随机误差是随机因素对因变量所产生的影响。

某网店某商品 1～7 月的支付商品件数、件单价、支付金额如表 1-4 所示，将表格中的时间作为自变量，支付商品件数作为因变量，并假设它们之间存在线性关系：$Y=a+bX+\varepsilon$，Y 表示支付商品件数，X 表示时间，要求利用回归分析法预测下一个月的支付商品件数。

表 1-4   某网店某商品月销售统计表

月份	支付商品件数	件单价（元）	支付金额（元）
1	557	2 884	1 606 312
2	485	2 573	1 247 674
3	349	1 680	586 407
4	347	2 100	728 572
5	355	2 036	722 650
6	291	1 884	548 147
7	240	1 885	452 418

步骤 1：在 Excel 中，切换至"数据"功能区，在"分析"选项面板中单击"数据分析"，在弹出的"数据分析"对话框中选择"回归"，单击"确定"按钮，如图 1-12 所示。

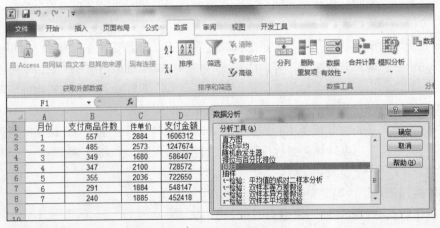

图 1-12 选择回归分析

步骤 2：单击"确定"按钮之后，弹出"回归"对话框，单击"输入"选项下的"Y 值输入区域"文本框右侧的按钮，选取 B2-B8 单元格区域，再点击"X 值输入区域"文本框右侧按钮，选取 A2-A8 单元格区域，如图 1-13 所示。

步骤 3：设置"回归"对话框，勾选"置信度""标志"，在输出选项区中选中"输出区域"，再单击"输出区域"文本框右侧按钮，在工作表中选中 F1 单元格，接着勾选"残差"选项区与"正态分布"选项区中所有选项，并单击"确定"按钮，如图 1-14 所示。

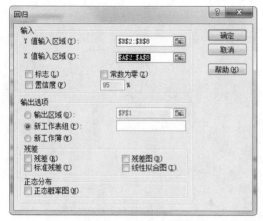

图 1-13　输入区域

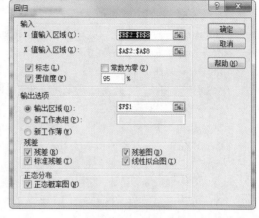

图 1-14　回归设置

知识链接：回归设置

残差——称之为剩余值，它由观测值与预测值之间的差而得到；

标准残差——由（残差-残差的均值）/残差的标准差而得到；

残差图——以回归模型的自变量为横坐标、因变量为纵坐标绘制的散点图；

线性拟合——以回归模型的自变量为横坐标、因变量和预测值为纵坐标而绘制的散点图；

正态概率图——以百分位排名的因变量为横坐标、自变量为纵坐标绘制的散点图。

步骤 4：单击"确定"按钮后，在工作表中输出回归分析要点，回归分析完成，如图 1-15 所示。

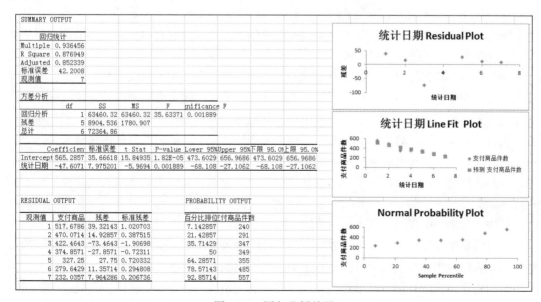

图 1-15　回归分析结果

知识链接：回归分析结果解释

Multiple——相关系数（correlation coefficient）；

R Square——测定系数或称拟合优度，它是相关系数的平方；

Adjusted——校正测定系数（adjusted determination coefficient）；

df——自由度（degree of freedom）；

SS——误差平方和或称变差；

MS——均方差，它是误差平方和除以相应的自由度得到的商；

F——F 值，用于线性关系的判定；

Significance F——显著性水平下的 F_α 临界值，其实等于 P 值；

Coefficients——模型的回归系数，包括截距和斜率；

标准误差——回归系数的标准误差，误差值越小，表明参数的精确度越高；

t Stat——统计量 t 值，用于对模型参数的检验，需要查表才能决定；

P-value——参数的 P 值（双侧），即弃真概率，当 P<0.01 时，可以认为模型在 α=0.01 的水平上显著或者置信度达到 99%。

步骤 5：从回归分析结果中，可以得到时间与支付商品件数的一元线性回归分析方程为：$Y=565.2857-47.607X$，其中判定 $R^2=0.876949$，其中回归模型 F 检验与回归系数的 t 检验相应的 P 值都小于 0.01，即有显著线性关系。再将自变量"8"代入回归方程，得到 8 月份预测的支付商品件数为 184 件。

回归分析方法可以应用到市场营销的各个方面，方便管理者了解用户、深度分析用户行为，从而可以实施相应的预防措施和解决办法。

（2）聚类分析法

聚类分析（Cluster Analysis）是指将物理或抽象对象的集合分组为由类似的对象组成的多个类的分析过程。聚类是将数据分类到不同的类或者簇中的一个过程，所以同一个簇中的对象有很大的相似性，而不同簇间的对象有很大的相异性。聚类分析是一种探索性的分析，在分类的过程中，人们不必事先给出一个分类的标准，聚类分析能够对样本数据自动进行分类。使用不同的聚类分析法，常常会得出不同的结论。不同研究者对于同一组数据进行聚类分析，所得到的聚类数也未必一致。

聚类分析法将指标之中所有类似属性的数据分别合并在一起，形成聚类的结果。如最经典的酒与尿布分析，业务人员希望了解啤酒跟什么搭配在一起卖会更容易让大家接受，因此需要把所有的购买数据都放进来，计算后得出其他各个商品与啤酒的关联程度或者是距离远近，也就是购买了啤酒的人群中，都同时购买了哪些其他的商品，然后输出多种结果，如尿布或者牛肉或者酸奶或者花生米等，这每个商品都可以成为一个聚类结果。由于没有目标结论，因此这些聚类结果都可以参考，货品摆放人员会尝试各种聚类结果来看效果提升程度。在这个案例中，各个商品与啤酒的关联程度或者是距离远近就是算法本身，这其中的逻辑也有很多种，包括关联规则、聚类算法等。

通过数据聚类分析把具有相似性特点的数据归为若干个簇，这些簇具有最小的组间相似性和最大的组内相似性。由于预先不知道目标数据库中有多少类，聚类分析将某种度量作为标准的相似性，将所有记录组成的类在不同聚类之间实现最大化，而在同一聚类之间实现最小化。常用的聚类算法包括 k-means 算法、DBSCAN 算法、CURE 算法等。

（3）相关分析法

相关分析（Correlation Analysis）研究现象之间是否存在某种依存关系，并对具体有依存关系的现象探讨其相关方向以及相关程度。

相关关系是一种非确定性的关系，具有随机性，因为影响现象发生变化的因素不止一个，并且总是围绕某些数值的平均数上下波动的。例如，以 X 和 Y 分别记录一个人的身高和体重，或访客数与成交量，则 X 与 Y 显然有关系，而又没有确切到可由其中的一个去精确地决定另一个的程度，这就是相关关系。

相关分析法是研究两个或两个以上随机变量之间相关依存关系的方向和密切程度的方法。利用 Excel 数据工具库中的相关分析，能找出变量之间所存在的相关系数。

相关分析类别中最为常用的是直线相关，其中的相关系数是反映变量之间线性关系的强弱程度的指标，一般用 r 表示。当 $-1 \leqslant r < 0$ 时，则线性负相关；当 $1 \geqslant r > 0$ 时，则线性正相关；$r = 0$ 时，则变量之间无线性关系。

某网店某商品 1～7 月的支付商品件数、推广费用如表 1-5 所示。假设支付商品件数与推广费用之间存在线性相关关系，要求计算支付商品件数与推广费用的相关系数。

表 1-5　　　　　　　　　　　某网店某商品月销售及费用统计表

月份	支付商品件数	推广费用（元）
1	557	1 532
2	485	955
3	349	1 680
4	347	2 100
5	355	2 036
6	291	1 884
7	240	1 885

步骤 1：在 Excel 中，选择"数据"选项卡，在"分析"面板中单击"数据分析"，再在弹出的"数据分析"对话框中选择"相关系数"，单击"确定"按钮，如图 1-16 所示。

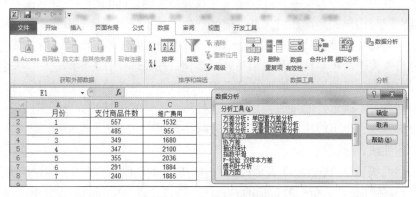

图 1-16　选择相关系数

步骤 2：设置弹出的"相关系数"对话框，单击"输入区域"文本框右侧的按钮，在工作表中选择 B1-C8 单元格区域，并在"分组方式"后选择"逐列"，勾选"标志位于第一行"，并在"输出选项"下方单击"输出区域"文本框右侧按钮，在工作表中选择 E1 单元格，单击"确定"按钮，如图 1-17 所示。

图 1-17　相关系数设置

步骤 3：单击"确定"按钮之后，相关分析即完成，计算得到的相关系数如表 1-6 所示。支付商品件数与推广费用的相关系数为 0.906 243 768，属于高度正相关。

表 1-6　　　　　　　　　　　　　　　　　相关系数

	支付商品件数	推广费用
支付商品件数	1	
推广费用	0.906 243 768	1

知识链接：相关系数

　　相关系数 r 的取值范围为[-1，1]，其正负号可反映相关的方向，如果相关系数 $0<|r|\leqslant0.3$，则相关程度为低度相关；相关系数 $0.3<|r|\leqslant0.8$，则相关程度为中度相关；相关系数 $0.8<|r|\leqslant1$，则相关程度为高度相关。

　　关联分析是另一种分析事物间依存关系的方法，它是指从大量数据中发现项集之间有趣的关联和相关联系。关联是指多个数据项之间联系的规律。关联规则挖掘可以发现数据库中两个或者多个数据项之间的关系，可以用来寻找大量数据之间的相关性或者关联性，进而对事物某些属性同时出现的规律和模式进行描述。由于其不受因变量的限制，所以有着十分广泛的应用。常用的关联分析算法有 Aprioir 算法、FP 增长算法等。

　　关联分析隶属于灰色系统方法，相关分析则包含在数理统计的范畴之内。灰色系统意指因素间不具有确定关系的系统，数理统计是揭示不确定性的随机现象的统计规律的学科，因此对于因素间具有不确定性的系统，如社会、经济、农业等领域的大量因素分析问题，既可应用相关分析方法，也可应用关联分析方法来解决。

　　（4）描述性统计分析

　　所谓描述性统计分析，就是在表示数量的中心位置的同时，还能表示数量的变异程度（即离散程度）。描述性统计分析一般包括两种方法：频数分布分析和列联表分析。

　　描述性统计量包括均值、方差、标准差、最大值、最小值、极差、中位数、分位数、众数、变异系数、中心矩、原点矩、偏度、峰度、协方差和相关系数。

　　某网店 8 月 8 日共成交 30 笔订单，每个用户的客单价如表 1-7 所示，要求对客单价进行描述性统计分析。

表 1-7　　　　　　　　　　　某网店 8 月 8 日的用户客单价

序号	用户 ID	客单价（元）	序号	用户 ID	客单价（元）
1	10012523	2 305	16	10015548	2 999
2	10013500	5 169	17	10017829	2 699
3	10014486	3 208	18	10016716	1 099
4	10016500	1 756	19	10019980	1 899
5	10018001	1 899	20	10022180	7 599
6	10016520	4 859	21	10011543	1 298
7	10015863	355	22	10014456	3 799
8	10013562	8 513	23	10015572	9 995
9	10018853	2 499	24	10012204	6 498
10	10019864	4 099	25	10016238	5 465
11	10013552	3 998	26	10013925	3 699
12	10020107	2 399	27	10020016	3 099
13	10017589	1 599	28	10018457	2 798
14	10018247	4 798	29	10014501	3 000
15	10020261	1 999	30	10015263	4 000

步骤 1：在 Excel 中，选择"数据"选项卡，在"分析"选项面板中单击"数据分析"，在弹出的"数据分析"对话框中选择"描述统计"，单击"确定"按钮，如图 1-18 所示。

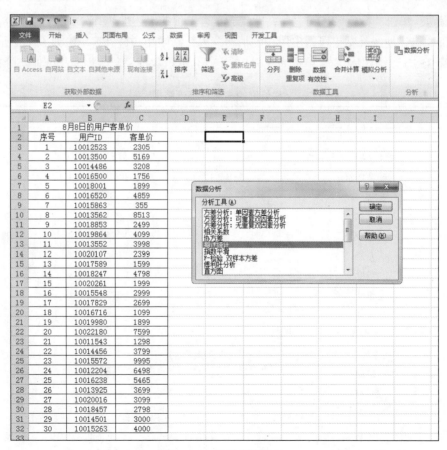

图 1-18　选择描述统计

步骤 2：设置弹出的"描述统计"对话框，单击"输入区域"文本框右侧的按钮，在工作表中选择 C2-C32 单元格区域，并在"分组方式"后选择"逐列"，勾选"标志位于第一行"，如图 1-19 所示。

步骤 3：单击"输出区域"文本框右侧按钮，选择 E2 单元格，并勾选"汇总统计""平均数置信度""第 K 大值（A）""第 K 小值（M）"。将"平均数置信度"设为 95%，"第 K 大值"和"第 K 小值"分别设为 5，单击"确定"按钮，如图 1-20 所示。

图 1-19　描述统计输入

图 1-20　描述统计设置

步骤 4：单击"确定"按钮之后，即完成了客单价的描述性统计分析，如表 1-8 所示。从客单价的描述性统计结果可得出用户的消费能力，其中用户最高客单价为 9 995 元，最低客单价为 355 元，用户平均客单价为 3 646.7 元，客单价数据呈现尖峭峰高度偏态分布。

表 1-8　　　　　　　　　　　　客单价的描述性统计结果

客单价	
平均	3 646.7
标准误差	406.395 309 4
中位数	3 049.5
众数	1 899
标准差	2 225.918 782
方差	4 954 714.424
峰度	1.450 612 548
偏度	1.223 575 471
区域	9 640
最小值	355
最大值	9 995
求和	109 401
观测数	30
最大（5）	5 465
最小（5）	1 756
置信度（95.0%）	831.171 733 1

知识链接：描述性统计指标

平均数——N个数相加除以N；

中位数——每一组中数据按大小排列，排在中间位置的数据；

众数——一组数据中出现次数最多的数；

峰度系数——一种对称分布曲线峰顶尖峭程度指标，峰度系数<0，则呈现平阔峰分布，峰度系数>0，则呈现尖峭峰分布；

偏度系数——数据对称性指标，偏度系数<0，负偏态分布，偏度系数>0，正偏态分布，偏度系数>1，高度偏态分布，1>偏度系数>0.5，中等偏态分布；

方差——各个数据分别与其平均数之差的平方的和的平均数；

标准差——总体各单位标准值与其平均数离差平方算术平均数的平方根。

（5）方差分析法

方差分析是指从观测变量的方差入手，研究诸多控制变量中哪些变量是对观测变量有显著影响的变量。方差分析法（ANOVA/Analysis of Variance）又称变异数分析或 F 检验，是由现代统计科学的奠基人之一的费希尔 R.A.Fisher 发明的，用于两个及两个以上样本均数差别的显著性检验。由于各种因素的影响，运用方差分析法研究所得的数据呈现波动状。

造成波动的原因可分成两类，一类是不可控的随机因素，另一类是研究中施加的对结果形成影响的可控因素。

（6）交叉分析法

交叉分析法通常是把纵向对比和横向对比综合起来，对数据进行多角度的综合分析。举个例子如下。

a. 交叉分析角度：客户端+时间

某 App 应用二季度（4 月、5 月、6 月）的 iOS 端和 Android 端的客户数如表 1-9 所示。

表 1-9　　　　　　　　　　　某 App 应用二季度客户数

	4 月	5 月	6 月	总计
iOS	36 000	45 000	60 000	141 000
Android	150 000	140 000	130 000	420 000
总计	186 000	185 000	190 000	561 000

从表 1-9 中，可以看出 iOS 端每个月的客户数在增加，而 Android 端在降低，总体数据没有增长的主要原因在于 Android 端数据的下降。

接下来分析：为什么 Android 端二季度新增客户数据在下降呢？一般这时，需要加入渠道维度。

b. 交叉分析角度：客户端+时间+渠道

某 App 应用二季度（4 月、5 月、6 月）的 iOS 端和 Android 端的客户来源渠道分布如表 1-10 所示。

表 1-10 　　　　　　　　　　　　某 App 应用的渠道分布

	渠道	4 月	5 月	6 月	总计
iOS	AppStore	35 000	43 500	58 000	136 500
	其他渠道	1 000	1 500	2 000	4 500
	总计	36 000	45 000	60 000	141 000
Android	A 预装渠道	100 000	80 000	70 000	250 000
	B 市场渠道	40 000	49 500	48 500	138 000
	C 地推渠道	6 000	6 000	7 000	19 000
	D 广告渠道	4 000	4 500	4 500	13 000
	总计	150 000	140 000	130 000	420 000
总计		186 000	185 000	190 000	561 000

从这个数据中可以看出，Android 端 A 预装渠道占比比较高，而且呈现下降趋势，其他渠道的变化并不明显。

因此可以得出结论：Android 端在二季度新增客户降低主要是由于 A 预装渠道降低所导致的。

所以说，交叉分析的主要作用是从多个角度细分数据，从中发现数据变化的具体原因。

（7）时间序列分析法

时间序列是指按时间顺序进行排列的一组数字序列。时间序列分析就是应用数理统计方法对相关数列进行处理，以预测未来事物的发展。时间序列分析是定量预测方法之一，它的基本原理：一是承认事物发展的延续性，应用过去的数据，就能推测事物的发展趋势；二是考虑到事物发展的随机性，任何事物发展都可能受偶然因素的影响，为此要利用统计分析中的加权平均法对历史数据进行处理。该方法简单易行，便于掌握，但准确性差，一般只适用于短期预测。时间序列预测一般反映三种实际变化规律：趋势变化、周期性变化、随机性变化。

一个时间序列通常由 4 种要素组成：趋势、季节变动、循环波动和不规则波动。

趋势：是时间序列在一段较长的时期内呈现出来的持续向上或持续向下的变动状况。

季节变动：是时间序列在一年内重复出现的周期性波动。它是受气候条件、生产条件、节假日或人们的风俗习惯等各种因素影响的结果。

循环波动：是时间序列呈现出的非固定长度的周期性变动。循环波动的周期可能会持续一段时间，但与趋势不同，它不是朝着单一方向的持续变动，而是涨落相同的交替波动。

不规则波动：是时间序列中除去趋势、季节变动和循环波动之后的随机波动。不规则波动通常夹杂在时间序列中，致使时间序列产生一种波浪形或震荡式的变动。不含有随机波动的序列也称为平稳序列。

（8）比较分析法

比较分析法也称对比分析法，是指将客观的事物进行对比，以认识事物的本质和规律，进而判断其优劣的研究方法。

一般来说，比较分析法通常将两个或两个以上的同类数据进行比较，从剖析、对比事物的个别特征和属性开始，辅助数据分析师进行数据分析的工作。比较分析法可以分为横向比较和纵向比较两种。

纵向比较是对同一事物不同时期的状况或特征进行比较，从而认识事物的过去、现在及其未来的发展趋势。

横向比较是在同一标准下对同类的不同对象进行比较，从中找出差距，判断优劣。

在电子商务数据分析中，比较分析法主要从以下几点来进行数据比较，以便数据分析师更好地做出数据分析报告，如图1-21所示。

在比较分析中，选择合适的对比标准是十分关键的步骤。对比标准选择得合适，才能做出客观的评价；选择不合适，评价可能得出错误的结论。

（9）分组分析法

分组分析法是指通过统计分组的计算和分析，来认识所要分析对象的不同特征、不同性质及对象相互关系的方法。分组就是根据研究的目的和客观现象的内在特点，按某个标志或几个标志把被研究的总体划分为若干个不同性质的组，使组内的差异尽可能小，组间的差异尽可能大。分组分析法是在分组的基础上，对现象的内部结构或现象之间的依存关系从定性或定量的角度做进一步的分析研究，以便寻找事物发展的规律，正确地分析问题和解决问题。

根据分组分析法作用的不同，可将其分为结构分组分析法和相关关系分组分析法；结构分组分析法又可分为按品质标志分组分析法和按数量标志分组分析法，如图1-22所示。

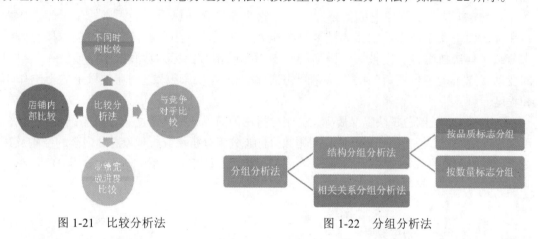

图1-21　比较分析法　　　　　　图1-22　分组分析法

① 结构分组分析法

A. 按品质标志分组分析法

分组是确定社会经济现象同质总体，研究现象各种类型的基础。俗话说"物以类聚，人以群分"，在复杂的社会经济现象总体中，客观上存在着多种多样的类型，各种不同的类型有着不同的特点以及不同的发展规律，而同类的、品质相同或相近的事物易于聚集在一起，结合为同一类别或群体。按照不同的类别分辨事物，就不会混淆事物的性质，就可以认识万物的本质特征。

广义上说，任何统计分组都是把现象总体划分为不同的类型。

狭义上说，划分现象类型是指对某一复杂总体按重要的品质标志来分组，以反映不同性质的社会经济现象之间的相互关系。科学分组是区分现象的类型，正确了解、研究现象的实质，发挥统计研究作用的重要方法。

品质标志分组分析法就是用来分析社会经济现象的各种类型特征，从而找出客观事物规律的一种分析方法。

B. 按数量标志分组分析法

数量标志分组分析法是用来研究总体内部结构及其变化的一种分析方法。它是指在对总体现象进行科学分组的基础上，计算各组单位数或分组指标量在总体总量中所占比重，从而形成对总体的结构分布状况的总体认识。

各组所占比重大小不同，说明它们在总体中所处的地位不同，对总体分布特征的影响也不同，其中比重相对大的部分，决定着总体的性质或结构类型。数量标志分组分析法借助于总体各部分的比重在量上的差异和联系，用以研究总体内部各部分之间存在的差异和相互联系。

② 相关关系分组分析法

相关关系分组分析法是用来分析社会经济现象之间依存关系的一种分组分析法。

社会经济现象之间存在着广泛的联系和制约关系，其中关系紧密的联系就是现象之间的依存关系。如商品流转额中商品流转速度与流通费用率之间存在着依存关系；工业产品的单位成本、销售总额与利润也呈依存关系。分析研究现象之间依存关系的统计方法很多，如相关回归分析法、指数因素分析法、分组分析法等，其中统计分组分析法是最基本的方法，是进行其他分析的基础。

分组分析法分析现象之间的依存关系，它将现象之间属于影响因素的原因标志作为自变量，而把属于被影响因素的结果指标作为因变量。分组分析法首先对总体按原因标志分组，其次按组计算出被影响因素的平均指标或相对指标，然后根据指标值在各组间的变动规律来确定自变量与因变量之间的依存关系，认识现象之间在数量上的影响作用和程度。

综上所述，分组分析法以品质标志分组分析法为前提条件，通过品质标志分组分析法，可以分析现象的类型特征和规律性；利用数量标志分组分析法分析现象总体内部的结构及其变化；利用相关关系分组分析法分析社会经济现象之间的相关关系。这三种分组分析法在实际中常常结合在一起使用。

 知识链接：分组原则

分组时必须遵循两个原则：穷尽原则和互斥原则。

穷尽原则就是使总体中的每一个单位都应有组可归，或者说各分组的空间足以容纳总体所有的单位。

互斥原则就是在特定的分组标志下，总体中的任何一个单位只能归属于某一个组，而不能同时或可能归属于几个组。

（10）矩阵分析法

矩阵分析法是一种将多个变量化为少数综合变量的多元统计分析方法，它可以从原始数据中获得许多有益的情报。

在矩阵图的基础上，把各个因素分别放在相应的行和列中，然后在行和列的交叉点中用数量来描述这些因素之间的对比值，再依此进行数量计算、定量分析，以确定哪些因素是相对比较重要的。

矩阵图有四个象限，第一象限属于高度关注区，标志着客户对公司某产品或服务的满意程度高于其重要性，公司应继续保持现状并给予支持；第二象限是优先改进区，标志着客户对公司某产品或服务的满意程度低于企业认为此方面的重要程度,企业只要对该方面进行改进即可事半功倍;第三象限是无关紧要区,标志着客户对企业某产品或服务的满意度低于其重要性,企业若在此产品或服务上投入资源,将得不偿失;第四象限是维持优势区,标志着企业在此服务上投入了过多的时间、资金和资源,超出了客户的期望,如图1-23所示。

图 1-23　矩阵分析法

当数据分析师进行顾客调查、产品设计方案选择时,一般需要对两种或者两种以上的因素加以考虑,针对这些因素权衡其重要性,得出加权系数。有时候,数据分析师需要应用顾客对调查产品要求的数据,考虑多种影响因素,并确定各因素的重要性和优先考虑次序。这时使用矩阵分析法,就可以一目了然地将市场调查数据分析出来,判断出顾客对产品的要求、产品设计开发的关键影响因素以及最适宜的方案等。

总的来说,利用矩阵分析法可以进行多因素分析、复杂质量评价等,有利于提高数据分析质量。

（11）互联网宇宙（THE INTERNET MAP）

互联网宇宙是一种数据可视化分析方法。为了探究互联网这个庞大的宇宙,俄罗斯工程师 RUSLAN ENIKEEV 根据 2011 年底的数据,将 196 个国家（地区）的 35 万个网站数据整合起来,并根据这些网站相互之间的链接关系将这些"星球"联系起来,命名为"THE INTERNET MAP",如图 1-24 所示。一个"星球"代表一个网站,每一个"星球"的大小根据其网站流量来决定,而"星球"之间的距离远近则根据链接出现的频率、强度和客户跳转时创建的链接等因素决定。

（12）标签云

标签云是指用不同的标签标示不同的对象,其本质就是一种"标签"。标签的排序一般按照字典的顺序排列,并根据其热门程度确定字体的颜色和大小,出现频率越高的词语字体就越大,反之越小。这就方便客户按照字典或是该标签的热门程度来寻找信息。

数据分析的标签云如图 1-25 所示。

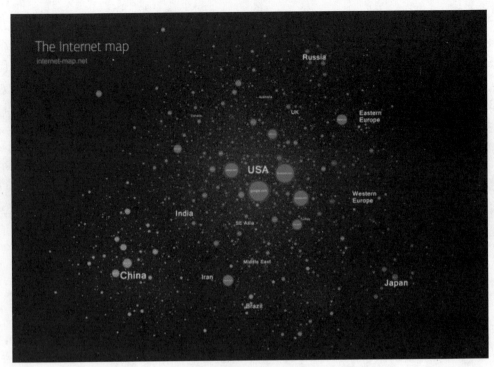

图 1-24　互联网宇宙

图 1-25　数据分析的标签云

（四）电子商务数据分析的工具

1. R 语言

R 语言是一个用于统计计算和统计制图的优秀工具，R 既是一种用于统计分析、绘图的语言，也是一种操作环境，如图 1-26 所示。R 语言被广泛应用于数据挖掘以及开发统计软件和数据分析中。近年来，易用性和可扩展性大大提高了 R 语言的知名度。除了数据，它还提供统计和制图技术，包括线性和非线性建模，经典的统计测试，时间序列分析、分类、收集等。其分析速度可媲美 GNU Octave 甚至商业软件 MATLAB。

R 语言具备跨平台、自由、免费、源代码开放、绘图表现和计算能力突出等一系列优点，受到了越来越多的数据分析工作者的喜爱。

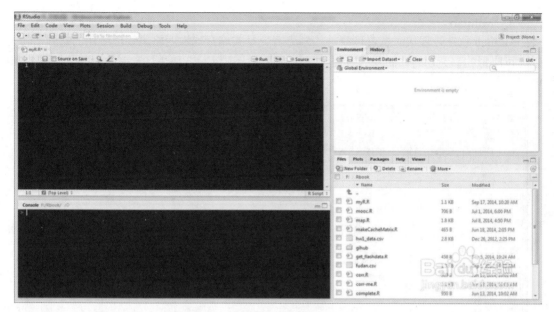

图 1-26　R 语言

2. SPSS

SPSS 是国际上公认的权威统计分析软件,广泛应用于自然科学与社会科学研究中。SPSS 和 R 语言相比,不需要编程(但要求掌握基本的统计原理),只需单击菜单和对话框中按钮即可,易学易用,在短时间内甚至几秒内即可得出数据分析结果。

SPSS 是世界上最早采用图形菜单驱动界面的统计软件,它最突出的特点就是操作界面极为友好,输出结果美观漂亮,如图 1-27 所示。它将几乎所有的功能都以统一、规范的界面展现出来,使用 Windows 的窗口方式展示各种管理和分析数据方法的功能,对话框展示出各种功能选择项。用户只要掌握一定的 Windows 操作技能,粗通统计分析原理,就可以使用该软件为特定的科研、工作服务。

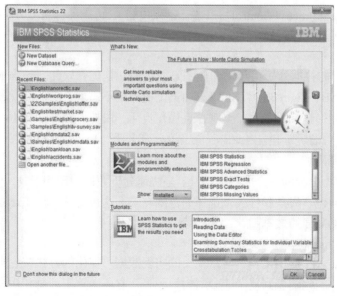

图 1-27　SPSS

3. Minitab

Minitab 软件是现代质量管理统计的领先者，是实施全球六西格玛管理所用的共同语言，以无可比拟的强大功能和简易的可视化操作深受广大质量学者和统计专家的青睐，如图 1-28 所示。

图 1-28　Minitab

Minitab 功能菜单包括假设检验（参数检验和非参数检验）、回归分析（一元回归和多元回归、线性回归和非线性回归）、方差分析（单因子、多因子、一般线性模型等）、时间序列分析、图表（散点图、点图、矩阵图、直方图、茎叶图、箱线图、概率图、概率分布图、边际图、矩阵图、单值图、饼图、区间图、Pareto、Fishbone、运行图等）、蒙特卡罗模拟和仿真、SPC（Statistical Process Control——统计过程控制）、可靠性分析（分布拟合、检验计划、加速寿命测试等）、MSA（交叉、嵌套、量具运行图、类型 I 量具研究等）等。

4. Excel

Excel 是常用的数据分析工具，在作图方面也是一款优秀软件，与当前流行的数据处理图形软件 MATLAB、SigmaPlot、SPSS 等相比，Excel 不需要一定的编程知识和矩阵知识，图表类型多样，图形精确、细致、美观，且操作灵活、快捷，图形随数据变化呈即改即现的效果，既能绘制简单图形，也能绘制较为复杂的专业图形。Excel 与 SPSS 之间可以进行数据、分析结果的相互调用。

Excel 作为数据分析的一个入门级工具，是快速分析数据的理想工具，但是 Excel 分析结果信息量少，在颜色、线条和样式上选择的范围有限，这也意味着用 Excel 很难制作出符合专业出版物和网站需要的数据图。

5. Google Charts API

Google Charts API 提供了一种非常完美的实现数据可视化的方式，它提供了大量现成的图标类型，从简单的线图表到复杂的分层树地图等，它还内置了动画和用户交互控制，如图 1-29 所示。

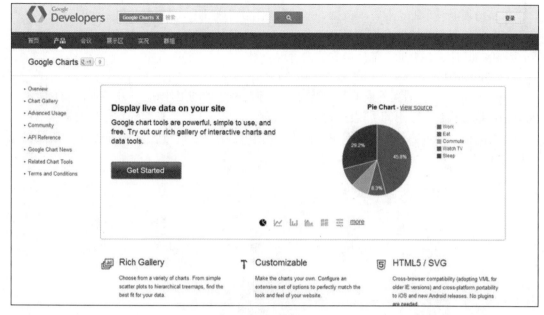

图 1-29　Google Charts API

Google Charts API 为每个请求返回一个 PNG 格式图片，目前提供如下类型图表：折线图、柱状图、饼图、维恩图、散点图，它还可以为这些图表设定尺寸、颜色和图例。

6. 水晶易表

水晶易表（Crystal Xcelsius）是全球领先的商务智能软件商 SAP Business Objects 的最新产品。只需要简单的点击操作，Crystal Xcelsius 就可以让静态的 Excel 电子表格充满生动的数据展示、动态表格、图像和可交互的可视化分析，还可以通过多种"如果……那么会（What If）"情景分析进行预测，如图 1-30 所示。最后，通过一键式整合，这些交互式的 Crystal Xcelsius 分析结果还可以轻松地嵌入到 PowerPoint、Adobe PDF 文档、Outlook 和网页上。

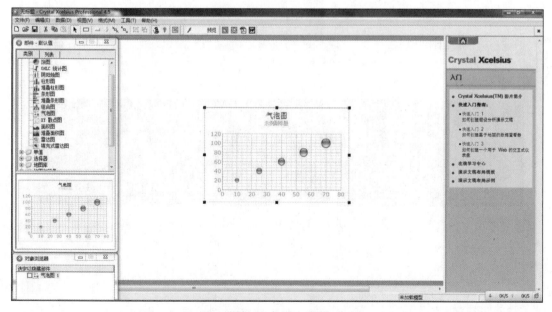

图 1-30　水晶易表

水晶易表能够帮助企业管理数据、呈现数据，并且辅助讲解数据，让企业的商业信息得到更加充分的表现，协助分析人员进行多维、交叉、模拟的分析，提高了沟通的有效性，提升了决策的品质，并有助于部门做好绩效管理。

7. Power BI

Power BI 是微软最新的商业智能概念，它包含一系列的组件和工具，如图 1-31 所示。Power BI 是微软官方推出的可视化数据探索和交互式报告工具，它的核心理念就是让用户不需要强大的技术背景，只需要掌握 Excel 这样简单的工具就能快速进行商业数据分析及实现数据可视化。

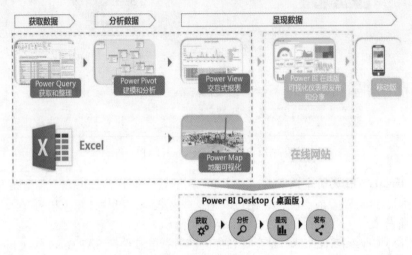

图 1-31　Power BI

8. 百度统计

百度统计是百度推出的一款稳定、免费、专业、安全的数据统计、分析工具，如图 1-32 所示。它能够为 Web 系统管理者提供权威、准确、实时的流量质量和访客行为分析，帮助监控日常指标，为实现系统优化、提升投资回报率等目标提供指导。

图 1-32　百度统计

百度统计目前能为客户提供几十种图形化报告，帮助用户完成以下工作。

（1）监控网站运营状态

百度统计能够全程跟踪网站访客的各类访问数据，如浏览量、访客数、跳出率、转化次数等，通过统计生成网站分析报表，展现网站浏览的变化趋势、来源渠道、实时访客等数据，帮助管理者从多角度观察、分析网站数据。

（2）提升网站推广效果

百度统计可以监控各种渠道的推广效果。它已与百度渠道的推广完美结合，不需要添加任何额外参数，直接就可以监控到最细粒度的推广点击效果。

对于其他渠道的投放、推广效果，百度统计提供了指定广告跟踪方式，通过 UTM（安全加码方式）即可完成监控部署。网站管理者可根据推广流量的后续表现，细分来源和访客，调整 SEO 和 SEM 策略，以获得更优的推广效果。

（3）优化网站结构和体验

通过对页面上下游、转化路径等进行定制分析，可定位访客流失环节，有针对性地查漏补缺，后续通过热力图等工具有效地分析点击分布和细分点击属性，从而摸清访客行为，提升网站吸引力和易用性。

9．Google Analytics

Google Analytics（谷歌分析）是 Google 公司为网站提供的数据统计服务，可以对目标网站进行访问数据统计和分析，并提供多种参数供网站拥有者使用。Google Analytics 是一种功能全面而强大的分析软件包，如图 1-33 所示。

图 1-33　Google Analytics

Google Analytics 是 Google 的一款免费的网站分析服务，自从其诞生以来，即广受好评。Google Analytics 功能非常强大，只要在网站的页面上加入一段代码，Google Analytics 就可以提供丰富详尽的图表式报告。Google Analytics 向客户显示访问者是如何找到和浏览客户的网站的以及客户能如何改善访问者的访问体验，以提高客户网站的投资回报率和转化率。

客户的免费 Google Analytics 账户有 80 多个报告，可对客户整个网站的访问者进行跟踪，并能持续跟踪客户的营销广告效果。利用此报告，客户将了解到哪些关键字真正起了作用，哪些广告词最有效，访问者是从何处退出的。

（五）电子商务数据分析的模型

常用的电子商务数据分析模型主要有漏斗分析模型和 AARRR 分析模型。

1. 漏斗分析模型

漏斗分析模型适用于业务流程比较规范、周期长、环节多的流程分析，通过对漏斗各环节业务数据的比较，能够直观地发现问题所在。在网站分析中，漏斗分析模型通常用于转化率比较，它不仅能展示访客从进入网站到实现购买的最终转化率，还可以展示每个步骤的转化率。漏斗分析模型不仅能够提供客户在业务中的转化率和流失率，还展示出各种业务在网站中受欢迎的程度。虽然单一漏斗图无法评价网站某个关键流程中各步骤转化率的高低，但是通过前后对比或是不同业务、不同客户群的漏斗图对比，还是能够发现网站中存在的问题，并寻找到最佳的优化空间，这个方法被普遍用于产品各个关键流程的分析中。

图 1-34 所示的漏斗分析模型表现了从客户进入网站到最终购买商品的过程中客户数量的变化趋势。

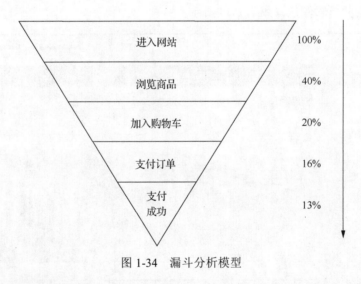

图 1-34　漏斗分析模型

从客户进入网站到浏览商品页面，转化率是 40%；从浏览商品到加入购物车，转化率是 20% 等。如果想要找出哪个环节的转化率最低，就需要有对比数据。

如从进入网站到浏览商品，如果同行业水平的转化率是 45%，而本网店只有 40%，那说明这个过程的转化率没有达到行业平均水平，这时就需要分析具体原因在哪里，再有针对性地去优化和改善。

当然，这是一种理想化的漏斗模型，数据有可能是经过汇总后得出的。而真实的客户行为往往可能并不是按照这个简单流程来进行的。此时就需要分析客户为什么要经过那么复杂的路径来达到最终目的，并思考这中间有没有可以优化的空间。

2. AARRR 模型

AARRR 模型是所有的产品经理都必须要掌握的一个数据分析模型，是由硅谷的风险投资人戴维·麦克鲁尔在 2008 年时创建的。AARRR 分别是指获取（Acquisition）、激活（Activation）、留存（Retention）、收入（Revenue）和推荐（Refer），分别对应某一款产品生命周期中的 5 个重要环节，如图 1-35 所示。

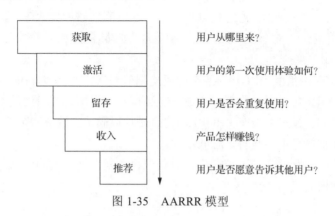

图 1-35　AARRR 模型

（1）获取

运营一款产品的第一步，毫无疑问是获取客户，也就是通常所说的推广。如果没有客户，就谈不上运营。

所谓的获取用户，其实就是商家从各个渠道去发布产品相关信息，然后吸引用户前来访问的一个过程。既然是从各个渠道获取用户，那么每个渠道获取的用户的数量和质量都是不一样的，这个时候商家就要留心每个渠道转化过来的用户数量和质量，重点关注那些 ROI 比较高的推广渠道。

（2）激活

获取客户后，如何把他们转化为活跃用户，是商家面临的第一个问题。客户能否被激活，一个重要的因素是推广渠道的质量。差的推广渠道带来的是大量的一次性客户，也就是只访问一个页面就离开的客户。严格意义上说，这种客户不能算是真正的客户。好的推广渠道往往能有针对性地圈定目标人群，其带来的客户和网店设定的目标人群有很大吻合度，这样的客户通常比较容易被激活，成为活跃客户。另外，挑选推广渠道的时候一定要先分析自己网店的特性（如销售的产品是否为小众品牌）以及目标人群。对有的网店来说是很不错的推广渠道，对另外一些网店却不一定合适。

客户能否被激活的另一个重要因素是产品本身是否能在客户访问之初的几秒钟内抓住客户。再好的产品，如果给人的第一印象不好，也会"相亲"失败，成为"嫁不出去的老大难"。

客户被激活，说明商品对于客户是有吸引力的，客户愿意在网店里发生一系列行为。

（3）留存

当客户被激活后，又会出现另外一个问题："客户来得快，走得也快"，客户没有黏性，因此商家需要考虑如何留住用户。

通常保留一个老客户的成本要远远低于获取一个新客户的成本，"狗熊掰玉米"（拿一个、丢一个）的情况是网店运营的大忌。但是很多网店确实并不清楚客户是在什么时候流失的，于是一方面不断地开拓新客户，另一方面又不断地有大量客户流失。

解决这个问题首先需要通过日留存率、周留存率、月留存率等指标监控网店的客户流失情况，并在客户流失之前采取相应的手段，激励这些客户继续光顾网店。

（4）收入

企业的本质是逐利的，企业增加收入可以有很多种方法，如通过营销手段获取更多的用户来购买商品，拓展广告业务，通过提高单个客户的价值来增加收入等。

获取收入是电商运营最核心的部分，所以运营人员要关注一个指标——投资回报率（ROI）。

投资回报率（ROI）=某个时间周期的利润/投入成本×100%

从公式可以看出，可以通过降低投入成本提高投资回报率；或者通过提高单位投入的产出来提高投资回报率。投资回报率（ROI）的优点是计算简单。投资回报率（ROI）往往具有时效性——回报通常是基于某些特定时间段的。

前面提到的提高活跃度、提高留存率，对获取收入来说是必需的。只有客户基数大了，收入才有可能上规模。

（5）推荐

以前的运营模型到第四个层次就结束了，但是社交网络的兴起，使得运营增加了一个方面，就是基于社交网络的病毒式传播，这已经成为电商获取客户的一个新途径。这个方式的成本很低，而且效果有可能非常好；唯一的前提是产品自身要足够好，有很好的口碑。

从推荐到再次获取新客户，电商运营形成了一个螺旋式上升的轨道。而那些优秀的商家就可以很好地利用这个轨道，不断扩大自己的客户群体，被更多的客户所熟知和认可。

通过上述这个 AARRR 模型，我们看到获取客户只是整个电商运营中的第一步。如果只负责推广，不重视运管中的其他几个层次，任由客户自生自灭，那么电商的前景必定是暗淡的。

（6）AARRR 模型应用

下面我们通过一个例子，用 AARRR 模型来衡量一个渠道的好坏。

例如，某网店通过渠道 A 和渠道 B 的引流情况如图 1-36 所示。

图 1-36　渠道 A 和渠道 B 的引流情况

如果单从数据表面来看，A 渠道会更划算，但实际这个结论是有问题的。用 AARRR 模型具体分析如下。

渠道 A 的单个留存用户成本是 60 元，单个付费用户成本是 300 元，如图 1-37 所示。

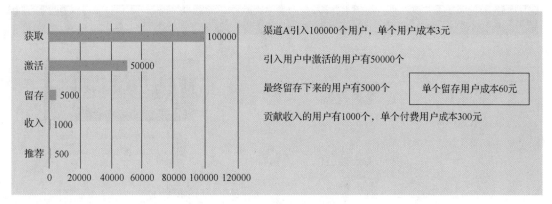

图 1-37　渠道 A 的单个留存用户成本

而渠道 B 的单个留存用户成本是 20 元，单个付费用户成本是 33 元，如图 1-38 所示。通过对比可以发现，B 渠道的优势远远大于 A 渠道。

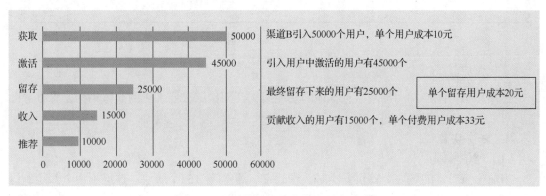

图 1-38　渠道 B 的单个留存用户成本

三、任务实战

（一）绘制淘宝网生意参谋的功能架构

1. 相关知识

生意参谋（见图 1-39）诞生于 2011 年，最早是应用在阿里巴巴 B2B 市场的数据工具。2013 年 10 月，生意参谋正式走进"淘系"。2014 年至 2015 年，在原有规划基础上，生意参谋分别整合量子恒道、数据魔方，最终升级成为阿里巴巴商家端统一的数据产品平台。当前生意参谋累计服务商家超 2 000 万，月服务商家超 500 万；月成交额 30 万元以上的商家中，超过 90% 的商家在使用生意参谋；月成交金额 100 万元以上的商家中，超过 90% 的商家每月登录生意参谋每天达 20 次以上。生意参谋集数据作战室、经营分析、市场行情、装修分析、来源分析、竞争情报、数据学院等数据产品于一体，是商家统一的数据产品平台，也是大数据时代下深受商家喜爱的重要平台。

图 1-39　生意参谋

2．任务要求

运用思维导图绘制淘宝网生意参谋的功能架构，架构层次要细化到具体指标，思维导图工具可以选用百度思维脑图。

3．任务实施

（1）理论基础

当前生意参谋的版块有首页、实时、作战室、流量等 15 个版块。这里不用全部绘制这 15 个版块，而是选择与网店运营有关的展开，包括实时、作战室、流量、商品、交易、物流、财务，绘制生意参谋的网店运营数据分析功能架构。

（2）实施步骤

步骤 1：用百度脑图绘制实时版块的功能架构；

步骤 2：用百度脑图绘制作战室版块的功能架构；

步骤 3：用百度脑图绘制流量版块的功能架构；

步骤 4：用百度脑图绘制商品版块的功能架构；

步骤 5：用百度脑图绘制交易版块的功能架构；

步骤 6：用百度脑图绘制物流版块的功能架构；

步骤 7：用百度脑图绘制财务版块的功能架构；

步骤 8：做好汇报的准备。

（3）成果报告

生意参谋网店运营数据分析功能架构

因为篇幅限制，绘制的生意参谋网店运营数据分析功能架构只展开到"实时"版块下的"实时概况"栏目，如图1-40所示。其余部分需要学习者按功能层次逐级展开，一直到指标。

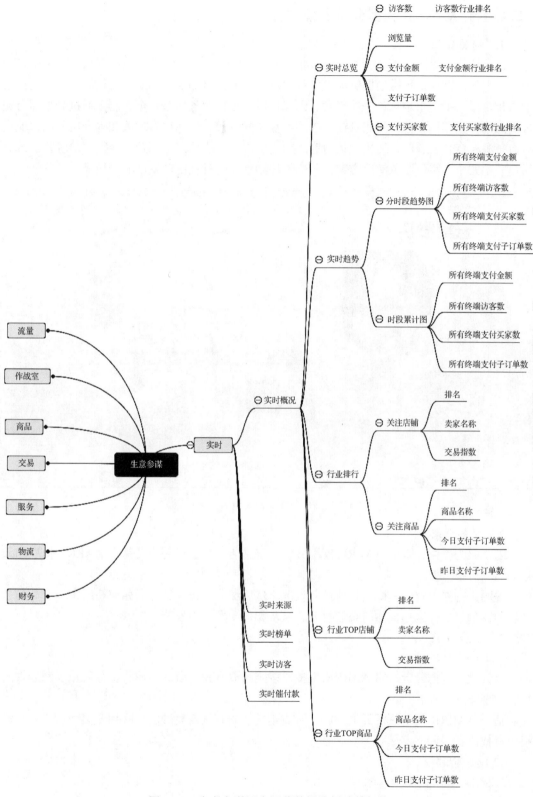

图 1-40 生意参谋网店运营数据分析功能架构

（二）基于 AARRR 模型分析云集微店

1. 相关知识

云集微店（见图 1-41）是由浙江集商网络有限公司开发的一款 App 产品，于 2015 年 5 月正式上线运营。云集微店提供海量美妆、母婴、健康食品等高品质正品货源，并为用户搭建宣传推广、手把手培训、一件代发、无忧售后等零售服务体系，个人店主通过分享即可完成商品的分销零售，轻松开店赚钱。在移动互联网时代，越来越多的人加入云集微店，他们没有货源、资金、仓储、发货、售后等后顾之忧，低门槛开店，创业也变得简单轻松。云集微店一站式个人零售服务解决方案，开启了移动互联网时代电商发展的新模式。

图 1-41　云集微店

2. 任务要求

以小组为单位，基于 AARRR 模型分析云集微店，并最终完成《基于 AARRR 模型的云集微店分析报告》。

说明：首先了解云集微店当前运营状况，然后深入分析云集微店如何获取客户，如何激活客户，如何留存客户，如何获取收入，以及如何激发客户推荐云集。

3. 任务实施

（1）理论基础

云集微店数据分析采用 AARRR 模型，按照获取客户、激活客户、留存客户、网店收入和客户推荐一步步展开。

基于 AARRR 模型分析云集微店，所需相关数据要从云集微店官网和云集微店的公开资料中查找。

（2）实施步骤

步骤 1：分析云集微店如何获取客户；

步骤 2：分析云集微店如何激活客户；

步骤 3：分析云集微店如何留存客户；

步骤4：分析云集微店如何增加收入；

步骤5：分析云集微店如何让客户推荐店铺；

步骤6：撰写《基于AARRR模型的云集微店分析报告》；

步骤7：做好汇报结果的准备。

（3）成果报告

基于AARRR模型的云集微店分析报告

1．云集微店获取客户

云集微店不是直接面向普通消费者的，而是吸引用户在云集微店上开店成为店主，然后店主在微信内将店铺链接或者商品链接分享到朋友圈或者发送给朋友，买家在微信中收到链接打开即可购物。买家不需要下载App，也不需要注册账号。因此云集微店的客户事实有两个，一个是云集微店店主，一个是普通消费者。

用户通过朋友邀请或者直接扫描官网注册二维码加入云集微店。

据公开资料显示，云集微店店主的数量已经达到了180万人，每月的销售额增长到了7亿元，在2017年5月16日的周年庆中，单日销售额历史性地突破了1亿元。

2．云集微店激活客户

一方面，云集微店设法激活店主，为店主提供采购自品牌方、全国总代理以及专柜的高品质正品商品，同时由中华联合保险承保，支持7天无理由退货，让店主放心发布和销售云集微店的商品；云集微店的店主还享受无须压货，一件代发的便利，并有专属客服为其解决售前售后问题；对于不懂微商的店主，云集微店还安排专属客服手把手培训，全程指导从开店到卖货的所有问题。

另一方面，云集微店设法激活普通消费者，为消费者提供国际一线品牌商品、互联网热销爆款商品和自有品牌商品，确保商品质量有保障，而且不会出现乱价现象，所有商品的价格统一，还有全场包邮活动。消费者遇到问题可以联系云集微店微信客服获取帮助。

现在云集微店App（云集微店店主使用）日活用户峰值近60万人，每个用户每天启动应用6～14次，人均单日使用30分钟左右。云集微店的买家分布从东海之滨的杭州到沙漠之边的喀什，从极光所在的漠河到碧海蓝天的三亚。近一年来，通过云集购物成功的普通消费者高达500万人以上，来自三线及以下城市的订单量占比约34%。

3．云集微店留存客户

云集微店的选品贴近家庭主流消费的特点，在消费的品类上，SPU架构日趋多元化，食品生鲜、美妆护肤、家居用品、数码产品都很旺销，这说明了消费者对云集微店产品的认可。

云集微店公开其各端口UV和成交订单数，数据显示其转化率估值达8.06%，这个数字远高于传统电商，也说明了消费者对云集微店的认可。

50%以上云集微店店主拥有微信好友100～500人，超过六成的店主每周联系好友不超过15位。这样中低频次的社交强度，和公众印象中的疯狂加好友、疯狂发消息的微商有明显的区别。

4．云集微店收入

云集微店近两年的年度销售额增速超过500%，2017年第二季度销售额达18.3亿元。云集微店过去一年平均退货率仅为3.4%，平均客单价稳定在130元左右；平台通过礼包赠送的商品销售件数占总销量的3.67%，绝大部分营收都是通过商品交易模式获取的。

云集微店目前还处于亏损经营状态，平台并没有在过去的经营活动中牟利。云集微店在市场的大量投入来自融资，已经获得了凯欣资本与钟鼎创投的数亿元投资。

5. 云集微店客户推荐

云集微店鼓励店主推广云集微店，其他用户可以通过已开店的店主获取邀请码，同时云集微店会对做推广的已开店店主给予一定额度的奖励。

云集微店是一款在共享经济背景下成立的社交零售平台，店主与其朋友圈内的普通消费者形成一种联系很紧密的关系链，同一个店主的朋友圈内的普通消费者之间也形成了一种联系很紧密的关系链，社交效果好，利于消费者之间的推荐。云集微店近两年的年度销售额的快速增长也证明了这一点。

四、拓展实训

实训 1　运用思维导图绘制京东商智的功能架构

1. 实训背景

京东商智融合了京东云计算技术，跨越了业界大数据、高并发、实时展示这 3 大门槛，为京东开放平台的商家提供专业、精准的店铺运营分析，大幅提升了店铺运营效率，降低了运营成本，增强了用户体验，是商户"精准营销、数据掘金"的强大工具。京东商智不仅包含商品销售明细、店铺关键词、行业关键词、行业品牌分析、行业属性分析、店铺诊断、店铺评分、售后概况、仓储配送分析（只有入仓和用京配的商家才能看到）、单品分析等罗盘模块，还增加了按小时流量分析功能，在交易概况中添加了下载数据等功能，又补充了对国际购商家的支持。

京东商智是京东官方重磅打造的集数据分析、智能运营、创意营销于一体的数据平台，为 POP 商家提供更高效的数据运营体验，如图 1-42 所示。"京东商智"作为大数据智能工具，可以帮助商家进行数据分析，实现智慧化运营和数据化营销。

图 1-42　京东商智

2. 实训要求

京东商智共有 3 个版本：免费版、标准版和高级版。根据自身条件选择合适的版本进行分析，再运用思维导图绘制京东商智的功能架构（可按照维度和时间粒度进行架构层的细化分析）。

实训 2　讲解一个大数据分析成功案例

1．实训背景

马云说："互联网还没搞清楚的时候，移动互联就来了，移动互联还没搞清楚的时候，大数据就来了。"近两年，大数据这个词越来越为大众所熟悉，大数据一直是以高冷的形象出现在大众面前的，面对大数据，相信许多人都一头雾水。

当前市场竞争异常激烈，各个商家和企业为了能在竞争中占据优势，费尽心思。大数据技术能给企业带来新的生机和活力，应用大数据技术能够把企业大量的数据变成商家和企业需要的信息，再用这些信息提高商家和企业的产值和效益，增强企业的竞争实力。

2．实训要求

学生自主选择一个基于大数据分析的成功案例，题材不限，自主分析案例发生的背景、内容、过程、结果以及所产生的问题，解析其内在逻辑关系，并提出对策。然后将分析结果进行整理成一份演讲稿。

任务小结

任务一
- 电子商务数据分析的相关概念
- 电子商务数据分析的流程
- 电子商务数据分析的方法
- 电子商务数据分析的工具
- 电子商务数据分析的模型

同步习题

（一）判断题

1．数据分析只有有了大数据才能做。（　　）

2．EDA 进行分析之前一般都有预先设定的模型，侧重于已有假设的证实或证伪。（　　）

3．聚类分析是指将物理或抽象对象的集合分组成为由类似的对象组成的多个类的分析过程。（　　）

4．SPSS 是采用图形菜单驱动界面的统计软件，无须编程。（　　）

5．通常保留一个老客户的成本要远远高于获取一个新客户的成本。（　　）

（二）不定项选择题

1. 下列不属于大数据特点的是（　　　　）。

    A. 规模性　　　　　　　B. 多样性　　　　　　　C. 高速性　　　　　　　D. 有效性

2. 元数据可以分为（　　　　）。

    A. 固有性元数据　　　　　　　　　　　　　B. 管理性元数据

    C. 描述性元数据　　　　　　　　　　　　　D. 操作性元数据

3. 一般从分析方法复杂度上来讲，数据分析方法可以分为（　　　　）。

    A. 常规分析方法　　　B. 统计学分析方法　　　C. 聚类分析方法　　　D. 自建模型

4. AARRR 模型的重要环节有（　　　　）和推荐。

    A. 获取　　　　　　　B. 激活　　　　　　　C. 留存　　　　　　　D. 收入

5. 下列关于回归分析结果中"P-value"描述正确的是（　　　　）。

    A. 参数的 P 值，即弃真概率

    B. 当 P<0.01 时，可认为模型在 α=0.01 的水平上显著

    C. 参数的 P 值，即弃假概率

    D. 当 P<0.01 时，可认为模型的置信度达到了 99%

（三）简答题

1. 简述数据分析在企业日常经营分析中的作用。

2. 作为数据分析师，应具备哪些能力？

3. 简述数据分析的流程。

4. 一般线性回归分析主要有哪几个步骤？

5. 漏斗分析模型的关键流程有哪几个步骤？

（四）分析题

从国家统计局网站上获悉，1952 年中国 GDP 为 679.1 亿元，2020 年中国 GDP 首次突破 100 万亿元大关，达到 1 008 782.5 亿元。中国 GDP 增长实现了惊人跨越，稳居世界第二，占全球 GDP 比重达到 17%左右。请根据中国 GDP 与全球 GDP 变化趋势，预测 10 年后中国 GDP 总量，以及占全球 GDP 的比重。

任务二　运营数据分析
——做好店铺诊断

【知识目标】	1. 理解运营数据分析的相关概念；	
	2. 熟悉运营数据分析工具；	
	3. 理解和掌握运营数据分析指标。	
【技能目标】	1. 具备网店初步诊断分析的能力；	
	2. 具备 ROI 计算能力；	
	3. 具备网店销售额精准诊断的能力；	
	4. 具备直通车 ROI 诊断分析的能力。	
【基本素养】	1. 具有数据敏感性；	
	2. 善于用数据思考和分析问题；	
	3. 具备收集、整理和清洗数据的能力；	
	4. 具有较好的逻辑分析能力。	

一、任务导入

挖掘网上眼镜专营店的卖点

随着电子商务逐渐成为商务和贸易的主要表现形式，数据成为支持未来商业发展的利器，锻造数据提炼和分析能力成为优秀的网店运营人员所必备的本领。要学会用数据找机会，应用各种统计分析方法对收集来的大量数据进行分析，提取有用的信息来进行概括总结。只有实时实效数据才是企业今后发展的最可靠信息。数据可以反映出人们在一段时间内的消费行为习惯。根据数据走势可分析出未来的发展趋势。通过对消费人群的特性分析，可以知道人们的消费行为和习惯；通过对市场的细分，可以分析出更适合市场的商品，选择更合适的目标市场。

某网上眼镜专营店在运营前期，非常关注对商品显性卖点和隐性卖点的发掘。商品显性卖点是指商品本身最直观的卖点及优势，其所售太阳镜的显性卖点为眼镜的颜色、材质、功能品牌等。该网店的运营人员还在网上所收集同类型款式太阳镜的相关数据，分析竞争对手的卖点挖掘是如何做的，再根据所经营太阳镜的特点来挖掘商品的隐性卖点，作为商品显性卖点的强化。

第一，收集行业数据。

要对太阳镜行业的数据进行分析，需先采集网上综合排名前100名商家的数据。采集的数据内容包括店铺名称、所属店铺类型、商品链接、商品价格、收藏量、近30天销售额（销量、当前售价、销售额）、近7日每天的销售额（当天销量、当前售价、销售额）、近7日颜色销量的收集（镜框颜色、镜片颜色和组合颜色）、材质、功能、品牌、性别占比、年龄占比、镜框款式、热门关键词等，采集这些数据主要是为了给本网店的商品定位以及选择最优的上架时间。

第二，分析采集数据。

首先，对采集到的太阳镜颜色数据进行分析。网店对所采集的前100名商品的SKU颜色的近7日所有的销量做了一个系统化统计，明确哪些颜色是最受消费者欢迎的，哪些颜色不热销，以下列举热销前5名颜色统计，如表2-1所示。

表 2-1 太阳镜 SKU 颜色

序号	镜框颜色		镜片颜色		组合颜色	
1	黑色	352	黑色	174	黑黑	97
2	金色	111	灰色	135	黑灰	66
3	银色	111	绿色	105	黑绿	45
4	枪色	91	茶色	92	茶茶	37
5	茶色	44	蓝色	78	枪灰	32

从表2-1中可以很清晰地看出，太阳镜镜框颜色中黑色是销量冠军，其次是金色和银色；而在镜片颜色中，也是黑色占比最大，其次是灰色和绿色。

然后对顾客的性别进行分析。将所采集店铺已销售商品的100名顾客的性别做数据透视，可以得知男性占比63%，女性占比37%，因此网店在选款时，应偏向选择男性喜欢的款式和颜色。

再对太阳镜的镜框、镜片套餐搭配进行分析。Excel表格数据透视分析出人们喜好的镜框、镜片颜色，从上表中可看出镜框和镜片组合的颜色中销量最高的是"黑色+黑色"组合。

思考：

1. 以淘宝网为例，请说明太阳镜的相关行业数据可以从哪里采集到？
2. 试分析如何挖掘商品的隐性卖点。

二、相关知识

（一）运营数据分析的相关概念

基于数据分析，商家能够掌握客户想要干什么，想要得到什么，甚至可以比客户更了解他们自己。

1. 网店运营分析

网店运营分析多从网店运营过程及最终的成效上来进行分析，重点分析过程中相关服务的及时率和有效率，以及不同类型客户之间对于服务需求的差异化表现。网店运营分析通常采用常规的数据分析方法，即通过同环比以及帕累托来呈现简单的变动规律以及主要类型的客户。网店运营分析还可以通过统计学分析方法，得出哪些特征的客户对哪些服务是有突出的需求的，以及通过回归分析法来判断各项绩效指标中，哪些指标是对购买以及满意度有直接影响的。通过这些深入的挖掘，可以帮助指导运营人员更好地完成任务。

2. 销售额计算公式

网店销售额计算公式为：

$$销售额=访客数×转化率×客单价$$

对于网店运营人员来说，提升销售额要做好这三项工作：提高访客数，提高转化率，提高客单价。

3. 利润计算公式

网店运营过程中，利润计算公式为：

$$利润=访客数×转化率×客单价×购买频率×毛利润率-成本$$

对于运营人员来说，网店利润的增加不仅要增加访客数，提升转化率，提高客单价，提升购买率，增加毛利润率，还要降低成本。

4. 投资回报率

投资回报率（Return On Investment，ROI）是指投资后所得的收益与成本间的百分比率，计算公式为：

$$投资回报率（ROI）=利润/投资总额×100\%$$

对于网店运营来说，需要时刻关注每一块钱的广告费用可以产生多少利润，即投入产出比。通过 ROI 数值，能够直接地判断营销活动是否盈利，如 ROI 为 1，那么可以判断本次营销活动的收益与花费是持平的。

 知识链接：淘宝直通车的 ROI 计算

淘宝直通车效益是考核直通车运营绩效的关键点，因此淘宝直通车的 ROI 投入产出比是运营人员必须盯紧的重中之重，其计算公式为：

直通车的投资回报率（ROI）＝直通车效益/直通车花费×100%

＝（产出×毛利润率-直通车花费）/直通车花费×100%

＝（客单价×成交笔数×毛利润率-直通车花费）/直通车花费×100%

＝（客单价×UV×转化率×毛利润率-直通车花费）/直通车花费×100%

＝(客单价×UV×转化率×毛利润率-UV×PPC)/(UV×PPC)×100%

＝UV×（客单价×转化率×毛利润率-PPC）/（UV×PPC）×100%

＝（客单价×转化率×毛利润率-PPC）/PPC×100%

注：UV=访客数，PPC=点击付费广告。

5. 访客数

访客数（Unique Visitor，UV）是指网店各页面的访问人数。所选时间段内，同一访客多次访问会进行去重计算。

 知识链接：网店访客来源

对于网店运营来说，提升网店流量、增加网店访客数是一项重要工作。网店访客的来源渠道主要有 SEO（Search Engine Optimization，搜索引擎优化）、SEM（Search Engine Marketing，搜索引擎营销）、P4P（Pay for Performance，按效果付费）、硬广、EDM（E-mail Direct Marketing，电

子邮件营销）、SNS（Social Networking Services，社会性网络服务）营销、淘宝客、IGA（In Game Advertising，游戏植入式广告）、博客营销、微博营销、网站联盟、网络广告联盟、会员营销、口碑营销、积分营销、赠送礼品、名人营销、事件营销、短信营销、体育营销、公益营销等。

6. 转化率

转化率（Conversion Rate，CR）是指所有到达网店并产生购买行为的人数和所有到达网店的人数的比率。转化率的计算公式为：

转化率＝（产生购买行为的客户人数/所有到达店铺的访客人数）×100%

知识链接：影响网店转化率的因素

网店转化率是影响网店销售额和利润的关键因素之一，而影响网店转化率的因素主要有商品分类导航、店铺装修、产品类别、主图设计、商品展示、商品性价比、客服质量、用户评价、售后服务质量、库存量和促销活动等。

7. 客单价

客单价（Per Customer Transaction，PCT）是指在一定时期内，网店每一个顾客平均购买商品的金额，即平均交易金额。客单价计算公式为：客单价＝成交金额/成交用户数，或者客单价＝成交金额/成交总笔数，一般采用前一个公式，即按成交用户数计算客单价。

单日"客单价"是指单日成交用户产生的成交金额。

客单价均值是指所选择的某个时间段，客单价日数据的平均值。例如，按月计算客单价均值的公式为：

客单价均值＝该月多天客单价之和/该月天数

知识链接：影响网店客单价的因素

网店销售额的增长，除了尽可能多地吸引访客和增加顾客交易次数以外，提高客单价也是非常重要的途径。影响网店客单价的因素主要有产品定位、相关品类扩充、关联营销、捆绑销售、提升入门级产品价格、商品价格分布、商品满减促销、赠送优惠券等。

8. 购买频率

购买频率（Frequency of Purchase）是指消费者或用户在一定时期内购买某种或某类商品的次数。一般说来，消费者的购买行为在一定的时限内是有规律可循的。购买频率就是度量购买行为的一项指标，它一般取决于使用频率的高低。购买频率是企业选择目标市场、确定经营方式、制定营销策略的重要依据。

知识链接：提升购买频率的方法

购买频率是影响品牌溢价大小的关键因素。溢价大小与购买频率成反比。网店提升购买频率的方法主要有提升客户对品牌的忠诚度、强化客户关系管理（Customer Relationship Management，CRM）和提升用户体验满意度等。

9. 毛利润率

毛利润率是毛利润占销售收入的百分比，其中毛利润是销售收入与销售成本的差额。网店毛利润率的计算公式为：

$$毛利润率=（销售收入-销售成本）/销售收入×100\%$$

假如某网店商品售价为150万元，已销商品的进价为125万元，则毛利润为25万元，而毛利润率=（25/150）×100%=16.7%。

10. 成本

成本是商品经济的价值范畴，是商品价值的组成部分，也称费用。在进行网店经营活动过程中，需要耗费一定的资源（人力、物力和财力），其所费资源的货币表现及其对象化称之为成本。美国会计学会（AAA）所属的"成本与标准委员会"对成本的定义是：为了达到特定目的而发生或未发生的价值牺牲，它可用货币单位加以衡量。

知识链接：网店运营成本构成

网店运营成本是指网店运营过程中的总花费，其构成包括推广成本、经营成本、IT建维成本、管理成本、人员成本、商品折损成本、退换货成本、物流成本、库存成本等。

（二）运营数据分析的工具

数据分析已成为每个运营人员每天的必修功课，它可以帮助运营人员准确地了解用户动向和网店的实际状况。数据分析是一个非常复杂的过程，借助数据分析工具能够大大简化运营人员的工作。电商常用的数据分析工具有生意参谋、阿里指数、魔镜、赤兔等。

1. 生意参谋

生意参谋是阿里首个统一的商品数据平台。2016年，生意参谋2.0版上线，除原有功能外，2.0版新增了个性化首页、多店融合、服务分析、物流分析、财务分析、内容分析等多个功能，如图2-1所示。

图2-1　生意参谋

（1）支持多岗多面及多店融合

生意参谋 2.0 版首页的数据卡片将开放定制，商家可根据不同岗位需求，选择首页出现哪些数据内容。同时，对拥有多店的品牌商，生意参谋还推出了多店功能，商家只要在平台上绑定分店，就能实时监控多个店铺的经营情况。对不同分店的数据，还可以按品牌、类目、商品、售后等维度进行汇总分析。

以韩都衣舍为例，目前韩都旗下品牌拥有分店将近 40 家。在没有多店功能之前，运营负责人需要多个账号重复登录，才能了解不同分店的具体数据。但在生意参谋 2.0 版中，他们只需要提前绑定分店，就不仅可以在同一屏幕上一键切换集团层面、主店层面和分店层面的多个页面，分析页面数据，还能进行店铺之间的横向对比，效率由此大大提升。

（2）新增服务分析和物流分析

除门户方面有多处升级外，生意参谋 2.0 版还推出服务分析、物流分析等全新功能。其中，服务分析包含维权概况、维权分析、评价概况、评价分析、单品服务分析五个模块；物流分析则支持商家随时查看自己店铺的物流概括、物流分布，同时支持物流监控。对于揽收异常的包裹，物流分析还支持一键单击旺旺"联系买家"，商家可以更高效地和客户沟通物流事宜，从而减少纠纷。

（3）支持财务分析

生意参谋财务分析立足阿里大数据，联结了支付宝、网商银行、阿里妈妈、淘系后台四个端口的财务数据。淘宝商家日常登录生意参谋查看数据时，也能轻松汇总、分析自家店铺的财务数据了。此外，还支持随时查看昨日利润数据，每日都能给老板、运营总监提供昨日财报。

（4）数据学院上线

数据学院是生意参谋团队致力培养商家数据化运营能力的学习互动平台，也是生意参谋重点打造的全新板块。随着 2.0 版的推出，原本只在线下运营的数据学院正式上线。随着生意参谋平台功能的不断丰富，数据学院将在其中扮演"教学相长"的角色，帮助更多商家快速了解商品功能，理解数据意义，从而提升数据化运营能力。

2. 阿里指数

2015 年，阿里巴巴在原 1688 市场阿里指数、淘宝指数的基础上，推出新版阿里指数，如图 2-2 所示。新版阿里指数是基于大数据研究的社会化数据展示平台，商家、媒体、市场研究员及其他想了解阿里巴巴大数据的人均可以通过该平台获取相关分析报告及市场信息。

目前，新版阿里指数中的区域指数及行业指数两大模块已率先上线，后期还会陆续推出数字新闻和专题观察等模块。区域指数主要涵盖部分省份买家和卖家两个维度的交易数据、类目数据、搜索词数据、人群数据。通过该指数，用户就可以了解某地的交易概况，发现它与其地区之间贸易往来的热度及热门交易类目，找到当地人群关注的商品类目或关键词，探索交易的人群特征。

行业指数则主要涵盖淘系部分二级类目的交易数据、搜索词数据、人群数据。通过该指数，用户可了解某行业现状，获悉它在特定地区的发展态势，发现热门商品，知晓行业内卖家及买家的群体概况。

图 2-2　阿里指数

3. 魔镜

魔镜是专注于竞争对手分析的数据分析平台，涵盖淘宝、天猫和京东三大网购平台，如图 2-3 所示。目前大数据魔镜有 3 个版本：个人基础版、个人专业版和企业版。

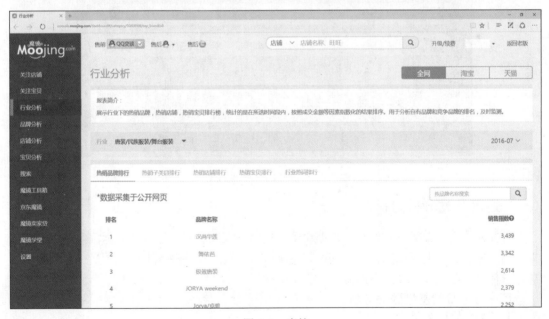

图 2-3　魔镜

魔镜的应用方法是通过【行业数据】和【销售数据】锁定同行的爆款单品，作为研究对象；再通过【销售数据】确认同行爆款单品预热、启动、增长、稳定的各个阶段；然后通过【推广数据】研究同行爆款单品的推广策略、引流关键词、钻展、聚划算等投放；通过【运营数据】研究定价策略和标题调整策略；最后将学习到的方法和策略运营到自己店铺的爆款打造中，从而达到事半功倍的效果。

魔镜的功能包括直通车监测、自然搜索监测、手机搜索监测、天猫搜索监测、钻展监测、聚划算监测、店铺运营监测；提供各个类目及子类目下的热销店铺排行榜和店铺销售动态、品牌热销排行、商品热销排行；获取同行店铺每天的销售量、销售额、成交笔数和客单价；获取同行商品每天的销售量、销售额、成交笔数和客单价；跟踪竞品的价格变化趋势；提供竞品周内销售分布情况，以及同行店铺"价格—销量"分布情况；提供京东电商情报，帮助京东网店卖家科学打爆款，监测范围涵盖京东快车、自然搜索、无线端，内容包括销售、评价，等等。

4. 赤兔

赤兔是一款客服绩效管理工具，有助于运营人员全面掌握客服绩效，监测内容包括销售额、转化率、客单价、响应速度、工作量等客服绩效数据，并能指导排班，以及帮助分析流失原因，进而提高客服业绩，如图 2-4 所示。

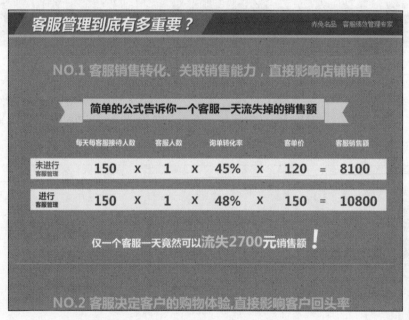

图 2-4　赤兔

（三）运营数据分析的指标

怎样评价运营做得好不好？用数据说话。任何一家网店都要逐步实现运营数据化，以数据为指导思想，来发现问题，解决问题，逐步使得运营工作稳健地走上一个又一个台阶。网店运营体系的数据模型分成六层。

第一层：日常基础数据分析

1. 流量数据分析指标

（1）独立访客数（UV）

计算公式：UV=当天 0 点截至××当前时间访问店铺页面或商品详情页的去重人数。

计算依据：网店统计工具对于网店独立访客数的计算，主要是依据浏览器的 cookie 来判定的。在浏览器 cookie 数据不清除的情况下，即使用多个 IP 切换来登录一个网店，也会只记为一个访客数。当天 00:00—24:00 内相同的客户端只被计算一次。

指标意义：统计访问某网店的访客数量。

指标用法：在网店流量分析中，独立访问者数量可用来分析网络营销效果，例如，用于比较分析不同网店的引流效果，或者用于比较分析网店不同时期访问量的变化，以独立访客数为基础还可以反映出网店访问者的多项行为指标，包括用户终端的类型、显示模式、操作系统、浏览器名称和版本等。

（2）浏览量（PV）

计算公式：PV=网店或商品详情页被访问的次数。

计算依据：一个人在统计时间内访问多次记为多次。所有终端的浏览量等于 PC 端浏览量和无线端浏览量之和。

指标意义：反映网店或商品详情页对用户的吸引力。

指标用法：当一个网店的客户浏览量低于行业平均水平时，说明内容不受用户喜欢，因此该指标可以作为网店运营改进的依据。

（3）平均停留时长

计算公式：平均停留时长=来访店铺的所有访客总的停留时长/访客数（秒）。

指标意义：反映访客在线时间的长短，时间越长，则网店黏性越高，即为访客提供了更有价值的商品和服务，实现访客价值转化的机会也就越大。

指标用法：当一个网店的平均停留时长低于行业平均水平时，说明网店的黏性不足，用户体验不好，需要改进。

（4）跳失率

计算公式：跳失率=一天内来访店铺浏览量为 1 的访客数/店铺总访客数。

指标意义：它是指访客数中只有一个浏览量的访客数占比。该值越低则表示所获取流量的质量越好。

指标用法：当一个网店的跳失率高于行业平均水平时，说明网店引来流量的质量不佳，或者需要改进购物流程和用户体验等环节。

（5）店铺新访客占比

计算公式：店铺新访客占比=来访店铺的新访客数量/当天访客数量。

计算依据：在所选的终端类型下的店铺访客中，那些前 6 天没有来访过的访客占比；所有终端的新访客占比等于 PC 端新访客和无线端新访客之和/所有终端访客数。

指标意义：反映访问网店的新用户比例。

指标用法：店铺新访客占比有一个合理范围，如果店铺新访客占比过低，则说明网店曝光偏少。

2．订单数据分析指标

（1）下单买家数

计算公式：下单买家数=统计时间内拍下商品的去重买家人数。

计算依据：统计时间内，一个人拍下多件或多笔，只算一个人。所有终端下单买家数为 PC 端和无线端下单买家去重人数，即同一个人既在 PC 端下单，又在无线端下单，所有终端下单买家数记为 1。

指标意义：反映店铺销售情况。

指标用法：通过下单买家数的同比和环比，可以了解本网店的销售变动情况。

（2）支付买家数

计算公式：支付买家数=统计时间内完成支付的去重买家人数。

计算依据：统计时间内，完成支付的去重买家人数，预售分阶段付款在付清尾款当天才计算入内；所有终端支付买家数为 PC 端和无线端支付买家去重人数，即统计时间内在 PC 端和无线端都对商品完成支付，买家数记为 1 个。特别说明：不论支付渠道是计算机还是手机，如在电脑上支付，就将该买家数计入 PC 端支付买家数；如在手机或 Pad 上支付，就将该买家数计入无线端支付买家数。

指标意义：反映店铺销售情况。

指标用法：通过支付买家数的同比和环比，可以了解本网店的销售变动情况。通过支付买家数的行业排名，可以了解本网店在行业中所处的地位。

（3）退款率

计算公式：退款率=退款成功笔数/支付子订单数×100%。

计算依据：近 30 天内，退款成功笔数/支付子订单数，退款包括售中和售后的仅退款和退货退款。

指标意义：该指标反映店铺商品的品质好坏、商品的性价比以及服务态度，该指标直接影响店铺的搜索排名。

指标用法：一旦店铺的退款率大于行业均值，则说明网店的售中和售后服务存在问题，应及时予以处理。

（4）支付金额

计算公式：支付金额=统计时间内买家拍下商品后支付的金额总额。

计算依据：买家拍下商品后支付给网店的金额，未剔除事后退款金额，预售阶段付款在付清当天才计入内，货到付款订单确认收货时计入内。所有终端的支付金额为 PC 端支付金额和无线端支付金额之和。特别说明：支付渠道可以是在电脑上也可以是在手机上，如在电脑上支付，就将后续的支付金额计入 PC 端；如在手机或 Pad 上支付，就将后续的支付金额计入无线端。

指标意义：即为网店总销售额，反映网店销售情况。

指标用法：通过支付金额的同比和环比，可以了解本网店的销售变动情况。通过支付金额的行业排名，可以了解本网店在行业中所处的地位。

（5）客单价

计算公式：客单价=统计时间内支付金额/支付买家数。

指标意义：衡量统计时间内每位支付买家的消费金额大小，客单价是构成网店销售额的重要指标。

指标用法：如果本网店的客单价低于行业平均水平，则说明网店在关联销售、商品促销等环节存在不足，需要改进。

（6）营业利润金额

计算公式：营业利润金额=营业收入金额-营业成本金额。

指标意义：反映网店在统计时间内的盈利情况。

指标用法：如果网店的营业利润金额未达到网店经营的预期目标，则需要查找原因，并采取措施予以改进。

（7）营业利润率

计算公式：营业利润率=营业利润金额/营业收入金额×100%。

指标意义：反映统计时间内网店的赢利能力，营业利润率高则表示网店赢利能力强；反之则表示网店赢利能力弱。

指标用法：如果网店的营业利润率低于行业平均水平，则说明网店赢利能力不足，应该查找原因，并寻求对策。

（8）支付商品件数

指标意义：支付商品件数是指在统计时间内，买家完成支付的宝贝数量，例如，买家购买篮球鞋 2 双，足球鞋 1 双，那么支付商品件数为 3。

指标用法：支付商品件数就是网店的销量，支付商品件数的变动趋势反映的是网店销量的变化趋势。如果支付商品件数趋于增长，则对网店有利，如果支付商品件数趋于下降，则要求网店运营人员查找原因，及时改进。

3. 转化率数据分析指标

（1）下单转化率

计算公式：下单转化率=下单买家数/访客数×100%。

指标意义：反映统计时间内来访客户转化为下单买家的比例，衡量网店对访问者的吸引程度以及推广效果。

指标用法：如果网店的下单转化率低于行业平均水平，则说明网店对访问者吸引力不足，推广效果差，应及时转换思路。

（2）支付转化率

计算公式：支付转化率=支付买家数/访客数×100%。

指标意义：该指标反映统计时间内来访客户转化为支付买家的比例，该指标可以用来衡量网店对访问者的吸引程度以及推广效果。

指标用法：如果网店的支付转化率低于行业平均水平，则说明网店对访问者吸引力不足，推广效果差，应积极寻找应对策略。

4. 效率数据分析指标

（1）连带率

计算公式：连带率=销售商品总数量/成交订单总数×100%。

指标意义：连带率也称效益比、附加值、购物篮系数等，它可以反映客户每次购买商品的深度。

指标用法：网店的连带率越高，客单价越高，越有助于提升全店的销售额。通过连带率的变化趋势，可以发现店铺客户购买商品深度的变化，以及关联推荐效果和客服水平的变化。

（2）动销率

计算公式：动销率=动销品种数/店铺商品总品种数×100%。

计算依据：动销品种数是指店铺中所有商品种类中有销售的商品种类总数。

指标意义：动销率用于评价网店各种类商品销售情况的指标。

指标用法：如果动销率>100%，则说明在某段时间内该分类出现了商品脱销的现象；如果动销率≤100%，则说明在某段时间内商品销售出现滞销现象。通过对动销率的分析比较，可以加强对低动销率商品的关注。

5. 库存数据分析指标

库存数据分析指标是指分析仓库中货品的综合指标，包括库存金额、库存数量、库存天数、库存周转率以及售罄率，下面介绍库存天数、库存周转率及售罄率。

（1）库存天数

计算公式：库存天数=期末库存金额×（销售期天数/某个销售期的销售金额）。

指标意义：库存天数（DOS，Days Of Store）也就是存货天数，它能有效地衡量库存可持续销售的时间，并且与销售速度密切相关，随着销售速度变化而变化。

指标用法：通过库存天数可以判断网店是否存在缺货的风险。

（2）库存周转率

计算公式：库存周转率=销售数量/[（期初库存数量+期末库存数量）/2]×100%。

指标意义：库存周转率是一个偏财务的指标，一般用于审视库存的安全性问题。在电子商务数据分析中，库存周转率高，则商品畅销；库存周转率低，则有滞销风险。

指标用法：作为网店判断和调整采购政策与销售政策的依据。

（3）售罄率

计算公式：售罄率=某段时间内的销售数量/（期初库存数量+期中进货数量）×100%。

指标意义：售罄率是指一定时间段某种货品的销量占总进货量的比例，是一批货物销售多少才能收回销售成本和费用的一个考核指标。

指标用法：用于确定货品销售到何种程度可以进行折扣销售及清仓处理。

知识链接：售罄率标杆

售罄率可以反映出商品在一定时间内的销售速度，数据分析师分析售罄率时，可以依据以下基本标杆来分析。

当25%≤售罄率<50%时，库存商品为滞销品，原因可能有季节因素、销售天数不够等。

当50%≤售罄率<75%时，库存商品为平销品，网店员工应调整商品的销售周期，密切关注库存平销品的动态。

当售罄率≥75%时，库存商品为畅销品，网店员工应及时补货。

6. 退货数据分析指标

数据分析师可以利用退货数据分析指标，分析退货的原因，并制定合理的补救措施。退货指标有金额退货率、订单退货率、数量退货率。

（1）金额退货率

计算公式：金额退货率=某段时间内的退货金额/总销售金额×100%。

指标意义：金额退货率是指商品售出后由于各种原因被退回的商品金额与同期总销售金额的比率。

指标用法：通过金额退货率的变动趋势可以从退货金额方面来判断网店的商品质量和售后服务质量。

（2）订单退货率

计算公式：订单退货率=某段时间内的退货订单数量/总订单量×100%。

指标意义：订单退货率是指商品售出后由于各种原因被退回的订单数量与同期总订单量的比率。

指标用法：通过订单退货率的变动趋势可以从退货订单数量方面来判断网店的商品质量和售后服务质量。

（3）数量退货率

计算公式：数量退货率=某段时间内的商品退货数量/总销售数量×100%。

指标意义：数量退货率是指商品售出后由于各种原因被退回的数量与同期售出的商品总数量之间的比率。

指标用法：通过数量退货率的变动趋势可以从商品退货数量方面来判断网店的商品质量和售后服务质量。

第二层：每周核心数据分析

由于用户下单和付款不一定会在同一天完成，但一周的数据相对是精准的，所以可以把每周数据作为比对的参考对象，其主要的用途在于，比对上周与上上周数据间的差别，运营做了某方面的工作，商品做出了某种调整，相对应的数据也会有一定的变化，如果没有提高，就说明方法有问题或者问题分析不透彻。

1. 网店流量分析指标

网店流量分析指标主要有 UV、PV、平均浏览页数、在线时间、跳失率、回访者比率、访问深度比率、访问时间比率。这些都是最基本的指标，每项数据提高都不容易，这意味着要不断改进每一个被发现的问题的细节，并不断去完善购物体验。下面重点介绍其中几个指标。

（1）跳失率

跳失率高绝不是好事，但知道跳失的问题在哪里才是关键。在进行一些推广活动或投放大媒体广告时，跳失率都会很高，跳失率高可能意味着人群定位不精准，或者广告诉求与访问内容有着巨大的差别，或者本身的访问页面有问题。

（2）回访者占比

计算公式：回访者占比=统计时间内 2 次及以上回访者数量/总来访者数量。

指标意义：反映网店的吸引力和访客忠诚度。

指标用法：当流量稳定的情况下，此数据太高则说明新用户开发得太少，太低则说明用户的忠诚度太差，复购率也不会高。

（3）访问深度比率

计算公式 1：访问深度比率=访问超过 11 页的用户数量/总的访问数。

计算公式 2：访问时间比率=访问时间在 10 分钟以上的用户数/总用户数。

指标意义：这两项指标代表网店内容的吸引力。

指标用法：访问深度比率和访问时间比率越高越好。

2. 运营数据分析指标

运营数据分析指标主要有总订单数、有效订单数、订单有效率、总销售额、客单价、毛利润、毛利率、下单转化率、付款转化率、退货率、DSR（Detail Seller Rating，卖家服务动态评分）等。如果每日都进行数据汇总，则每周的数据是相对稳定的，主要通过将本周数据与上上周的数据进行比对，重点指导运营内部的工作，如商品引导、定价策略、促销策略、包邮策略等。运营数据分析人员要思考的是：比对数据，为什么订单数减少了，但销售额增加了？这是否是好事？或者客单价提高了，但利润率降低了？这是否是好事？还有能否做到销售额增长；利润率提高，订单数增加，等等。所有的问题，在运营数据中都能够找到答案。

随着淘宝越来越注重商品的质量，淘宝搜索排名中 DSR 的权重在不断加大。DSR 包括了宝贝与描述相符的程度、卖家的服务态度、卖家发货速度、退款率、店铺的好评率、纠纷退款率和发货时间七个方面。这意味着商家必须时刻注意店铺中商品的质量，从而保障消费者的权益。图 2-5 是韩都衣舍的 DSR 动态评分，从图中可以看到该店铺半年内的宝贝描述、服务态度、发货方面的动态评分均高于同行业平均水平。

图 2-5　韩都衣舍的 DSR 动态评分

第三层：用户分析

访客分析指标

所谓用户分析主要是对访客数据进行分析。访客分析的主要指标有新访客数、新访客转化率、访客总数、访客复购率、所有访客转化率。访客分析用于概括性地分析访客的购物状态，重点在于了解本周新增了多少访客，新增访客转化率是否高于总体水平。如果新访客转化率很高，那说明引流方法有效，值得加强。

（1）访客复购率

访客复购率分析包括 1 次购物比例、2 次购物比例、3 次购物比例、4 次购物比例、5 次购物比例、6 次购物比例、高频购物比例。

知识链接：复购率与收益

京东对大量商家的复购率和收益的分析结果显示：

1 次购物比例：93%，收入占比 83%；

2 次购物比例：5%，收入占比 11%；

3 次购物比例：1%，收入占比 3%；

3 次以上购物比例：1%，收入占比 3%。

这些数据表明，互联网公司要维持业绩的增长，新用户要抓，更要关注老用户的存留和复购。

（2）转化率

计算公式：转化率=成交笔数/访客人数×100%。

指标意义：转化率体现的是网店的购物流程是否顺畅、用户体验是否好，可以叫外功；复购率则体现网店整体的竞争力，是内功。所以运营的核心工作，一方面是做外功，提高转化率，获取消费者第一次购买行为；另一方面就是做内功，提高复购率，网店运营的根本也就在重复购买。

第四层：流量来源分析

淘宝网店可以用生意参谋，京东网店可以用数据罗盘，独立网店可以用 Google Analytics 或百度统计，它们统计的流量来源数据都比较详细。

通过流量来源分析可以监控各渠道转化率，从而让运营人员发掘出转化效果好的渠道和媒体。

流量来源分析是为运营和推广部门指导方向的，除了关注转化率，还有浏览页数、在线时间等都是评估渠道价值的指标。

第五层：内容分析

网店内容分析主要有两项指标：跳失率和热点内容。

1. 跳失率

跳失率是个"好医生"，很适合给网店"检查身体"，哪里的跳失率高，说明哪里有问题。运营人员应重点关注入店点击、购物车、客服咨询、下单等环节，这些是最基础的，但也是最关键的。一般网店运营部会按期列出 TOP 20 跳失率高的页面，然后内部重点讨论为什么这些页面会有这么高的跳失率，然后对依次进行改进。

2. 热点内容

热点内容是用来指导运营工作的，消费者最关注什么，什么商品、分类、品牌点击最高，这些数据能引导运营人员推荐消费者最关注的品牌、促销最关注的商品等。

第六层：商品销售分析

这部分是内部数据，根据每周、每月的商品销售详情，了解网店的经营状况，做出未来销售趋势的判断。商品销售分析指标包括商品销售计划完成率、销售利润率、成本利润率。

1. 商品销售计划完成率

计算公式：商品销售计划完成率=（企业商品实际销售量×计划单价）/（商品计划销售量×计划单价）

指标意义：这一指标主要考核企业销售收入和销售计划的完成情况，也可以将计划数换算为去年同期实际数值，考核销售量的变化情况。

指标用法：通过分析商品销售计划的完成情况，可以促使企业合理地制订计划，有计划地补偿生产耗费，减少商品库存，增加企业盈利。

2. 销售利润率

计算公式：销售利润率=企业利润/销售收入

指标意义：通过销售利润率的计算可以分析出利润与销售收入的比重大小，它反映的是企业的盈利能力。

指标用法：通过销售利润率的变化可以了解到企业经营动态和经营成果的变化情况。

3. 成本利润率

计算公式：成本利润率=企业利润/成本

指标意义：该指标反映了企业的投入产出水平，即所得与所费的比率。成本利润率是考核企业经营业绩的最重要指标。

指标用法：一般来说，成本费用越低，则企业盈利水平越高；反之，成本费用越高，则企业盈利水平越低。将企业的利润率指标与同行业其他企业的相关指标进行比较，可以对企业经营效益和工作业绩做出合理判断，并且通过对利润率指标与计划偏差的各因素分析，有利于找到问题的症结，提高企业的经营管理水平。影响成本费用利润率指标的因素有销售结构、销售价格、销售税金、销售成本等。

知识链接：利润评价指标应用示例

例如，某电商企业 10 月销售收入为 1 000 000 元，销售成本为 800 000 元，利润为 150 000 元，则该企业的销售利润率=150 000÷1 000 000×100%=15%，成本利润率=150 000÷800 000×100%=18.8%，通过对销售利润率和成本利润率的计算，可以分析出该企业的收入、支出与利润的比例关系，从而为考核该企业的经营业绩提供依据。

三、任务实战

（一）网店初步诊断——撰写网店诊断报告

1．相关知识

数据化运营之所以越来越重要，是因为数据是由消费者所产生的，通过数据多角度分析能够更好地理解平台规则、消费者行为、市场变化、竞争对手运营手法，从而寻找到运营规律。通过对网店运营数据的诊断，能够得到问题的反馈，如搜索流量是否增长，直通车 ROI 是否提升，退款率是否上升，商品库存结构是否合理，销售额下降是由什么原因引起的，等等。根据数据反馈进行优化，才能够做好全局精准运营，实现运营效益最大化。

网店初步诊断是针对引起销售额变化的因素展开分析的，分析的数据有店铺的访客数（UV）、店铺成交转化率、客单价这三个数据，通过与行业均值或竞争对手作对比，来判断店铺的情况，以做针对性的改进。

商家在店铺经营过程中总会出现各种问题，需要及时诊断，并对症下药。网店诊断的基本流程为：

一是确定店铺问题出在哪里；

二是收集网店数据，分析内在原因；

三是收集行业和竞争对手数据，分析外在原因；

四是撰写诊断报告；

五是提出对策建议。

2．任务要求

本任务是一个团队任务，要求队员分工协作完成，完成后上交《××网店初步诊断报告》，并做好汇报的准备。

说明：对经营的网店展开初步诊断，在销售额变化趋势分析的基础上对店铺的访客数（UV）、店铺成交转化率和客单价三个指标展开分析并做出诊断，根据诊断结果提出对策。

3．任务实施

（1）理论基础

店铺诊断的依据是销售额=访客数×转化率×客单价，通过将本网店的这三个指标与行业的这三个指标进行对比分析，找出其中存在的差距。

（2）实施步骤

步骤 1：获取网店诊断的相关数据；

步骤 2：对比分析，找出差距；

步骤 3：商讨对策；

步骤 4：撰写《××网店初步诊断报告》；

步骤 5：做好汇报的准备。

（3）成果报告

××网店初步诊断报告

1．销售额诊断

某网店是一家天猫店，主营大家电类目，最近12周的支付金额变化趋势如图2-6所示。数据显示该网店的支付金额在第28周达到最高峰，之后销售额逐级下调，第35周的销售额较前一周下降9.69%，较去年同期下降27.35%，形势严峻。再与同行同层平均数对比，可以发现同行同层平均支付金额并没有出现单边下跌的情景。因此本店铺销售额诊断为存在问题，情况比较严重，需要进一步分析销售额下降的原因。

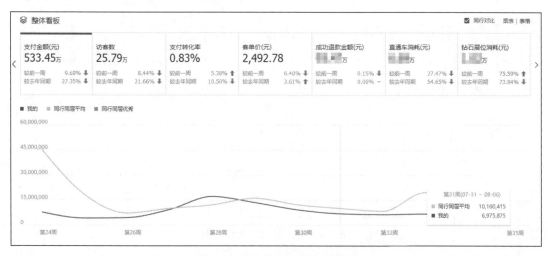

图 2-6　网店支付金额变化趋势

2. 访客数诊断

该网店最近12周的访客数变化趋势如图2-7所示。数据显示该网店的访客数在第28周达到最高峰，之后访客数开始下降，呈现单边下跌，第35周的访客数较前一周下降8.44%，较去年同期下降21.66%，情况不理想。再与同行同层平均数对比，可以发现同行同层平均访客数同样出现单边下跌的情景，两者变化趋势基本保持同步。因此本店铺访客数下降属于行业趋势，不是本店铺经营存在问题。

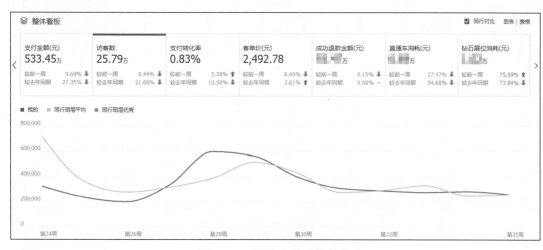

图 2-7　网店访客数变化趋势

3. 转化率诊断

该网店最近12周的转化率变化趋势如图2-8所示。数据显示该网店的转化率在12周内出现了小幅度的下降。第24周的支付转化率为1.11%，第35周的支付转化率为0.83%，下降幅度为25.23%。再来看同行同层平均的转化率，其在一定范围内波动，且保持基本稳定，而且转化率整体水平明显高于该店铺，这说明该店铺内部运营和管理尚有不足。因此可以诊断为该店铺转化率偏低，存在逐级小幅下降趋势，需要改进店铺内部运营与管理。

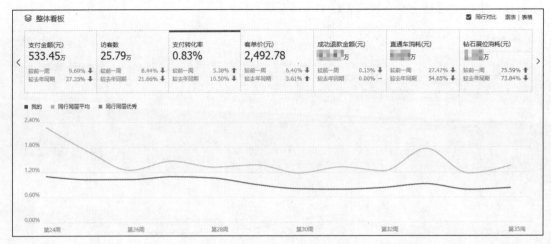

图 2-8　网店转化率变化趋势

4. 客单价诊断

　　该网店最近12周的客单价变化趋势如图2-9所示。数据显示该网店的客单价在12周内基本保持均衡，没有出现明显的上升或下降的趋势。再来看同行同层平均的客单价，同样是在一定范围内波动，保持基本均衡，但客单价整体水平明显高于该店铺，这说明该店铺在关联营销和客户服务等方面存在问题。因此可以诊断为该店铺客单价整体偏低，需要改进店铺内的关联营销和客户服务。

图 2-9　网店客单价变化趋势

5. 综合诊断

　　该网店销售额出现下降，一方面是行业整体的访客数下降导致的，另一方面是转化率小幅下跌引起的。转化率是衡量店铺运营健康与否的重要指标，这也关系到店铺的盈利能力。因此该店铺的当务之急是提高支付转化率，同时设法提升客单价，这样才能在同行同层的店铺竞争中占据有利位置，赢得主动。

（二）ROI 计算——直通车 ROI 诊断

1. 相关知识

在电商运营过程中，ROI 是一个重要的指标，很多推广工作都是以 ROI 作为评估手段的。投资回报率简称为 ROI（Return On Investment），是指通过投资而应返回的价值，即企业从一项投资活动中得到的经济回报。它涵盖了企业的获利目标、利润和投入经营所必备的相关财产，因为管理人员必须通过投资和现有财产获得利润。

ROI 的计算公式：ROI=利润/投资总额×100%

投资回报率有两种形式：基于销售额的 ROI 和基于利润额的 ROI。

直接 ROI：通过单一的投放商品所产生的销售额来测算 ROI。这种直接 ROI 获得的数据的有效性往往比较低，有时候会影响正常的营销策略判断，可参考性不高。

间接 ROI：网店运营除了要关注本身投放宝贝所产生的销售额外，还要考虑关联销售所带来的销售额，以及销售持续增长所产生的搜索权重带来的自然搜索量所产生的销售额。

（1）SEO 搜索优化方面的投资回报率

它是淘宝基于销售的搜索权重特性，通过初期亏本杀低价炒作销售，进而在后期通过很好的间接 ROI 来回本。例如：宝贝成本 100 元，定价 150 元，初期卖了 50 个，每个卖 50 元，初期亏损成本 50×50=2 500 元，视为推广花费，假设后期卖了 900 个，利润为 50×900=45 000元，那么 ROI=45 000÷2 500=18。则说明这款宝贝 ROI 是 18，可以说直接 ROI 是非常高的。如果算上关联销售，那间接的 ROI 会更高，搜索优化的性价比很高，ROI 也很高。

（2）以 ROI 为标准衡量直通车投放

从直通车的角度看，直接 ROI=1∶1 也许是亏的，但是持续的直通车投放，能带来持续的销售和关联销售，销量达到一定权重就能获得更多的自然搜索流量。如果从间接 ROI 来看，往往是大于 1 的时候，直通车就是值得投放的，而且要持续投放。

（3）基于钻展的投资回报率

和直通车类似，它是利用钻展产生的间接收益，这种收益包括导入流量产生的关联销售实现的收益，由于销售提高获得搜索流量而产生的自然销售受益。

直通车中将 ROI 简化为：直通车 ROI=花费/销售金额，如图 2-10 所示。

图 2-10　直通车 ROI

例如：一件衣服通过直通车推广，一个星期后后台统计的结果如下：直通车花费 600 元，营业额 1 200 元，那么这一个星期直通车的 ROI 计算结果为：

ROI=600∶1 200 =1∶2

投资回报率越高，说明店铺的直通车推广效果越好。

2. 任务要求

某网店专营丝网印刷衬衫，该店主从 1688 阿里平台上以每件 24 元的价格采购了 50 件丝网印刷衬衫，共花去 1 200 元；然后在淘宝网店中销售，在直通车上投放 600 元广告费，卖出这批衬衫，销售额为 2 400 元。请计算 ROI 和直通车 ROI。

3. 任务实施

根据公式，ROI=利润/投资×100%

$$=（2\,400-1\,200-600）/（1\,200+600）×100\%$$

$$=33.33\%$$

直通车 ROI=直通车花费∶成交金额

$$=600∶2\,400$$

$$=1∶4$$

四、拓展实训

实训 1　网店销售额诊断方案设计与实施

1. 实训背景

网店在运营过程中，常常会遇到店铺发展的瓶颈，流量上不来，转化率上不来，销售额停滞不前，想要更上一个台阶，却不知道是什么制约了店铺的发展，捆绑了网店发展的手脚。

网店初步诊断只能确认销售额下降是由访客数、转化率和客单价三个因素之中的某一个或某几个因素引起的，但引起访客数、转化率和客单价三个因素下降的原因又是什么呢？这需要进一步展开分析，直至找到网店销售额不见增长的根本原因，这样才能对症下药，找到解决销售下降的策略和措施。

2. 实训要求

针对自己经营的网店状况，设计网店销售额诊断方案，并在实践中检验网店销售额诊断方案的有效性，然后撰写《××网店销售额诊断方案设计与实施报告》，内容包括：

（1）确定网店销售额诊断的数据指标体系；

（2）根据网店销售额诊断的数据指标体系查找数据源；

（3）实施网店销售额诊断方案；

（4）安排头脑风暴共商对策；

（5）再对网店运营改进对策实施效果进行分析。

实训 2　直通车 ROI 诊断方案设计

1. 实训背景

淘宝店做直通车推广，往往掌柜最关注的就是 ROI，也就是投入产出比。如果 ROI 低于1，那么赚的钱都不够在直通车上的花费。

从 ROI 的公式可以看出，提升 ROI 无非两个方面，一是提升总成交金额，二是降低总花费。

ROI 指标的意义就是能够直观地反映出直通车的效果。掌柜可以自己算一下，ROI 的盈利点在哪里，如 100 块钱的商品，进价 70 元，ROI 要达到 1.7 以上，才能够保证不亏本。但这只是最直观的算法，直通车所提升的流量，促进的店铺转化成交，以及加购收藏等隐性的成交掌柜们也应该考虑进去。

影响 ROI 的因素主要有直通车的因素、宝贝因素和店铺因素。

（1）直通车的因素

直通车的流量是否精准、点击单价如何，这些都影响到 ROI 的情况，如何使流量更加精准，提升质量分，降低 CPC，这些就是需要重点考虑的问题。

（2）宝贝因素

选款是直通车的第一步，宝贝的基础情况对于直通车的推广来说是重中之重。掌柜在进行直通车推广的时候，千万不要凭借自己的喜好进行推广，可以参考生意参谋中的销量排行和转化情况，同时也要参考直通车中的点击、成交、收藏和加购的情况。除了宝贝的款式受欢迎、详情页做得好之外，基础的销量和评价也是很关键的因素。

（3）店铺因素

店铺的整体装修和店铺内的活动能够促进和提高转化率，一般顾客通过直通车点进详情页后，可能会进入店铺看一下，如果店铺装修风格比较适合，也有促销的活动，顾客成交的概率就很大，而且很有可能会收藏店铺从而成为店铺常客。

2．实训要求

根据自己经营网店的直通车投放情况，设计一个直通车 ROI 诊断方案，内容包括：

（1）确定影响直通车销售额和花费的关键因素，要尽可能细化；

（2）根据影响直通车销售额和花费的关键因素确定 ROI 分析的指标体系；

（3）再基于 ROI 分析的指标体系确定数据源；

（4）计算各项关键因素对 ROI 的影响程度和权重，并制作用于 ROI 分析的表格；

（5）确定直通车 ROI 分析展开的时间节点及安排。

任务小结

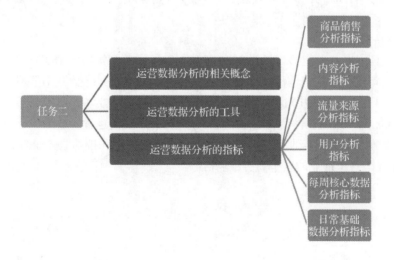

同步习题

（一）判断题

1．通过 ROI 数值，能够直接地判断营销活动是否盈利，如 ROI 为 1，那么可以判断本

次营销活动的收益与花费是持平的。（　　　）

2. 魔镜是专注于竞争对手分析的数据分析平台，只针对淘宝网购平台。（　　　）

3. 生意参谋不支持多岗多面及多店融合。（　　　）

4. 平均停留时长反映访客在线时间的长短，时间越长，则网店黏性越低。（　　　）

5. 跳失率越低则表示所获取流量的质量越好。（　　　）

（二）不定项选择题

1. 对于网店运营人员来说，提升销售额要做好的工作有（　　　）。

　　A. 提高访客数　　　　B. 提高转化率　　　　C. 提高客单价　　　　D. 提高利润率

2. 网店运营成本由（　　　）等构成。

　　A. 推广成本　　　　B. 经营成本　　　　C. IT 建维成本　　　　D. 人员成本

3.（　　　）反映店铺商品的品质好坏和商品的性价比。

　　A. 退款率　　　　B. 跳失率　　　　C. 连带率　　　　D. 售罄率

4. 网店的连带率越高，（　　　）越高，有助于提升全店的销售额。

　　A. 访客数　　　　B. 转化率　　　　C. 客单价　　　　D. 浏览量

5. 如果动销率>（　　　），则说明在某段时间该分类出现了商品脱销的现象。

　　A. 100%　　　　B. 75%　　　　C. 50%　　　　D. 0

（三）简答与计算题

1. 对于运营人员来说，要怎样做才能增加网店的利润？

2. 作为数据分析师，应具备哪些能力？

3. 每周核心数据分析包含哪几个指标？

4. 某电商企业 3 月份销售收入为 30 000 元，销售成本为 20 000 元，利润为 8 000 元，请计算该企业的销售利润率和成本利润率。

5. 某网店本月的访客数为 50 000，浏览量为 150 000，转化率为 2%，客单价为 158 元，请计算该网店的本月销售额。

（四）分析题

在国家统计局网站上能够查找到 2020 年我国电子商务销售额为 189 334.7 亿元，排名世界第一。2020 年电子商务销售额按行业划分，制造业为 60 164.3 亿元，建筑业为 185.6 亿元，采矿业为 552.4 亿元，房地产业为 390.3 亿元，批发和零售业为 97 859.2 亿元，住宿和餐饮业为 1 430.0 亿元，文化、体育和娱乐业为 319.3 亿元，交通运输、仓储和邮政业为 6 524.3 亿元，居民服务、修理和其他服务业为 90.1 亿元，科学研究和技术服务业为 298.6 亿元。请分析 2020 年我国各个行业的电子商务市场份额。

任务三　流量数据分析
——实现精准引流

学习目标

【知识目标】	1. 掌握流量来源分析；
	2. 掌握流量趋势分析；
	3. 掌握流量质量评估方法；
	4. 掌握流量价值计算方法；
	5. 懂得如何打造爆款实现引流；
	6. 理解 7 天螺旋的原理，熟悉 7 天螺旋操作方法；
	7. 理解千人千面的原理。
【技能目标】	1. 具备展开流量来源对比分析的能力；
	2. 具备 SEO 标题优化能力；
	3. 具备合理设置商品上下架时间的能力；
	4. 具备商品类目优化的能力。
【基本素养】	1. 具有数据敏感性；
	2. 善于用数据思考和分析问题；
	3. 具备收集、整理和清洗数据的能力；
	4. 具有较好的逻辑分析能力。

一、任务导入

长城润滑油"双十一"精准引流

1. 营销背景

"双十一"已经成为国内最大的电商购物节，长城润滑油作为传统的汽车用品行业参与在线电商促销活动具有一定的挑战性，为保证项目执行的结果，在对人群进行精准定位上有着较高的要求。

2. 营销目标

为"双十一"长城润滑油天猫店的页面引流，促进销售转化；在KPI方面，对PC端及移动端有不同的CPM（按展示次数计费的广告模式）及CPC（按点击次数计费的广告模式）考核要求。

3. 营销策略

通过程序化购买技术手段，实现精准的人群定向，人群定向策略如图3-1所示。

图 3-1　长城润滑油精准人群定向

4. 人群标签

根据既定的目标人群画像，在YOYI人群标签系统中设置受众标签，进行精准投放，如图3-2所示。

■性别：男性
■地域：北上广+华北/华东二三线
■年龄：20～45岁
■购物倾向：汽车/美容保养、汽车/养护类产品

■性别：男性
■地域：北京
■年龄：20～45岁
■关注兴趣：汽车保养、维修、配件、车险等（泛指有人车人群）、汽车/有车人群

图 3-2　人群标签

5. 搜索数据定向

通过搜索关键词，多方向锁定潜在目标受众，如图3-3所示。

6. 定向关键词列表

在确定关键词定向时，可从下面几个方面来考虑。需求词：什么牌子润滑油好、车保用什么润滑油、润滑油评测、润滑油推荐……通用词：汽车润滑油、汽车养护、汽车保养……兴趣词（拓展有车人群）：汽车用品、汽车改装、汽车美容、汽车养护、汽车配件、汽车维修、车险、车险理赔、验车、汽车年检……竞品词：美孚、嘉实多、嘉实多极护、壳牌、昆仑……品牌词及产品词：长城润滑油、长城金吉星、长城润滑油好吗、长城润滑油怎么样……

7. 浏览数据定向

锁定四大门户汽车频道、各汽车品牌论坛及各地车友会访问者，覆盖更多的有车人群，如图3-4所示。

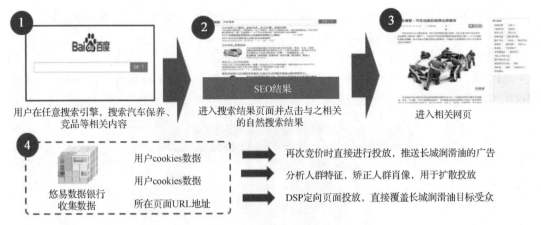

用户在任意搜索引擎，搜索汽车保养、竞品等相关内容

进入搜索结果页面并点击与之相关的自然搜索结果

进入相关网页

悠易数据银行收集数据

用户cookies数据

用户cookies数据

所在页面URL地址

再次竞价时直接进行投放，推送长城润滑油的广告

分析人群特征，矫正人群肖像，用于扩散投放

DSP定向页面投放，直接覆盖长城润滑油目标受众

图 3-3　搜索数据定向

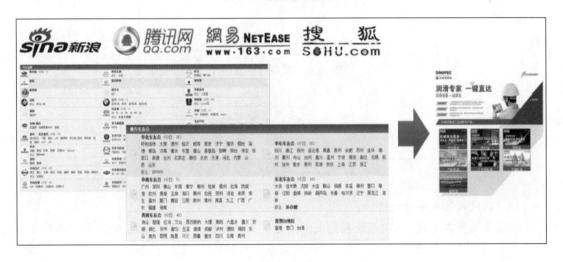

图 3-4　浏览数据定向

8. 跨屏定向

通过多种方式实现PC端与移动端的人群跨屏打通，实现更全面和更高效率的覆盖，如图3-5所示。

目标受众数据

跨屏数据打通人群匹配

移动端使用习惯分析

移动端定向投放

第三方人群标签cookie+相关搜索、浏览人群cookie

百度跨屏ID数据打通，将PC端人群cookie数据在悠易跨屏数据中进行匹配

成功匹配人群移动端使用习惯（OS、时间、App类型等）进行分析，为定向投放打好数据基础

基于移动端使用习惯进行分析，定向推广（OS、时间、App类型）等

图 3-5　跨屏定向

通过跨屏技术，精准定向长城润滑油目标受众在移动端的使用习惯（如App类型、上网习惯等），从而进行精准定向投放。

9. 区域定向

在PC端，以长城润滑油指定的推广区域IP定向为前提，锁定目标区域；在移动端，通过LBS技术获取目标受众的经纬度坐标，精确定向，如图3-6所示。

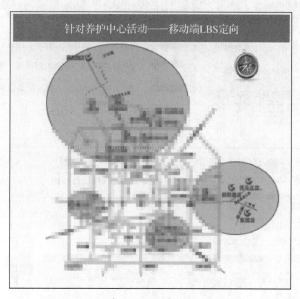

图 3-6　区域定向

10. 引流效果与市场反馈

投放量超预期完成，KPI超预期完成，到达率表现优异。悠易互通超额完成PC端和移动端广告展现及点击的预估指标。PC端展现量完成率为131%，点击量完成率为122%；移动端点击量表现尤为突出，高于预期387%。KPI完成情况优异，对比KPI，PC端CPM及CPC均有20%左右的下降；移动端CPM降低6%，CPC比预期降低了近80%；PC端到达率63%，移动端到达率33%，表现优于互联网常规水平，如图3-7所示。

PC端数据总览		移动端数据总览	
投放总体结果	完成率	投放总体结果	完成率
展现量	+31%	展现量	+7%
点击量	+22%	点击量	+378%
CPM	-24%	CPM	-6%
CPC	-18%	CPC	-79%
到达率	66%	到达率	33%

图 3-7　引流效果与市场反馈

思考：

1. 什么是精准引流？

2. 长城润滑油是如何实现精准引流的？

3. 人群标签与定向之间是什么关系？

二、相关知识

（一）流量来源分析

流量是店铺生存的根本，其重要性不言而喻。对于一个数据分析师来说，他首先要清晰地了解店铺流量来自哪里。

流量来源根据渠道的不同可以分为站内流量和站外流量，站内流量和站外流量的区别在于，淘宝站内的流量是平台已经培育好的，客户本身就是有购买需求的，所以成交的概率大，即高质量流量；而站外流量不一定有明确的购买需求，所以成交的概率相对小，流量质量不可控。

淘宝站内流量根据付费情况分成免费流量和付费流量。免费流量根据客户的访问方式分成淘内免费流量和自主访问流量。

流量来源根据终端类型又可以分为 PC 流量和无线流量。

1. 站内免费流量

（1）淘内免费流量

如果把店铺比喻成大树，那么淘内免费就是这棵大树的树根，卖家首先要做好淘内免费流量，然后再想办法扩展其他流量，这样店铺的根基才会牢固。淘内免费流量中的搜索流量和类目流量是每个商家发布产品时都可获取的，且如果客户会通过搜索来找产品，说明他们有需求、目的性强，这样就容易生成订单，所以从此渠道获得的流量、转化率较高，回头率也比较好。自然搜索流量的主要影响因素有宝贝的相关性、上下架时间、宝贝的最高权重、DSR 评分、人气排名、转化率、收藏量、成交量、回头客等。图 3-8 是某网店最近一周的淘内免费流量，访客数达到 420 699，排在前三位的是手淘搜索、淘内免费其他和手淘淘抢购。

流量来源	访客数		支付转化率		支付金额		客单价		操作
● 淘内免费	420,699	5.48%↓	0.91%	14.71%↓	10,187,944	19.31%↓	2,675.40	0.11%↑	趋势
手淘搜索	223,436	0.48%↑	0.80%	19.96%↓	4,736,890	18.28%↓	2,638.93	1.62%↑	详情 趋势 商品效果
淘内免费其他	103,334	13.40%↓	2.50%	6.23%↓	6,847,774	19.57%↓	2,645.97	0.96%↓	详情 趋势 商品效果
手淘淘抢购	64,176	23.97%↓	0.12%	40.00%↓	192,757	58.92%↓	2,471.24	9.94%↓	趋势 商品效果
手淘首页	29,909	26.20%↓	0.24%	3.73%↑	193,326	39.24%↑	2,685.08	6.36%↓	趋势 商品效果
手淘问大家	19,003	12.09%↓	4.61%	10.00%↓	2,271,017	21.84%↓	2,595.44	1.21%↓	趋势 商品效果
手淘旺信	16,887	7.03%↓	12.22%	12.02%↓	5,847,264	18.71%↓	2,834.35	0.63%↓	趋势 商品效果
猫客搜索	13,473	10.93%↑	0.94%	21.66%↓	355,994	12.73%↓	2,825.34	0.43%↑	详情 趋势 商品效果

图 3-8 淘内免费流量来源

淘宝平台还会举办一些免费的促销活动，如淘金币、淘抢购、淘宝试用、淘宝清仓、天天特价等，此类活动引入的往往是对价格敏感的人群。商家参加促销活动是有条件的，这需要商家必须在日常经营中打好基础，有活动机会时及时报名。活动流量与报名的产品的竞争力有关，要争取多报一些活动，多参加淘宝"帮派"活动。

淘宝免费流量还包括阿里旺旺的非广告流量，如店铺街、淘宝画报、淘宝街掌柜说、淘宝专辑、新品中心、试用中心、淘抢购、淘女郎、淘宝婚庆、淘宝清仓、拍卖会、喵鲜生、阿里飞猪、积分俱乐部、淘宝足迹以及淘宝论坛、淘宝帮派等互动交流平台。

免费流量占比高，代表商家的 SEO 标题优化做得不错，店铺的评分、商品的排名都很好。免费流量通常在店铺各类型流量中占比都比较大。

（2）自主访问流量

自主访问流量是指淘宝买家主动访问店铺时产生的流量，其来源包括购物车、我的淘宝、直接访问，是所有流量中质量最高的流量，这种流量稳定性好，成交转化率高。提升自主访问流量的关键是做好店铺或宝贝链接地址的推广以及回头客和回头客的口碑营销。图 3-9 是某网店最近一周的自主访问流量，访客数为 36 284，其中从"购物车"来的访客人数最多，从"我的淘宝"来的访客的支付转化率最高。

流量来源	访客数		支付转化率		支付金额		客单价		操作
● 自主访问	36,284	0.34%↓	10.29%	18.57%↓	10,069,880	20.15%↓	2,697.53	1.60%↓	趋势
购物车	24,294	4.54%↓	11.85%	14.86%↓	7,682,499	20.77%↓	2,668.46	2.52%↓	趋势 商品效果
我的淘宝	15,852	2.64%↓	16.69%	21.76%↓	7,474,495	19.67%↓	2,824.82	0.04%↑	趋势 商品效果
直接访问	429	13.49%↓	1.17%	120.28%↑	13,894	223.27%↑	2,778.80	29.31%↑	趋势 商品效果

图 3-9 自主访问流量来源

自主访问量越大，代表店铺的老客户越多，说明商家的店铺具有一定的品牌效应。因为自主访问流量的转化率通常比较高，很多商家都会鼓励买家收藏自己的店铺或店铺中的商品。如果自主访问流量下降，商家就需要注意店铺的经营策略是否伤害到了老客户。

不同店铺规模、经营的商品种类不同，自主访问流量占比也会不同，但这其中是有规律可循的，如奶粉、化妆品的买家忠诚度高，这类店铺的自主访问流量占比就高。网红店铺销售的商品往往有自己的特色和个性，拥有一批粉丝，复购率高，自主访问流量占比也高。而像大家电、家具这种不需要经常购买的商品，老客户比较少，自主访问流量占比小。

2. 站内付费流量

站内付费流量是指卖家通过付费方式获得的流量，它们在店铺流量中占比越大就意味着商家的成本越高，因此在使用这些流量前一定要明确引入流量的目的，做好推广策略，做好访客价值的估算。付费流量的特点是容易获取，精准度高，站内付费流量是店铺流量不可缺少的一部分，来源主要分为直通车、聚划算、淘宝客和钻石展位。图 3-10 是某网店最近一周的付费流量，访客数为 131 045，可以看出该网店广告投入集中在直通车、聚划算和淘宝客。

流量来源	访客数		支付转化率		支付金额		客单价		操作
● 付费流量	131,045	12.72%↓	0.84%	17.09%↓	3,018,226	27.18%↓	2,731.42	0.63%↑	趋势
直通车	71,158	20.03%↓	0.60%	23.68%↓	1,098,701	41.61%↓	2,579.11	4.32%↓	详情 趋势 商品效果
聚划算	45,163	3.26%↓	0.80%	12.24%↓	1,037,415	11.49%↓	2,881.70	4.25%↓	详情 趋势 商品效果
淘宝客	15,385	21.79%↑	2.35%	35.00%↓	1,025,457	17.57%↓	2,840.60	4.13%↓	趋势 商品效果
智钻	838	78.93%↓	0.12%	5.06%↓	3,299	73.38%↓	3,299.00	33.08%↑	趋势 商品效果

图 3-10 付费流量来源

（1）直通车

直通车是按点击付费（CPC）的效果营销工具，可帮助卖家实现宝贝的精准推广。通过直通车，商家的宝贝就可以出现在搜索页的显眼位置，以优先的排序来获得买家的关注。只有当用户点击宝贝时才需要付费，而且系统能智能过滤无效点击，为商家精确定位适合的买家人群。图 3-11 是某网店最近一周的直通车流量，直通车引流的关键词主要是空调、电视、美的变频空调。

店铺来源 > 来源详情　　直通车　　取消关注

细分来源　商品效果　人群透视　　周（07-17~07-23）

☑ 访客数　☑ 支付转化率　☑ 支付金额　☑ 客单价　☐ 下单金额　☐ 下单买家数　已选 4/5 重置
☐ 下单转化率　☐ 支付买家数　☐ UV价值

流量来源	访客数	支付转化率	支付金额	客单价	操作
其他	14,741	1.98%	743,209	2,545.23	趋势
空调	5,407	0.65%	75,264	2,150.40	趋势
电视	2,501	0.40%	18,890	1,889.00	趋势
美的变频空调	2,174	0.87%	72,874	3,835.47	趋势
电视机	1,270	0.47%	9,793	1,632.16	趋势
美的空调	851	0.82%	17,593	2,513.28	趋势
奥克斯空调 1.5匹	726	1.10%	16,792	2,099.00	趋势
志高 空调	487	0.41%	6,597	3,298.50	趋势

图 3-11　直通车细分来源

直通车通过与搜索关键词相匹配，为淘宝买家推荐直通车宝贝，当买家浏览到直通车上的宝贝时，可能被图片和价格所吸引，从而激发购买兴趣，并点击进入。因此淘宝直通车为店铺带来的流量是精准有效的，吸引的是优质买家，而且买家进入店铺后，会产生一次或者多次的流量跳转，促成店铺其他宝贝成交，这有助于降低店铺的推广成本，提升店铺的整体营销效果。同时，淘宝直通车还为广大淘宝卖家提供淘宝首页热卖单品活动、各大频道的热卖单品活动和不定期的淘宝各类资源整合的直通车用户专享活动等。一般出价越高，店铺搜索排名就会越靠前，而要通过高排名实现高转化率，其前提是宝贝的其他优化细节都做得比较到位。

（2）聚划算

聚划算是阿里巴巴集团旗下的团购网站，是一个定位精准、以 C2B 电商驱动的营销平台，是由淘宝网官方开发，并由淘宝官方组织的一种线上团购活动形式。除了主打的商品团和本地化服务，为了更好地为消费者服务，聚划算还陆续推出了品牌团、聚名品、聚设计、聚新品等新业务频道。聚划算的基本收费模式为“基础费用+费率佣金”。图 3-12 是某网店最近一周的聚划算流量，从中可以看出大家电无线专享区和聚划算清凉一夏的访客数最多，转化效果也较好。

（3）淘宝客

淘宝客是一种按成交计费（CPS）的推广模式，属于效果类广告推广，卖家无须投入成本，在实际的交易完成后卖家按一定比例向淘宝客支付佣金，没有成交就没有佣金。

淘宝客推广由淘宝联盟、淘宝卖家、淘宝客和淘宝买家四种角色合作完成。淘宝联盟是淘宝官方的专业推广平台。淘宝卖家可以在淘宝联盟上招募淘宝客，帮助其推广店铺以及宝贝。淘宝客利用淘宝联盟找到需要推广的卖家，然后获取商品代码，任何买家经过淘宝客的推广（链接、个人网站、博客或者社区发的帖子）进入淘宝卖家店铺完成购买后，就可得到由卖家支付的佣金；简单地说，淘宝客就是指帮助卖家推广商品并获取佣金的人。

店铺来源 > 来源详情　聚划算　关注

细分来源　商品效果　人群透视　周（07-17~ 07-23）

☑ 访客数　☑ 支付转化率　☑ 支付金额　☑ 客单价　☐ 下单金额　☐ 下单买家数　已选 4/5 重置
☐ 下单转化率　☐ 支付买家数　☐ UV价值

流量来源	访客数	支付转化率	支付金额	客单价	操作
其他	3,617	2.68%	256,877	2,648.21	趋势
https://ju.taobao.com/m/jusp/jd/songhuo/mtp.htm	2,102	1.43%	77,267	2,575.56	趋势
http://ju.taobao.com/m/jusp/jd/songhuo/mtp.htm	2,031	1.87%	98,158	2,583.10	趋势
http://jusp.tmall.com/act/o/qingliangju	924	0.00%	0	0.00	趋势
聚客搜索	769	1.56%	34,479	2,873.25	趋势
http://jusp.tmall.com/act/o/jujiaraaa	743	0.00%	0	0.00	趋势
聚客首页	731	0.00%	0	0.00	趋势
http://jusp.tmall.com/act/o/jiazhpp	633	0.16%	3,999	3,999.00	趋势
聚客minisite页	606	1.49%	27,038	3,004.22	趋势

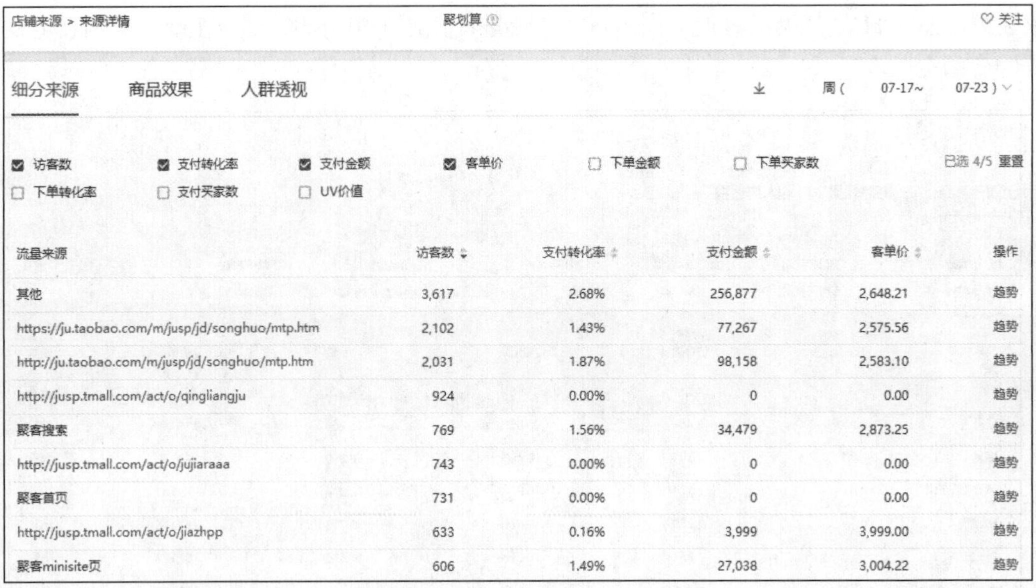

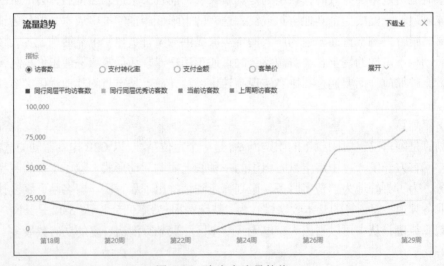

图 3-12　聚划算细分来源

淘宝客的付费方式的性价比最高，因为只有成交才会支付佣金。同时，性价比越高就意味着推广的门槛和难度越大，淘宝卖家在选择淘宝客时，应考虑到店铺的综合利润，当店铺商品的转化率不高或佣金较低时，淘宝客的动力就会减弱。图 3-13 是某网店最近 12 周的淘宝客流量变化趋势，总体上不及同行同层的平均访客数。

图 3-13　淘宝客流量趋势

淘宝客流量主要是引导淘宝商家推广店铺的主推宝贝，寻找一些大的淘客进行合作，报名一些淘宝客活动等，这都相当于是淘宝商家花钱请别人帮忙为店铺做推广，但是风险相对比较低。

（4）钻石展位

钻石展位（智钻）是按展现收费（CPM）的推广方式（注：淘宝现在也提供 CPC 收费模式），展现位置有淘宝首页、类目首页、门户、画报等多个淘宝站内广告展位，以及大型门户网站、垂直媒体、视频站、搜索引擎等淘外各类媒体广告展位。钻石展位主要依靠图片的创意吸引买家的兴趣，以此获取巨大的流量。钻石展位可以做人群定向和店铺定向，定向包括地域、访客和兴趣点三个维度，主动地把广告投放给潜在的目标客户。如果说直通车是布点，那么钻石展位就是铺面，商家可以自己通过客户需求分析，判断出目标客户具有哪些特征，哪些店铺的客户也同样是自己的客户，然后通过定向，将广告展现在这些客户面前。钻展或者硬广的引流花费相对比较大，但是引来的流量通常也都是比较精准有效的，通过这样的方式能够更大面积地覆盖网络，增多产品展现在买家面前的机会。图 3-14 是某网店最近 12 周的智钻流量变化趋势，从数据上看，智钻不是该网店的主要推广方式，投入较少，可能与支付转化率偏低有关。

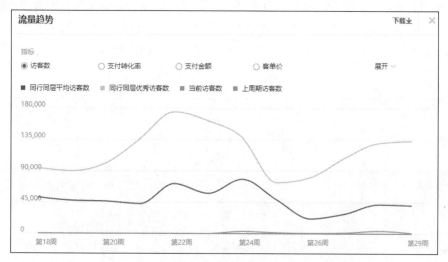

图 3-14　钻石展位流量趋势

钻石展位既可以做单品推广，也可以做店铺推广。单品推广一般适合需要长期引流的宝贝或不断调高单品成交转化率的卖家。店铺推广主要针对有一定活动运营能力或者短时间内需要大量流量的大中型卖家。

3. 站外流量

站外流量是指访客从淘宝以外的途径点击链接进入店铺所产生的流量，随着淘宝对店铺站外的流量越来越重视，获取更多站外流量也逐渐成为卖家关注的焦点。站外流量主要来自各大知名网站，如百度、360 搜索、一淘、搜狗、1688 批发平台、新浪微博、美丽说、蘑菇街、腾讯微博、QQ 空间、爱奇艺、折 800、米折网、卷皮网、嗨淘、人人逛街、优酷、必应、有道等。图 3-15 是某网店最近一周的淘外网站流量，搜狗的访客数相对比较多，但淘外网站流量的支付转化率均为零，应加以分析。

流量来源	访客数		支付转化率		支付金额		客单价		操作	
◉ 淘外网站	307	9.97%▼	0.00%	0.00%	0	0.00%	0.00	0.00%		趋势
搜狗	232	5.69%▼	0.00%	0.00%	0	0.00%	0.00	0.00%	趋势	商品效果
淘外网站其他	70	21.35%▼	0.00%	0.00%	0	0.00%	0.00	0.00%	趋势	详情 / 商品效果
百度	5	16.67%▼	0.00%	0.00%	0	0.00%	0.00	0.00%	趋势	商品效果

图 3-15　淘外流量来源

站外流量来源根据内容可以细分为影视、军事、娱乐、教育、社交等，卖家需要根据店铺风格进行选择，如果是经营年轻时尚品类的店铺就比较适合新浪微博、无线陌陌等站外资源位，因为该类网站面向的群体大多是年轻人；而像一些男装店铺就比较适合中华网、凤凰网等站外资源位，因为该类网站面对的群体都比较男性化，经济实力比较高，购买力比较强。

站外流量大，代表商家在淘宝站外做的推广多。由于站外流量转化率往往比较低，如果占比过大，容易造成转化率下降的后果。而转化率降低又会影响店铺的综合评分，导致商品搜索权重下降。

4. 无线流量

移动互联网时代来临，消费者会更多地选择用手机购物，流量也因此变得更加碎片化，商家的流量主战场也因此转移到了移动端上。当前无线流量已经成为流量来源的主要载体，在淘宝的很多类目中，无线访客占比达到80%甚至更高。图3-16是某网店最近一周的无线流量。

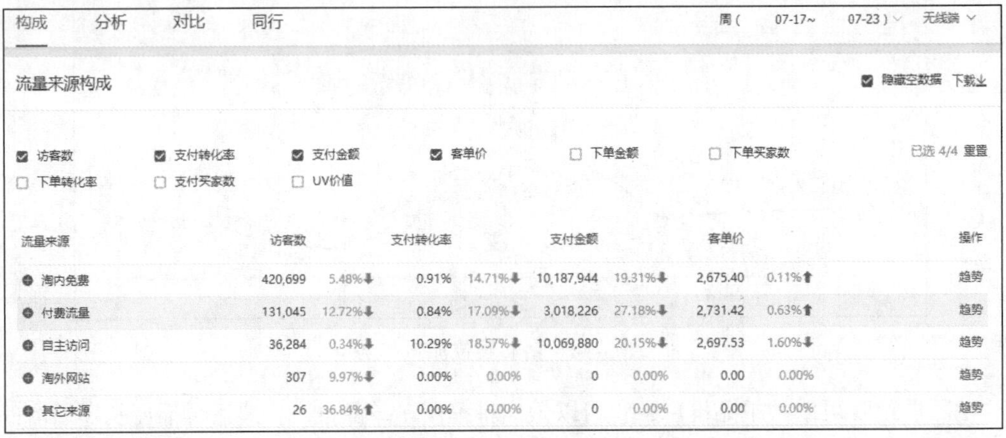

构成	分析	对比	同行			周（	07-17~	07-23）	无线端

流量来源构成　　　　　　　　　　　　　　　　　　　　　　　　☑ 隐藏空数据　下载业

☑ 访客数　　☑ 支付转化率　　☑ 支付金额　　☑ 客单价　　　□ 下单金额　　　□ 下单买家数　　已选 4/4 重置
□ 下单转化率　　□ 支付买家数　　□ UV价值

流量来源	访客数		支付转化率		支付金额		客单价		操作
● 淘内免费	420,699	5.48%↓	0.91%	14.71%↓	10,187,944	19.31%↓	2,675.40	0.11%↑	趋势
● 付费流量	131,045	12.72%↓	0.84%	17.09%↓	3,018,226	27.18%↓	2,731.42	0.63%↑	趋势
● 自主访问	36,284	0.34%↓	10.29%	18.57%↓	10,069,880	20.15%↓	2,697.53	1.60%↓	趋势
● 淘外网站	307	9.97%↓	0.00%	0.00%	0	0.00%	0.00	0.00%	趋势
● 其它来源	26	36.84%↑	0.00%	0.00%	0	0.00%	0.00	0.00%	趋势

图 3-16　无线流量

无线端自然搜索排序的各个影响因素中销量权重最大。要提高无线端自然搜索排名，需要设置手机专享价，以此获得搜索加权。若店铺在无线端没有产品拥有搜索容量大的关键词排位，可以采用优惠等方式引导客户从 PC 端首页扫码进无线端购买；若店铺在无线端有产品拥有搜索容量大的关键词排位，可以设法保持该宝贝的日常点击量与转化率，从而稳定该单品无线端的流量引入，具体方法有通过淘抢购活动引入的大量流量进行销售，提高该单品销售数量，稳定该单品无线端的流量引入，或者通过无线端钻石展位转化、无线端直通车转化、微淘定期推送信息与微淘特定优惠吸引已关注店铺品牌以及收藏过店铺的客户进行购买，从而提升该单品销售。

有了流量数据，接着需要分析店铺的流量是否健康，访客的行为特征是怎样的，各个渠道获得的流量质量如何。如果发现某个渠道获得的流量存在问题，则应进一步分析影响该流量的各个相关因素。

（二）流量趋势分析

流量是淘宝店铺的生命线，没有流量就意味着没有订单。然而流量入口众多，类型各异，网店流量趋势出现了问题往往很难理清头绪，此时需要网店运营人员保持清醒的头脑，有一个清晰的解决思路，以快速找到问题症结所在，一招制胜。

图 3-17 是网店流量趋势出现问题的解决思路。当商家发现店铺流量变动趋势出现问题时，首先与本行业的流量变化趋势进行对比，确认流量趋势呈现下降是否是本店铺自己的原因，如果确认是本店铺自己的原因，接下来要查看各种类型流量数据，分析不同类型流量的变化趋势，找出有问题的流量，然后思考可能导致这种类型流量出现波动的因素有哪些，找到关键点所在，再对症下药。

图 3-17　网店流量趋势出现问题的解决思路

流量变动趋势分析与问题的解决思路是一条主线，其中可以拓展出很多的细分思路。例如，商家发现免费流量下降是导致店铺流量趋势呈现下降的主因，那么就深入分析免费流量相关的因素，包括关键词、商品标题、店铺评分、市场变化等，仅仅市场变化这一项就又可以拓展出许多节点，如季节、天气影响或是淘宝推广动态变化等。不仅如此，流量趋势的变动可能不止是由一个因素导致的，而是多种因素导致的，例如，店铺免费流量和自主访问流量都发生了变化，与自主访问流量相关的是老客户因素，与免费流量相关的是新客户因素，那么商家就要考虑是不是说明店铺的某种改变让老客户和新客户都不喜欢，或者其原因是由店铺的整体风格或是模特等的变化引起的，等等。

1. 发现流量变动趋势

某网店最近一个月的访客数变化趋势显示：流量自 7 月 22 日达到最高点后开始下降，在 8 月 14 日达到最低点，流量变动趋势明显，如图 3-18 所示。

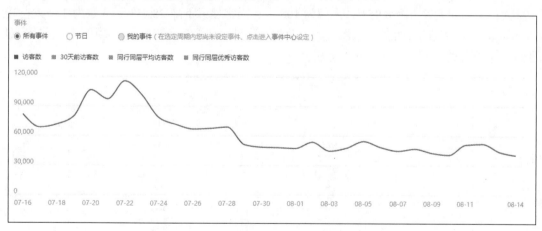

图 3-18　访客数变化趋势

2. 对比行业流量趋势

选择与同行同层平均访客数进行比较，同行同层平均访客数自 7 月 23 日达到最高点后也呈下降趋势（见图 3-19），两者的访客数基本同步；在 8 月 10 日达到最低点，之后流量开始上升；在 8 月 14 日，同行同层平均访客数为 72 349，该网店的访客数为 40 694；差距明显，因此需要对 8 月 14 日的流量进行深入分析。

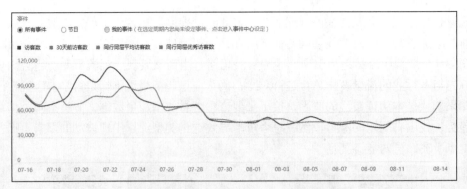

图 3-19　同行同层平均访客数变化趋势

3．分析流量来源数据

8 月 14 日该网店的访客数 40 694，较前 1 日下降 7.67%，如图 3-20 所示。再来查看流量来源细分的变化。

访客数	浏览量	跳失率	人均浏览量	平均停留时长
40,694	122,954	57.70%	3.02	29.49
较前1日 7.67% ↓	较前1日 6.12% ↓	较前1日 0.22% ↓	较前1日 1.68% ↑	较前1日 0.27% ↑

老访客数	新访客数	关注店铺人数		
7,749	32,945	35		
较前1日 1.72% ↑	较前1日 9.63% ↑	较前1日 75.00% ↑		

图 3-20　网店的访客数

8 月 14 日该网店的流量来源排行无线端 TOP10 如图 3-21 所示，手淘搜索较前 1 日下降 8.06%，人数为 1 397 人；直通车下降 6.28%，人数为 449 人；手淘首页下降 5.79%，人数为 192 人；手淘问大家下降 8.95%，人数为 108 人；猫客搜索下降 28.45%，人数为 272 人；其他流量来源是增长的。可见，手淘搜索人数的下降是网店流量下降的主要原因，需要对手淘搜索人数下降的原因展开进一步的分析。

流量来源排行TOP10					无线 ∨　店铺来源 ＞
		访问	转化		
排名	来源名称	访客数 较前1日	下单买家数 较前1日	下单转化率 较前1日	操作
1	手淘搜索	15,926 8.06% ↓	143 15.32% ↑	0.90% 25.44% ↑	详情　趋势
2	淘内免费其他	8,593 7.80% ↑	242 46.67% ↑	2.82% 36.05% ↑	详情　趋势
3	直通车	6,705 6.28% ↓	57 72.73% ↑	0.85% 84.29% ↑	详情　趋势
4	手淘首页	3,122 5.79% ↓	13 30.00% ↑	0.42% 38.00% ↑	趋势
5	购物车	2,667 1.68% ↑	296 54.97% ↑	11.10% 52.42% ↑	趋势
6	我的淘宝	1,896 5.16% ↑	300 33.33% ↑	15.82% 26.79% ↑	趋势
7	淘宝客	1,287 14.20% ↑	40 166.67% ↑	3.11% 133.52% ↑	趋势
8	手淘旺信	1,128 0.09% ↑	157 61.86% ↑	13.92% 61.71% ↑	趋势
9	手淘问大家	1,099 8.95% ↓	54 86.21% ↑	4.91% 104.51% ↑	趋势
10	猫客搜索	684 28.45% ↓	12 71.43% ↑	1.75% 139.60% ↑	详情　趋势

图 3-21　流量来源排行 TOP10

4. 找到问题关键所在

8 月 14 日手淘搜索流量细分来源显示，排在前三位的是"空调"搜索访客数为 605，"容声冰箱旗舰店官方店"搜索访客数为 594 人，"电视"搜索访客数为 245 人，如图 3-22 所示。

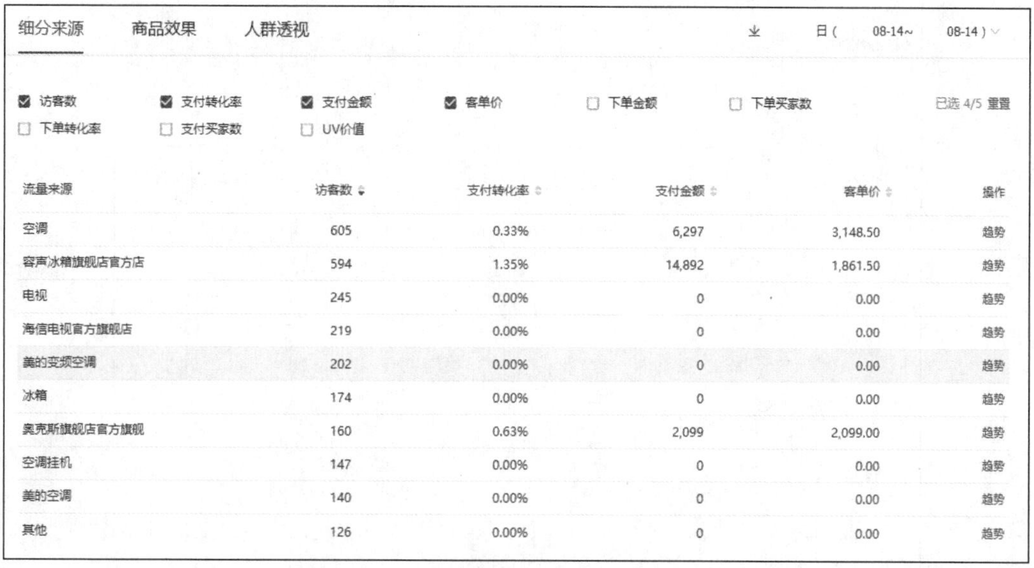

细分来源	商品效果	人群透视				⤓ 日（ 08-14~ 08-14）ˇ

☑ 访客数	☑ 支付转化率	☑ 支付金额	☑ 客单价	☐ 下单金额	☐ 下单买家数	已选 4/5 重置
☐ 下单转化率	☐ 支付买家数	☐ UV价值				

流量来源	访客数 ⇕	支付转化率 ⇕	支付金额	客单价 ⇕	操作
空调	605	0.33%	6,297	3,148.50	趋势
容声冰箱旗舰店官方店	594	1.35%	14,892	1,861.50	趋势
电视	245	0.00%	0	0.00	趋势
海信电视官方旗舰店	219	0.00%	0	0.00	趋势
美的变频空调	202	0.00%	0	0.00	趋势
冰箱	174	0.00%	0	0.00	趋势
奥克斯旗舰店官方旗舰	160	0.63%	2,099	2,099.00	趋势
空调挂机	147	0.00%	0	0.00	趋势
美的空调	140	0.00%	0	0.00	趋势
其他	126	0.00%	0	0.00	趋势

图 3-22　8 月 14 日手淘搜索流量细分来源

8 月 13 日手淘搜索流量细分来源显示，排在前三位的是"空调"搜索访客数为 778，"容声冰箱旗舰店官方店"搜索访客数为 689 人，"海信电视官方旗舰店"搜索访客数为 340 人，如图 3-23 所示。

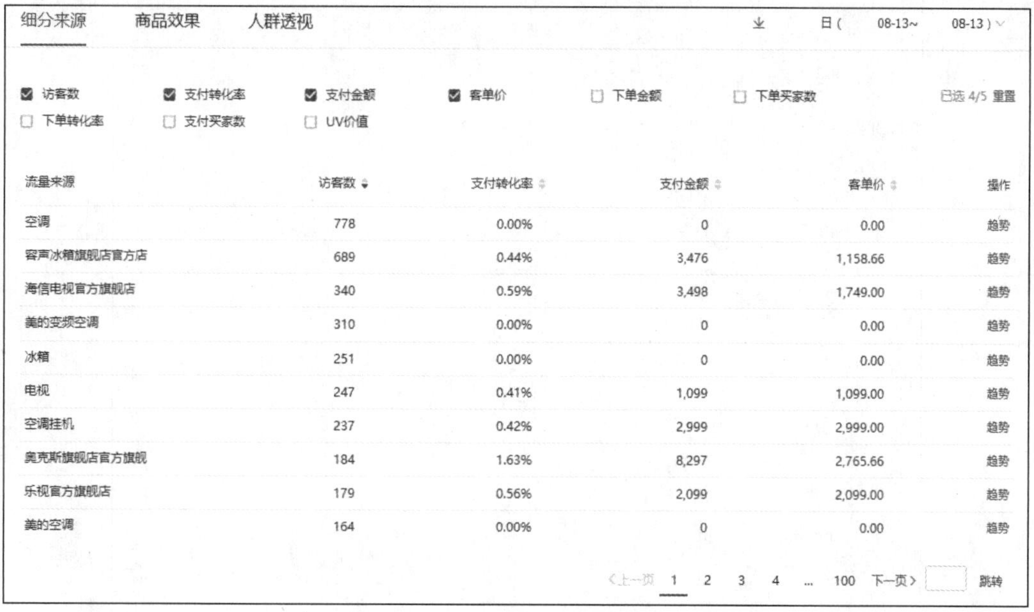

细分来源	商品效果	人群透视				⤓ 日（ 08-13~ 08-13）ˇ

☑ 访客数	☑ 支付转化率	☑ 支付金额	☑ 客单价	☐ 下单金额	☐ 下单买家数	已选 4/5 重置
☐ 下单转化率	☐ 支付买家数	☐ UV价值				

流量来源	访客数 ⇕	支付转化率 ⇕	支付金额	客单价 ⇕	操作
空调	778	0.00%	0	0.00	趋势
容声冰箱旗舰店官方店	689	0.44%	3,476	1,158.66	趋势
海信电视官方旗舰店	340	0.59%	3,498	1,749.00	趋势
美的变频空调	310	0.00%	0	0.00	趋势
冰箱	251	0.00%	0	0.00	趋势
电视	247	0.41%	1,099	1,099.00	趋势
空调挂机	237	0.42%	2,999	2,999.00	趋势
奥克斯旗舰店官方旗舰	184	1.63%	8,297	2,765.66	趋势
乐视官方旗舰店	179	0.56%	2,099	2,099.00	趋势
美的空调	164	0.00%	0	0.00	趋势

〈上一页　1　2　3　4　…　100　下一页〉　　跳转

图 3-23　8 月 13 日手淘搜索流量细分来源

8 月 14 日大家电行业热词榜如图 3-24 所示，搜索人气排名前三的是空调、冰箱和洗衣机，相对应的点击人气分别为 25 353、27 500、20 890。

图 3-24 8 月 14 日大家电行业热词榜

8 月 13 日大家电行业热词榜如图 3-25 所示，搜索人气排名前三的是空调、冰箱和洗衣机，相对应的点击人气分别为 24 629、27 842、20 790。

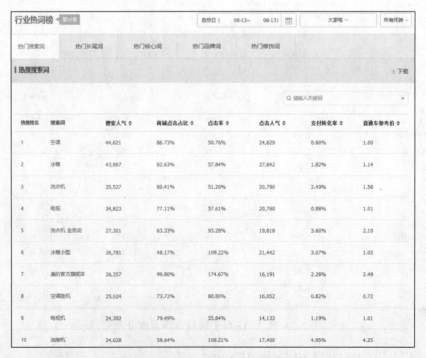

图 3-25 8 月 13 日大家电行业热词榜

8月14日与8月13日细分来源访客数与行业搜索点击人气对比分析如表3-1所示。其中总体占比=（8月14日手淘搜索关键词访客人数-8月13日手淘搜索关键词访客人数）/8月14日较前1日手淘搜索下降人数。

表3-1　　　　　　　　　　细分来源访客数与行业搜索点击人气对比分析

手淘搜索关键词	本店访客数				行业搜索点击人气		
	8月14日	8月13日	环比	总体占比	8月14日	8月13日	环比
空调	605	778	−22.24%	−12.38%	25 353	24 629	2.94%
容声冰箱旗舰店官方店	594	689	−13.79%	−6.80%	4 993	5 244	−4.79%
电视	245	247	−0.81%	−0.14%	20 803	20 760	0.21%
海信电视官方旗舰店	219	340	−35.59%	−8.66%	7 574	6 878	10.12%
美的变频空调	202	310	−34.84%	−7.73%	5 859	6 083	−3.68%
冰箱	174	251	−30.68%	−5.51%	27 500	27 842	−1.23%
奥克斯旗舰店官方旗舰	160	184	−13.04%	−1.72%	3 193	3 120	2.34%
空调挂机	147	237	−37.97%	−6.44%	15 111	16 052	−5.86%
美的空调	140	164	−14.63%	−1.72%	6 430	6 155	4.47%
合计	2 486	3 200	—	−51.11%	—	—	—

通过对比分析可以发现，手淘搜索关键词中主要的关键词均出现人数下降，其中"空调""海信电视官方旗舰店""美的变频空调""容声冰箱旗舰店官方店""空调挂机""冰箱"下降人数较多，环比下降幅度较大，总体占比较大，这六个关键词的搜索人数下降是引起手淘搜索流量下降的关键因素。

在对比行业搜索点击人气，"空调"和"海信电视官方旗舰店"的行业搜索点击人气环比是上升的，但本店访客数却出现较大比例的下降，说明本店在这两个关键词上的竞争力在下降，这就是问题的症结所在。

5. 对症下药解决问题

找到流量下降的原因后，商家把改进的重点放在提升"空调"和"海信电视官方旗舰店"这两个关键词的竞争力上，经过一段时间的运营后取得明显成效，店铺流量恢复到同行同层平均水平。

（三）流量质量评估

网店获取的流量来自于多个不同的渠道，不同渠道获得的数据流量有高质和低质的区别。高质量的流量能够给网店带来优质的潜在客户，而低质的流量对网店的作用非常有限。对于网店来说，最终的目的是获取利润，产生经济效益，所以流量质量的评估关键在于流量本身的有效性，看流量是否能带来价值。

对一个网店各个渠道获得的流量进行评估时，需要关注几个重要指标：免费流量与付费流量之比、真实流量占比、有效流量占比和高质流量占比。

免费流量是通过免费渠道来获得访客的，而付费流量是通过付费方式获得访客的。真实流量是剔除虚假流量之后的流量。有效流量是登录网店后并非立即离开的这部分流量，是由在网店有二次跳转的访客带来的，这些访客真正访问了我们的网店，虽然并非一定产生购买行为。高质量流量是指与网店有互动行为的流量，包括下单、支付、加购、收藏、咨询以及浏览较多网页的访客。

流量质量的评估通常采用转化率、活跃客户率和参与指数作为衡量流量有效性的三项宏观指标。

转化率是指流量带来的访客中成交客户的比例，它直接衡量流量的效果。

活跃客户率是指流量带来的访客中活跃客户的比例，它衡量流量的潜在价值。

参与指数是指一段时间内流量带来的访客平均访问网店的次数，它衡量流量带来的访客的黏性。

如果某个渠道带来的流量的三项指标都很高，那么流量就可以定性为高质量。如果某个渠道所获流量在这三项指标上有高有低，那么就以转化率作为主要指标。

 案例：

某网店无线端 7 月主要流量来源有五个，每个流量来源的访客数、转化率、活跃客户率和参与指数如表 3-2 所示，请评估五个渠道所获取流量的质量。

表 3-2

流量来源	访客数	转化率	活跃客户率	参与指数
淘内免费	965047	1.39%	1.93%	1.86
付费流量	291207	1.28%	1.37%	1.24
自主访问	87462	15.06%	3.51%	2.73
淘外网站	765	0.25%	0.51%	1.22
淘外 App	538	0.13%	2.78%	1.95

（四）流量价值计算

现在，很多网上店铺都在使用直通车引流，而且将来淘宝、天猫商家也将越来越趋向于用付费流量来增加店铺的流量。但如何确定引入的流量到底有没有价值呢？这就需要进行计算了。计算流量的价值，可以帮助卖家知道店铺整体流量的健康状态，尤其是店铺经营进入稳定期后，每一个流量能产生多少价值商家要做到心中有数；如果流量价值开始下降，商家就需要考虑是不是在错误的引流渠道上投入了太多的资源。

1. 获取数据

流量价值（UV 价值）是指一个流量能带来多少交易金额，又称流量产值。流量价值的计算公式一为：

$$流量产值 = 流量产生的交易金额 / 流量大小$$
$$= 访客数 × 转化率 × 客单价 / 访客数$$
$$= 转化率 × 客单价$$

流量价值（UV 价值）还可以定义为一个流量能带来多少利润。流量价值的计算公式二为：

$$流量价值 = 流量产生的利润 / 流量大小$$
$$= 访客数 × 转化率 × 客单价 × 利润率 / 访客数$$
$$= 转化率 × 客单价 × 利润率$$

根据公式，要计算流量价值需要获取的数据包括店铺的交易金额、访客数或者转化率和客单价。在生意参谋的首页的运营视窗的整体看板中可以获取每日的交易、流量、商品、推广、服务相关的数据，如图 3-26 所示。

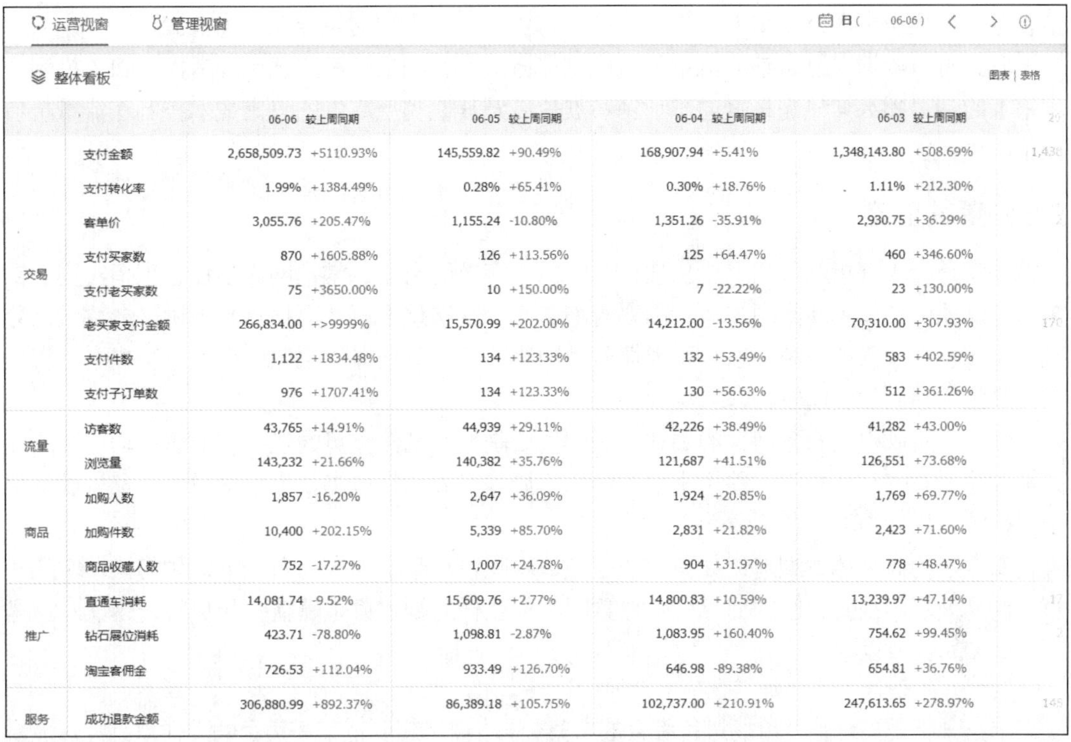
运营视窗　管理视窗　　日（ 06-06 ）

整体看板　　图表 | 表格

		06-06	较上周同期	06-05	较上周同期	06-04	较上周同期	06-03	较上周同期
交易	支付金额	2,658,509.73	+5110.93%	145,559.82	+90.49%	168,907.94	+5.41%	1,348,143.80	+508.69%
	支付转化率	1.99%	+1384.49%	0.28%	+65.41%	0.30%	+18.76%	1.11%	+212.30%
	客单价	3,055.76	+205.47%	1,155.24	-10.80%	1,351.26	-35.91%	2,930.75	+36.29%
	支付买家数	870	+1605.88%	126	+113.56%	125	+64.47%	460	+346.60%
	支付老买家数	75	+3650.00%	10	+150.00%	7	-22.22%	23	+130.00%
	老买家支付金额	266,834.00	+>9999%	15,570.99	+202.00%	14,212.00	-13.56%	70,310.00	+307.93%
	支付件数	1,122	+1834.48%	134	+123.33%	132	+53.49%	583	+402.59%
	支付子订单数	976	+1707.41%	134	+123.33%	130	+56.63%	512	+361.26%
流量	访客数	43,765	+14.91%	44,939	+29.11%	42,226	+38.49%	41,282	+43.00%
	浏览量	143,232	+21.66%	140,382	+35.76%	121,687	+41.51%	126,551	+73.68%
商品	加购人数	1,857	-16.20%	2,647	+36.09%	1,924	+20.85%	1,769	+69.77%
	加购件数	10,400	+202.15%	5,339	+85.70%	2,831	+21.82%	2,423	+71.60%
	商品收藏人数	752	-17.27%	1,007	+24.78%	904	+31.97%	778	+48.47%
推广	直通车消耗	14,081.74	-9.52%	15,609.76	+2.77%	14,800.83	+10.59%	13,239.97	+47.14%
	钻石展位消耗	423.71	-78.80%	1,098.81	-2.87%	1,083.95	+160.40%	754.62	+99.45%
	淘宝客佣金	726.53	+112.04%	933.49	+126.70%	646.98	-89.38%	654.81	+36.76%
服务	成功退款金额	306,880.99	+892.37%	86,389.18	+105.75%	102,737.00	+210.91%	247,613.65	+278.97%

图 3-26　整体看板

2. 计算流量价值

在获得计算流量价值所需的数据之后，将数据输入到 Excel 表格按照公式计算流量价值。该网店 6 月 3～6 日的流量价值如表 3-3 所示。

表 3-3　　流量价值

项目 \ 日期	6 月 3 日	6 月 4 日	6 月 5 日	6 月 6 日
支付金额	1 348 143	168 907	145 559	2 658 509
访客数	41 282	42 226	44 939	43 765
流量产值	32.656 920 69	3.758 583 9	3.325 922 5	60.745 093
浏览量	126 551	121 687	140 382	143 232
浏览量价值	10.652 962 05	1.388 044 7	1.036 877 9	18.560 859
转化率	1.11%	0.30%	0.28%	1.99%
客单价	2 930	1 351	1 155	3 055
利润率	10%	10%	10%	10%
流量价值	3.252 3	0.405 3	0.323 4	6.079 45

根据流量价值公式一计算得到该网店的流量产值，6 月 6 日的流量产值最高，每位访客产生的支付金额为 60.75 元；6 月 3 日的流量产值也达到每位访客 32.66 元；6 月 5 日最低，每位访客产生的支付金额仅为 3.33 元，浏览量价值也相近；6 月 6 日的浏览量价值最高，每个浏览量产生的支付金额为 18.56 元；6 月 3 日的浏览量价值也达到每个浏览量 10.65 元；6 月 5 日最低，每个浏览量带来的交易金额仅为 1.04 元；根据流量价值公式二计算得到该网店的流量价值，6 月 6 日的流量价值最高，每位访客产生的利润为 6.08 元；6 月 3 日的流量价

值也达到每位访客 3.25 元；6 月 5 日最低，每位访客产生的支付金额仅为 0.32 元。

商家可以依据自己店铺的流量价值控制广告成本，如果该商家表示要考虑 ROI（投资回报率）的话，那么其只需将直通车、钻石展位以及其他类型广告的点击成本控制在流量价值以下即可。

（五）爆款引流

爆款是指人气指数极高、销售量很旺、供不应求的商品，常指网店销售，也指实物店铺销售。爆款的具体表现是高流量、高曝光率、高成交转化率。从严格意义上讲，爆款可以分成两种：引流爆款和盈利爆款。引流爆款也叫小爆款，盈利爆款也叫大爆款。从成本上讲，引流爆款的利润一般比较低。

爆款之所以引起众多商家的关注，原因主要是通过某件宝贝的热销，能够拉动店铺的成交额快速增长，甚至影响一整个季度的销售格局。在成功打造爆款宝贝之后，商家可以从整个爆款销售周期中循环获得收益。

淘宝上的商品浩如烟海，如何打造一款爆款呢？在数不胜数的商家中，如何让顾客从千百万商品大军中找到自己的商品——爆款呢？什么样的款才算是爆款？如何打造爆款？这是万千商家所孜孜以求的。

1. 全盘分析

全盘分析是指对整个市场进行综合的考察分析。商家想要把某一类目的某件单品打造成爆款之前，首先，必须了解这一类目商品在整个市场中的销售潜力，消费群体对此类商品的需求和购买意向，只有拥有大量的潜在客户的商品，才有爆起来的可能，这就是常说的宝贝"有后劲"。其次，要把控好自己的商品，商品质量要经得住考验。最后，一定要做到心中有数，对自己的人力、物力、财力的投入要有计划地进行，对自己要达到的目标有个合理的预期。

 知识链接：预调鸡尾酒如何成为爆款

百润香精公司初做酒生意，不知如何突破。洋酒有轩尼诗、人头马、芝华士、帝王伏特加、威士忌等，啤酒有百威、喜力、青岛等，饮料有可口可乐、康师傅、汇源等。要突围必须找到啤酒、洋酒、饮料等传统酒水之外的新饮品。经过大量市场调查，百润香精公司别出心裁地把伏特加和果汁搭配在一起，一个酒不是酒、饮料不是饮料的新产品——锐澳预调鸡尾酒诞生了。

但锐澳预调鸡尾酒的推广渠道在哪里？如果还是在传统渠道，肯定无法杀出重围。而此时，国内电商日益兴起。百润香精公司总裁突然脑洞大开，把产品都搬到网络上售卖，并且把原先 30 元的价格降到 10 元一瓶，这样商品的性价比就十分明显。"锐澳"依靠绚丽的色彩、丰富的品种，加上鸡尾酒的招牌，在网上一亮相，就吸引了大量年轻消费者的关注。网友们特别喜欢把锐澳的图片发到网上晒一晒，感觉颇有格调。仅一年时间，锐澳的销量就突破了 3 000 万瓶。

2. 选款

爆款的挑选和推广是决定爆款成败的关键因素。挑选一个好的有潜质的商品作为爆款，是成功的开端，直接关系到是否能成功打造出爆款。

一个商品要成为爆款需要具备哪些条件呢？能够成为爆款的商品大多是高附加值的、具有鲜明特色的、卖点独特、口感或者包装形态有创新的商品。通常挑选的爆款商品在五个数据维度上应该有出色的表现，分别为浏览量、人均停留时间、跳出率、转化率和收藏量，如图 3-27 所示。

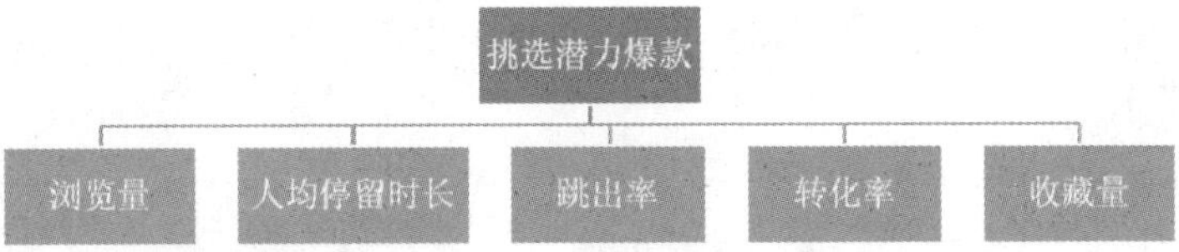

图 3-27　挑选潜力爆款

首先是浏览量。没有流量的商品是不具备成为爆款的基本潜质的，但是流量越大的商品就能成为爆款商品吗？换一个角度来思考，有一款商品，它的流量已经是全店商品中流量最大的了，但销量却处于中下水平，这就说明其转化能力低下，不适合用来打造爆款。

人均停留时长代表了访客对这款商品的感兴趣程度，人均停留时长越大，说明这款商品对访客的吸引力越大。

跳出率与转化率大小同样代表了商品被销售出去的概率大小。爆款商品一定要选择跳出率低、转化率高的商品。

收藏量代表一款商品被多少买家关注，关注的买家越多，这款商品就越有可能在后期增加销量。所以在选择爆款商品时，其收藏量的大小也是一个必须考虑的因素。

某网店通过上述几个指标筛选潜力爆款商品的步骤如下。

（1）平均停留时长筛选

从生意参谋的商品效果分析获取商品的绩效数据，然后选择“平均停留时长”进行降序排列。由于平均停留时长越长越好，所以要筛选出平均停留时长较长的商品。本例以大于等于 60 秒的数据为优质数据，将这些数据的单元格用琥珀色进行填充，如图 3-28 所示。

	A	B	C	D	E	F
1	商品标题	浏览量	平均停留时长（秒）	详情页跳出率	支付转化率	收藏人数
2	LG WD-N12430D 6公斤滚筒洗衣机 全自动变频超薄智能静音特价包邮	42	314.05	28.75%	0.00%	0
3	Philips/飞利浦 32PHF5081/T3 32英寸液晶电视智能网络平板电视机	29	155.39	0.00%	0.00%	0
4	AUX/奥克斯 KFR-25GW/F01A+3 正1匹冷暖定速节能空调挂机	56	154.39	0.00%	0.00%	0
5	Midea/美的 KF66/150L-MI(E4) 空气能热水器家用150升空气源热泵	40	122.9	60.42%	0.00%	0
6	大1匹挂机变频冷暖空调挂Galanz/格兰仕 KFR-26GW/RDVDLL9-150(2)	63	109.57	49.44%	0.00%	0
7	Sanyo/三洋 XQB70-M1055N 7KG全自动洗衣机 送货上门 包邮	46	109.36	15.00%	0.00%	0
8	沙宣电吹风家用大功率 吹风机宿舍发廊不伤发冷热风恒温吹风筒	52	108.99	56.03%	0.00%	0
9	Midea/美的 KF66/200L-MI(E4) 空气能热水器 200升家用空气源热泵	53	108.1	64.44%	0.00%	0
10	大1.5匹挂机变频冷暖空调Gree/格力 KFR-35GW/(35596)FNAa-A3 Q铂	70	102.14	29.45%	0.00%	3
11	SIEMENS/西门子 SC73E610TI进口全嵌入式家用全自动洗碗机镶嵌式	681	91.98	66.81%	0.24%	7
12	Galanz/格兰仕 KFR-35GW/RDVdLD9-150(2)大1.5匹变频冷暖空调挂机	35	84.23	0.00%	0.00%	0
13	AUX/奥克斯家庭中央空调商用一拖五6匹变频冷暖型DLR-160W/DCZ2	781	84.04	64.21%	0.00%	5
14	Joyoung/九阳 K15-F626电热水壶304不锈钢家用烧水壶保温自动断电	46	83.83	0.00%	0.00%	0
15	Hisense/海信 LED43EC660US 43英寸4K超高清智能平板液晶电视机42	57	80.99	27.71%	0.00%	0
16	SIEMENS/西门子 SK23E800TI 洗碗机 家用进口嵌入式立式	238	79.27	50.45%	0.00%	3
17	伊莱特 EB-IC4A4L智能IH电饭煲4L迷你电饭锅家用正品3～6人	111	78.96	39.31%	0.00%	4
18	Bear/小熊 SNJ-530酸奶机家用全自动包邮米酒机大容量陶瓷内胆	46	76.59	48.33%	0.00%	3
19	LG WD-A12411D 8公斤变频滚筒洗衣机 全自动烘干机/家用干衣机	29	76.37	10.00%	0.00%	0
20	变频小1.5匹壁挂空调Gree/格力 KFR-32GW/(32592)FNhDa-A3品园	28	76.28	0.00%	0.00%	1
21	AUX/奥克斯 中央空调 家用 一拖六 6匹 变频 空调DLR-160W/DCZ2	910	74.7	67.12%	0.16%	7
22	TCL小1匹单冷节能静音高效挂壁空调定速挂机TCL KF-23GW/BF33-I	68	73.77	26.11%	0.00%	0
23	志高空调大2匹变频冷暖柜机家用立式圆柱Chigo/志高 NEW-LV18C1H3	170	73.53	50.92%	0.00%	1
24	伊莱特 EB-FCM48A 全智能电饭煲4L预约定时饭锅5～6人	224	73.28	67.15%	0.00%	0
25	3匹高端柜机圆柱立式空调Gree/格力 KFR-72LW(72551)NhAa-3 i酷	54	72.94	26.67%	0.00%	1
26	方太EMD6T+HT8BE云魔方顶吸式抽油烟机燃气灶套餐烟灶套装特价	247	71.45	57.28%	0.00%	4
27	SIEMENS/西门子 KG23F1830W 大容量时尚金 三门零度保鲜冰箱	43	71.19	10.00%	0.00%	3
28	Bear/小熊 YSH-A03U1迷你养生壶自动加厚玻璃 电热杯煮花茶壶	82	70.37	30.18%	1.89%	1
29	Midea/美的 RSJ-20/150RD 空气能热水器150升一体机 家用 节能 电	84	70	60.95%	0.00%	1
30	海信空调1元特权指定型号抵900元！	40	69.92	35.37%	3.33%	0
31	风管机空调家用变频中央空调大1.5匹 AUX/奥克斯GR-36DW/BPDC6-C	725	69.79	62.14%	0.00%	7
32	大1匹挂机变频壁挂空调Gree/格力 KFR-26GW/(26592)FNhDa-A3品圆	157	69.14	58.98%	0.00%	6
33	大6匹美的中央空调家用变频一拖五MDVH-V160W/N1-612P(E1) Midea	111	69.1	52.65%	0.00%	0
34	Sharp/夏普 LCD-65TX83A 液晶电视机65英寸4K高清智能网络平板70	2900	68.49	71.39%	0.36%	8
35	Fotile/方太 JSG25-13BESW燃气热水器天然气液化气平衡式智能新款	289	67.14	58.48%	0.00%	5
36	Philips/飞利浦 32PHF5050/T3 32英寸平板网络智能Wi-Fi液晶电视机	39	67.1	1.31%	0.00%	3
37	德国SIEMENS/西门子 SN23E832TI 全自动洗碗机家用消毒刷碗柜嵌入	1118	66.87	64.21%	0.16%	16
38	TCL 55A880C 55英寸4K超高清曲面Wi-Fi智能语音LED液晶电视机彩电	188	66.73	71.09%	0.00%	1
39	Haier/海尔E900T6A+QE636B欧式顶吸 吸油烟机 燃气灶 套餐	689	66.7	68.89%	0.83%	13
40	Changhong/长虹 50D3P 50英寸32核4K智能 HDR平板液晶LED电视机55	494	66.45	63.78%	0.00%	2

图 3-28　平均停留时长筛选

（2）详情页跳出率筛选

跳出率自然是越小越好，商品的绩效数据再选择“详情页跳出率”进行升序排序。本例以小于 60%的数据为优质数据，所以将“详情页跳出率”小于 60%的单元格用琥珀色进行填充，如图 3-29 所示。

	商品标题	浏览量	平均停留时长（秒）	详情页跳出率	支付转化率	收藏人数
2	Philips/飞利浦 32PHF5081/T3 32英寸液晶电视智能网络平板电视机	29	155.39	0.00%	0.00%	0
3	AUX/奥克斯 KFR-25GW/F01A+3 正1匹冷暖定速节能空调挂机	56	154.39	0.00%	0.00%	0
4	Galanz/格兰仕 KFR-35GW/RDVdLD9-150(2)大1.5匹变频冷暖空调挂机	35	84.23	0.00%	0.00%	0
5	Joyoung/九阳 K15-F626电热水壶304不锈钢家用烧水壶保温自动断电	46	83.83	0.00%	0.00%	0
6	变频小1.5匹壁挂空调Gree/格力 KFR-32GW/(32592)FNhDa-A3品园	28	76.28	0.00%	0.00%	1
7	Ronshen/容声 BD/BC-145MB 家用 单温 冷柜 强冷冻力顶开门多模式	58	65.15	0.00%	0.00%	2
8	Sanyo/三洋 DG-F75266BCG7.5kg变频滚筒空气洗衣机全自动消毒防臭	78	59.63	0.00%	0.00%	1
9	Galanz/格兰仕 KF-23GW/LP47-150(2) 小1匹单冷节能空调挂机	28	34.18	0.00%	0.00%	1
10	格力小1.5匹智能变频空调 Gree/格力 KFR-32GW/(32559)FNAc-A3	37	29.71	0.00%	0.00%	0
11	Littleswan/小天鹅 TB60-V1059H 6kg全自动波轮洗衣机分期	28	21.96	0.00%	0.00%	1
12	Hisense/海信 BCD-171F/Q 电冰箱两门家用小型节能静音双门式冰箱	31	20.41	0.00%	0.00%	0
13	AUX/奥克斯 KFR-32GW/HU+3 小1.5匹定频节能静音冷暖挂机空调	27	18.56	0.00%	0.00%	0
14	Galanz/格兰仕 XQG70-Q710滚筒洗衣机7公斤全自动家用节能甩干	38	15.27	0.00%	0.00%	1
15	AUX/奥克斯 KFR-50GW/SA+3 大2匹冷暖节能防霉超静音大2p空调挂机	30	14.9	0.00%	0.00%	1
16	Fotile方太补邮费/差价专用链接	27	12.74	0.00%	22.22%	0
17	AUX/奥克斯 KF-26GW/AFF600+3大1匹单冷达人壁挂式卧室挂机空调	33	12.66	1.11%	0.00%	1
18	TCL D32E161 32英寸网络液晶电视机 LED卧室wi-Fi平板彩电	52	19.08	1.18%	0.00%	0
19	Philips/飞利浦 32PHF5050/T3 32英寸平板网络智能wi-Fi液晶电视机	39	67.1	1.31%	0.00%	3
20	美的电风扇FS40-13GR遥控落地扇 智能预约定时家用风扇学生扇	58	20.43	1.67%	2.22%	0
21	Bear/小熊 DKX-230UB 30L家用多功能烘焙电烤箱上下独立控温	46	15.77	1.67%	0.00%	1
22	Philips/飞利浦吸尘器FC5822无尘袋家用卧式吸尘器1400W 全国包邮	48	12.33	5.00%	0.00%	0
23	Hisense/海信 BCD-206D/Q1三门冰箱小型家电家用冷藏冷冻电冰箱	50	18.83	6.43%	0.00%	0
24	大1匹定速挂机冷暖空调Gree/格力 KFR-26GW/(26592)NhDa-3 品圆	50	50.74	7.22%	0.00%	1
25	Bear/小熊 QSJ-B03D1 料理机绞肉机家用电动碎肉机搅拌打肉器	58	30.8	7.22%	0.00%	0
26	LG WD-A12411D 8公斤变频滚筒洗衣机 全自动烘干机/家用干衣机	29	76.37	10.00%	0.00%	0
27	SIEMENS/西门子 KG23F1830W 大容量时尚金 三门零度保鲜冰箱	43	71.19	10.00%	0.00%	3
28	SIEMENS/西门子 BCD-610W(KA92NV41TI)对开门双门电冰箱变频无霜	29	41.6	10.00%	0.00%	0
29	SIEMENS/西门子 XQG70-WM12E2680W 7公斤全自动智能滚筒洗衣机	55	31.22	10.00%	0.00%	1
30	Galanz/格兰仕 BCD-217T三门小冰箱家用三开门电冰箱节能静音冷藏	30	30.09	10.00%	0.00%	1
31	FSJ-A05E2小熊细腻粉碎机家用打粉机中药材磨粉机钢磨研磨机	36	27.46	10.00%	0.00%	0
32	1匹挂机壁挂冷暖空调 Gree/格力 KFR-23GW/(23592)NhDa-3 品圆	65	25.37	10.00%	0.00%	3
33	大1.5匹节能Hisense/海信 KFR-35GW/ER09N3(1L04) 冷暖空调挂机	60	28.28	10.30%	0.00%	1
34	乐视TV Letv Max70 70英寸超级安卓智能网络3D平板LED液晶电视机	53	51.37	11.19%	0.00%	0
35	3匹定频立式圆柱柜机空调Gree/格力 KFR-72LW/(725511)NhAaD-3	38	24.01	11.67%	0.00%	2
36	MeiLing/美菱 BCD-448ZP9CX对开门电冰箱家用节能四门变频多开	49	41.25	12.78%	0.00%	0
37	Bear/小熊 SNJ-B15D1家用全自动不锈钢6分杯纳豆米酒酸奶机正品	30	13.29	12.78%	0.00%	0
38	美的电风扇FS40-11L1落地扇 家用静音风扇 学生扇 摇头电扇	45	12.89	13.57%	0.00%	0
39	Haier/海尔 EC6005-T+ 60升电热水器 洗澡淋浴 防电墙 送货入户	68	38.02	14.17%	0.00%	1
40	AUX/奥克斯 KFR-26GW/BpHBV+2 大1匹挂机变频冷暖壁挂式空调2级	75	22.69	14.17%	0.00%	0

图 3-29　详情页跳出率筛选

（3）支付转化率筛选

商品支付转化率是越高越好，商品的绩效数据按“支付转化率”进行逆序排列，排序后，选择优质数据进行标识。本例以大于“1%”的数据为优质数据，将这些优质数据所在的单元格用琥珀色进行填充，如图 3-30 所示。

	商品标题	浏览量	平均停留时长（秒）	详情页跳出率	支付转化率	收藏人数
2	Fotile方太补邮费/差价专用链接	27	12.74	0.00%	22.22%	0
3	Joyoung/九阳 K15-F626电热水壶家用烧水壶304不锈钢保温自动断电	6330	23.33	60.65%	3.46%	77
4	海信空调1元特权指定型号抵900元！	40	69.92	35.37%	3.33%	0
5	Ronshen/容声 BCD-165MB 家用 双温 冷柜 顶开式双门双温柜	267	38.59	36.78%	2.90%	2
6	Joyoung/九阳 JYK-17F05A电热水壶家用电水壶自动断电大容量烧水	14705	25.08	61.86%	2.73%	198
7	Haier/海尔 FCD-208XHT 208升大冷冻室小冷藏室家用双温双箱冰	147	39.56	24.93%	2.67%	2
8	Joyoung/九阳 K17-F66家用电热水壶保温壶烧水壶食品级不锈钢1.7L	362	25.88	44.60%	2.62%	4
9	Ronshen/容声 BCD-218D11N 三门式电冰箱三开门家用冷冻冷藏	50167	28.69	62.30%	2.45%	459
10	Midea/美的 BCD-210TM(E)三门电冰箱三开门节能家用冷藏冷冻静音	8182	31.85	63.71%	2.34%	69
11	美的YGJ15D1正品烫衣服挂烫机家用蒸汽迷你手持挂式电熨斗熨烫机	147	48.13	49.25%	2.30%	7
12	Fotile/方太 ZTD100F-J78智能嵌入式家用消毒柜消毒碗柜新品上市	892	42.15	66.01%	2.29%	14
13	Joyoung/九阳 K15-F623电热水壶304不锈钢家用烧水壶保温自动断电	6148	19.28	61.49%	2.28%	87
14	Bear/小熊 DDZ-A35M5电炖锅紫砂隔水炖盅煲汤煮粥锅全自动	142	44.98	54.89%	2.25%	3
15	TCL大1匹智能钛金变频节能壁挂式空调TCL KFRd-26GW/EL23BpA	1883	32.77	56.75%	2.23%	19
16	美的电风扇FS40-13GR遥控落地扇 智能预约定时家用风扇学生扇	58	20.43	1.67%	2.22%	0
17	Joyoung/九阳 DJ13B-C85SG免滤豆浆机全自动家用多功能果汁米糊	77199	33.08	59.08%	2.18%	846
18	Bear/小熊 QSJ-B03E1绞肉机家用不锈钢绞馅绞菜多功能切碎机	71	20.74	23.33%	2.17%	2
19	whaley/微鲸 49D2U3000智能语音电视D系列49D 49英寸平板液晶4K 50	6313	36.47	57.09%	2.04%	66
20	微鲸乐歌加厚32/40/43/49/50/55吋通用电视壁挂架显示器支架 壁挂	400	28.1	58.21%	2.01%	3
21	Hisense/海信 KFR-26GW/EF20A1(1N23) 大1匹一级能效变频空调	189	33.84	54.85%	2.00%	0
22	Hisense/海信 KFR-72LW/85F-N2(3D03) 3匹二级节能艺术柜机空调	1027	30.72	47.27%	1.98%	18
23	Hisense/海信 BD/BC-143NA/B 冷冻冷藏 柜 小 冷柜冰柜冰箱 保鲜	4973	31.62	62.80%	1.94%	48
24	Bear/小熊 YSH-A03U1迷你养生壶自动加厚玻璃 电热杯煮花茶壶	82	70.37	30.18%	1.89%	1
25	Haier/海尔 CXW-200-C150/欧式侧吸式/吸油烟 抽油烟机送货入户	737	33.15	63.91%	1.86%	7
26	Hisense/海信 XQB70-H3568 7公斤全自动洗衣机波轮甩干家用节能	711	24.98	59.81%	1.84%	5
27	大1.5匹冷暖挂机节能壁挂式静音空调AUX/奥克斯 KFR-35GW/NFI19+3	7343	26.89	59.10%	1.80%	66
28	Skyworth/创维 32X5 32英寸 智能Wi-Fi 网络平板LED液晶电视机40	24865	27.43	59.20%	1.74%	219
29	Xiaomi/小米 小米电视4A 43英寸智能网络Wi-Fi平板液晶电视机42 40	81575	31	57.62%	1.72%	574
30	Haier/海尔 EB72M2W 7.2kg全自动波轮小型省水家用洗衣机 女机	2209	25.47	65.24%	1.68%	9
31	美的家用平烫挂烫双杆蒸汽挂烫机熨衣板电熨斗熨衣服正品YGD20D7	379	34.48	65.61%	1.66%	5
32	Haier/海尔 BCD-160TMPQ双门式家用电冰箱冷藏冷冻节能电冰箱小型	22460	24.54	63.40%	1.63%	225
33	Haier/海尔 EC6002-D6（U1） 60升电热水器/洗澡淋浴 智能 一级	130	33.53	43.78%	1.52%	1
34	Haier/海尔 EC6002-D 60升储水式电热水器防电墙洗澡淋浴遥控家用	107	43.58	45.42%	1.49%	1
35	Hisense/海信 KFR-26GW/EF20A2(1N24) 二级变频空调节能挂机	246	27.49	48.84%	1.49%	2
36	Haier/海尔 BC/BD-202HT/家用小冰柜 冷柜/节能省电/冷藏冷冻切	492	34.7	57.55%	1.47%	2
37	Joyoung/九阳 JYL-C012九阳多功能料理机 家用搅拌果汁绞肉	875	30.25	68.58%	1.47%	10
38	whaley/微鲸 43D2FA 43吋智能网络DLED液晶平板旗舰电视机 40 42	1982	38.75	57.50%	1.46%	20
39	大1匹二级变频智能挂机空调Kelon/科龙 KFR-26GW/EFQRA2(1N20)	313	40.91	43.70%	1.43%	7
40	Hisense/海信 KFR-50LW/A8X720Z-A1(1P38) 2匹变频柜机空调	137	27.1	36.00%	1.41%	2

图 3-30　支付转化率筛选

（4）收藏人数筛选

商品的收藏量也是越高越好，这里需要对收藏人数进行降序排列。对于排序后的收藏人数，商家可根据全店平均水平选择优质数据范围。本例以收藏人数大于 100 的数据为优质数据，所以将收藏人数大于 100 的单元格用琥珀色进行填充，如图 3-31 所示。

	A 商品标题	B 浏览量	C 平均停留时长（秒）	D 详情页跳出率	E 支付转化率	F 收藏人数
2	Xiaomi/小米 小米电视4A 55英寸液晶电视机超高清4K智能网络60 50	196042	29.64	60.00%	0.88%	1428
3	Midea/美的 KFR-26GW/WCBD3@大1匹智能静音壁挂式空调挂机	157789	29.17	59.90%	0.92%	1397
4	大1.5匹智能变频空调壁挂式冷暖挂机Midea/美的 KFR-35GW/WCBA3@	119344	37.54	62.18%	0.65%	915
5	Joyoung/九阳 DJ13B-C85SG免滤豆浆机全自动家用多功能果汁米糊	77199	33.08	59.08%	2.18%	846
6	Hisense/海信 LED43T11N 43英寸智能液晶彩电网络平板电视机42 40	86504	27.91	59.70%	0.57%	772
7	Hisense/海信 LED65EC780UC 65英寸曲面智能4K超高清液晶电视机60	78804	29.58	60.42%	0.21%	681
8	Midea/美的 KFR-72LW/WFPCD30大1匹静音冷暖智能客厅立式柜机空调	65075	28.68	62.31%	0.09%	609
9	Xiaomi/小米 小米电视4A 43英寸智能网络Wi-Fi平板液晶电视机42 40	81575	31	57.62%	1.72%	574
10	Midea/美的 KFR-26GW/WCBA30大1匹智能云变频壁挂式空调	64187	26.8	61.29%	0.62%	561
11	Skyworth/创维 42E5ERS 42英寸高清电视机 监控液晶彩电40 43 55	69020	26.94	60.97%	0.63%	511
12	Midea/美的 KFR-35GW/WCBD3@大1.5匹智能静音冷暖壁挂式空调挂机	49787	34.37	58.22%	1.09%	502
13	Ronshen/容声 BCD-218D11N 三门式电冰箱三门冷家用冷冰冷藏	50167	28.69	62.20%	2.45%	459
14	TCL L32F3301B 32英寸高清液晶平板彩电蓝光电视机老人机40 39	63541	25.03	63.16%	0.89%	448
15	Sony/索尼 KD-55X7000D 55英寸高清4K液晶智能电视机60	25321	29.25	60.31%	0.22%	370
16	TCL D43A810 43英寸高清智能Wi-F1液晶平板电视机LED彩电39 40 42	45038	27.55	59.84%	0.81%	370
17	Midea/美的 KFR-51LW/WFPCD30大2匹静音冷暖智能客厅立式柜机空调	40018	27.1	63.44%	0.67%	368
18	Hisense/海信 LED32EC200 32英寸高清液晶平板电视机LED电视40	36710	20.8	63.44%	0.36%	326
19	Xiaomi/小米 小米电视4A 65英寸4K高清网络液晶电视机60 70	37132	32.57	60.27%	0.59%	311
20	Changhong/长虹 39M1 39英寸彩电LED高清蓝光液晶平板电视机40	34706	29.29	58.58%	1.17%	298
21	大2匹二级能Hisense/海信 KFR-50LW/85F-N2(2N14)客厅空调圆柱机45	28080	26.23	58.44%	0.40%	290
22	TCL 1匹壁挂除甲醛省电定速挂机空调TCL KFRd-25GW/EP13	28555	22.04	57.99%	0.70%	278
23	Hisense/海信 LED65EC660US 65英寸4K高清智能液晶平板电视机60	21118	27.29	59.10%	0.23%	276
24	乐视TV 超4 X50英寸乐视电视机液晶网络55官方旗舰店49超级60	21910	30.89	57.23%	1.09%	272
25	Xiaomi/小米 小米电视4A 55英寸4K高清网络液晶电视机60 65	31570	32.57	56.82%	0.66%	272
26	Ronshen/容声 BCD-456WD11FP 十字多门双变频变温静音风冷电冰箱	24410	34.56	61.60%	0.51%	265
27	Hisense/海信 LED55EC780UC 55英寸曲面智能4K超高清液晶电视机60	31831	31.71	63.21%	0.30%	260
28	AUX/奥克斯 KFR-26GW/BpNFI19+3大1匹冷暖型变频挂式挂机家用空调	27309	26.79	66.70%	0.89%	251
29	乐视TV 超4 X43英寸超级乐视电视机液晶智能Wi-F1官方旗舰店40 42	38827	31.18	56.01%	0.87%	251
30	Hisense/海信 LED60EC660US 60英寸4K高清智能液晶平板电视机50	22628	29.57	60.54%	0.23%	251
31	Midea/美的 KFR-35GW/BP3DN8Y-PC200(B1)大1.5匹家用变频空调挂机	33259	30.36	61.09%	0.27%	243
32	Skyworth/创维 42X5 42英寸高清智能WIFI网络彩电LED高清电视机彩电40	28377	25.14	53.28%	1.11%	236
33	Haier/海尔 BCD-160TMPQ双门式家用电冰箱冷藏冷冻节能电冰箱小型	22460	24.54	63.40%	1.63%	225
34	Sony/索尼 KD-65X7500D 65英寸4K超高清4K智能电视机60 55 70	26153	29.87	62.65%	0.10%	223
35	Skyworth/创维 32X5 32英寸 智能Wi-F1 网络平板LED液晶电视机40	24865	27.43	59.20%	1.74%	219
36	Hisense/海信 LED55EC520UA 55英寸智能4K超清液晶网络电视机50 8	19501	29.81	60.54%	0.38%	213
37	Hisense/海信 BCD-518WT对开门双门式家用风冷无霜冷藏冷冻冰箱60	12308	24.7	59.70%	0.42%	210
38	Midea/美的 KFR-35GW/WXAA2@大1.5匹二级变频冷暖壁挂式空调挂机	30176	31.41	54.69%	0.39%	209
39	Hisense/海信 LED55EC720US 55英寸4K智能液晶网络电视机50	21662	30.35	60.59%	0.19%	199
40	Joyoung/九阳 JYK-17F05A电热水壶家用电水壶自动断电大容量烧水	14705	25.08	61.86%	2.73%	198

图 3-31　收藏人数筛选

（5）找出潜力爆款

最后一步先将商品绩效数据按浏览量的大小进行降序排列，但浏览量数据并不是越大越好，也不是越小越好，需要做综合判断。总体上说，平均停留时长长、详情页跳出率低、支付转化率高、收藏量大、浏览量适中的商品是潜力爆款的首选。

图 3-32 中的 "Xiaomi/小米 小米电视 4A 43 英寸智能网络 Wi-Fi 平板液晶电视机 42 40" "乐视 TV 超 4 X50 英寸乐视电视机液晶智能网络 55 官方旗舰店 49 超级 60" "Joyoung/九阳 DJ13B-C85SG 免滤豆浆机全自动家用多功能果汁米糊" 数据满足这五项数据维度的要求，适合做潜力爆款，可以进行跟进监督，打造成爆款商品。"Midea/美的 KFR-35GW/WCBD3@大1.5 匹智能静音冷暖壁挂式空调挂机"也满足这五项数据维度的要求，但由于其有很强的季节性，所以在打造爆款时要选择好时机。

在筛选潜力爆款商品时，还有注意商品的生命周期。如果一个商品在浏览量、人均停留时间、跳出率、转化率和收藏量五个维度上表现都很好，但这个商品已经处于生命周期的衰退期，也是不合适将其打造成爆款商品的。

3. 提炼卖点

款式选好了，接下来应该干什么？拍照？发布宝贝？优化关键搜索字？软文发布？渠道推广？都不是。如何提炼卖点换取用户的大量关注度，打造什么概念来吸引消费者，这才是关键第二步。具体来说，需要关注以下三个方面。

	A	B	C	D	E	F
1	商品标题	浏览量	平均停留时长	详情页跳出率	支付转化率	收藏人数
2	Xiaomi/小米 小米电视4A 55英寸液晶电视机超高清4K智能网络60 50	196042	29.64	60.00%	0.88%	1428
3	Midea/美的 KFR-26GW/WCBD30大1匹智能冷暖静音壁挂式空调挂机	157789	29.17	59.90%	0.92%	1397
4	大1.5匹智能变频空调壁挂式冷暖挂机Midea/美的 KFR-35GW/WCBA3@	119344	37.54	62.18%	0.65%	915
5	Hisense/海信 LED43T11N 43英寸智能液晶彩电网络平板电视机42 40	86504	27.91	59.70%	0.57%	772
6	Xiaomi/小米 小米电视4A 43英寸智能网络Wi-Fi平板液晶电视机42 40	81575	31	57.62%	1.72%	574
7	Hisense/海信 LED65EC780UC 65英寸曲面智能4K超高清液晶电视机60	78804	29.58	60.42%	0.21%	681
8	Joyoung/九阳 DJ13B-C85SG免滤豆浆机全自动家用多功能果汁米糊	77199	33.08	59.08%	2.18%	846
9	Skyworth/创维 42E5ERS 42英寸高清电视机 监控液晶彩电40 43 55	69020	26.94	60.97%	0.63%	511
10	Midea/美的 KFR-72LW/WPCD30大3匹静音冷暖智能客厅立式柜机空调	65075	28.68	62.31%	0.79%	609
11	Midea/美的 KFR-26CW/WCBA30大1匹智能云变频壁挂机冷暖空调	64187	26.8	61.29%	0.62%	561
12	TCL L32F3301B 32英寸高清液晶平板卧室蓝光电视机老人40 39	63541	25.03	63.16%	0.89%	448
13	Ronshen/容声 BCD-218D11N 三门式电冰箱三开门家用冷冻冷藏	50167	28.69	62.30%	2.45%	459
14	Midea/美的 KFR-35GW/大1.5匹智能静音冷暖隐藏式空调挂机	49787	34.37	58.22%	1.09%	502
15	TCL D43A810 43英寸高清智能Wi-Fi平板电视机LED彩电39 40 42	45038	27.55	59.84%	0.81%	370
16	Midea/美的 KFR-51LW/WPCD3大2匹静音冷暖智能客厅立式柜机空调	40018	27.1	63.88%	0.67%	368
17	乐视TV 超4 X43英寸超级乐视电视机液晶智能Wi-Fi官方旗舰店40 42	38827	31.18	56.01%	0.87%	251
18	Xiaomi/小米 小米电视4A 65英寸4K高清智能网络液晶电视60 70	37132	32.57	60.27%	0.59%	311
19	Hisense/海信 LED32EC200 32英寸高清液晶电视机LED电视机40	36710	20.8	63.44%	0.36%	326
20	Changhong/长虹 39M1 39英寸彩电LED高清蓝光液晶平板电视机40 32	34706	29.29	58.58%	1.17%	298
21	Midea/美的 KFR-35GW/BP3DN8Y-PC200(B1)大1.5匹家用变频空调挂机	33259	30.36	61.09%	0.27%	243
22	Hisense/海信 LED55EC780UC 55英寸曲面4K超高清智能电视机50	31831	31.71	63.22%	0.30%	260
23	乐视TV 超4 X55乐视电视机55英寸液晶4K智能网络百万旗舰店 60 65	31570	32.57	56.82%	0.66%	272
24	Midea/美的 KFR-35GW/WXAA20大1.5匹二级变温冷暖壁挂式空调挂机	30176	31.41	54.69%	0.39%	209
25	TCL 1匹壁挂静音冷暖节能省电定速挂机空调 KFRcd-25CW/EP13	28555	22.04	57.99%	0.70%	278
26	Skyworth/创维 42X5 42英寸42高清智能wi-Fi网络液晶电视机彩电40 43	28377	25.14	53.28%	1.11%	236
27	大2匹Hisense/海信 KFR-50LW/85F-N2(2N14)客厅空调智能冷暖柜机	28080	26.23	50.44%	0.40%	290
28	AUX/奥克斯 KFR-26GW/BpNFI19+3大1匹冷暖型变频挂式挂机家用空调	27309	26.79	66.70%	0.89%	251
29	Skyworth/创维 50M6 50英寸4K超高清智能网络平板液晶电视机49 55	26430	28.33	57.15%	0.78%	183
30	Sony/索尼 KD-65X7500D 65英寸超高清4K智能液晶电视机40	26153	29.36	62.65%	0.10%	223
31	Sony/索尼 KD-55X7000D 55英寸超高清4K网络液晶智能电视机 50 60	25321	29.25	60.31%	0.22%	378
32	Skyworth/创维 32X5 32英寸 智能Wi-Fi 网络平板LED液晶电视机40	24865	27.43	59.20%	1.74%	219
33	Ronshen/容声 BCD-456WD11FP 十字多门双变频变温静音风冷电冰箱	24410	34.56	61.60%	0.51%	265
34	Changhong/长虹 32D3F 32英寸平板电视智能网络LED液晶彩电40 42	23294	25.74	64.72%	0.74%	142
35	Midea/美的 KFR-26GW/BP3DN8Y-PC200(B1)大1匹一级变频壁挂式空调	22888	32.96	61.51%	0.27%	177
36	Hisense/海信 LED60EC660US 60英寸4K高清智能平板液晶电视机55	22628	29.57	60.54%	0.23%	251
37	Hisense/海信 KFR-35GW/EF19A3(1N10) 大1.5匹变频冷暖空调挂机	22478	22.68	64.41%	0.10%	141
38	Haier/海尔 BCD-160TMPQ双门式家用电冰箱冷藏冷冻节能电冰箱小型	22460	24.54	63.40%	1.63%	225
39	乐视TV 超4 X50英寸乐视电视机液晶智能网络55官方旗舰店49超级60	21910	30.89	57.23%	1.09%	272
40	Hisense/海信 LED55EC720US 55英寸4K智能液晶平板网络电视机60	21662	30.35	60.59%	0.19%	199

图 3-32 找出潜力爆款

一是"痛点"才是爆款的卖点。能够在短时间内吸引众多用户眼球的卖点,一定都是用户感兴趣的;能够引发用户的疯狂转载的卖点,一定是真正击中消费者痛点的。这才使它有成为爆款的可能。因此把握消费者痛点是爆款的基础。二是要让用户感到"痛快",就是既要让用户用得好,能抓住其痛点,也要能够快速传播,瞬间引爆市场。三是能在网络上形成共振的爆点,并借助强大的口碑和强关系的推动,在熟人的关系上产生裂变,引发病毒式传播,这也是爆款必不可少的利器之一。

在家电市场上,免拆洗是继大吸力、低噪声后消费者关注的第三个热点,也是消费者的痛点。家电的清洗历来是个难题,在生活中,总是能听到不少消费者抱怨自家的家电藏污纳垢,但又苦于清洗无方。拥有自清洗功能的产品一经推出,就广受"图省事"的消费者的青睐,特别是在选择清洗烦琐的洗衣机与抽油烟机时,拥有自清洗功能一下子成为时下人们购买洗衣机与抽油烟机的一项重要指标,也是家电厂商的一大卖点。

以往企业推出的自清洗洗衣机多以"高温杀菌"为卖点,利用洗衣机滚筒底部散发的蒸气,快速瓦解异味、杀菌。而今最新理念的自清洗洗衣机通过重新改进洗衣机的内在结构,使用特殊柔性纳米物质在洗衣机内外桶夹层之间不断地运动,同时在运动过程中形成"动水"水流,使得洗涤水中的污渍不易在内外桶壁上附着和沉积。换句话说,每洗一次衣服,就等于为洗衣机内、外桶内壁洗了一次澡。

具体而言,提炼卖点可以从以下几个方面着手。

① 看市场容量,大家都在做的别做,有很强劲竞争对手的不做,要做一个相对细分的领域;

② 卖点首先要从消费者的认知里去找,不要从商人的角度去找(站在用户的角度去描述你的产品);

③ 拒绝含糊不清、定义模糊的字眼；

④ 文字简洁有力，一句话代替千言万语。

4. 定价

定价是爆款商品的标配，如何制定最具吸金力和吸睛力的价格呢？

首先，比较三大网站的自营最低价，包括天猫、京东和苏宁易购，并且通过大宗采购做到全网最低价，消费者可直接在门店自行比价。

其次，调研竞争对手，除了线上店铺，主要竞争对手来自本区域和周边地区其他家电零售卖场，主要为国美和苏宁电器。价格制定时一定要保障自己的利益，一定要反复强调厂家的价格管控，不能因为价格过低而"只赚了吆喝"。

另外，对各品牌同尺寸、功能的机型价格经常做纵向比较，再确定定价。

最后，设计大型活动的价格时要在本系统内部做横向比较，包括内购会、"双十一"以及国庆、元旦大型活动的价格，以生成最具性价比的爆款价格。

性价比也是买家关注的重点，因此，爆款商品初期定价一定要在同类商品中具有优势。只有被大家关注并认可，商品才有"爆"的希望。

店家还可以在爆款商品下做关联购买的商品推荐，尽可能地吸引顾客组合购买商品，提升客单价，这也是弥补爆款商品利润不高的办法。总之，在选择爆款商品时，要把握好质量和盈利的中间点，要注重性价比，靠超优价格取胜。

5. 商品预热

市场分析、选款、提炼卖点、定价，这些准备工作做好后，就进入了商品的预热阶段。在这一阶段，需要大量的电商销售经验以及对店铺后台的数据分析能力。销售经验是必备的硬件，后台数据分析是软件，同时也是核心，在这一过程中，需要对店铺流量、宝贝被访排行、进店搜索关键词、客户咨询量、成交率和跳失率的变化等进行深入研究，最终通过预热所得到的数据确定宝贝的发展趋势，同时也为下一步宝贝的优化奠定基础。

6. 促销方式

在这个商品无限丰富的年代，商品销售竞争十分激烈。所有的消费需求都正在被满足或者已经被满足，所以爆款必须有新、奇、特的亮点，能够创造消费需求，而且需要不断变化促销花样，避免沉闷，以多变、快变取胜，否则就很容易被市场淹没。

传统线下的卖家有可能做好一个广告后，在好几个月的时间里都循环播放这条广告，但在电商平台上，活动更新的频率可能要以"天"为单位，每天的活动都要变换，这样才能让消费者感到"新鲜""过瘾"。

因为在移动互联网时代，3个月等于过去的1年，1年等于过去的5年。同样的话题说十次就成了"祥林嫂"了。商家必须今天做0元秒杀、明天推广限量版、后天买一送一、大后天参加聚划算等，总之要以最快的速度变换促销花样，防止消费者审美疲劳。

因为网络的转换成本很低，所以要尽快更新爆款商品的促销主题、促销方式，最终增强商品和消费者的黏性，让消费者每天都有牵挂。通过变换促销方式来激发消费者积极地参与、互动，这是能够把商品打造成爆款的重要指标。

7. 口碑营销

要想做好爆款商品，口碑营销非常重要。进行口碑营销比较快速的方式是抓住意见领袖，再去利用其影响力迅速影响广大消费者。如何抓住意见领袖、大V，一个关键就是要加紧嫁接热点，提升短期事件辐射力。

刘翔曾在奥运会等国际大赛上屡次取得好成绩，可口可乐、伊利都曾斥巨资请刘翔来做广告，进行品牌传播，这是中小企业不能实现的，但是上海一家冰棍厂，却巧用关系与机会，以很小的代价（几乎可以忽略不计），就使刘翔吃该品牌冰激凌的照片传遍了世界。因此企业品牌迅速打响、企业知名度迅速提高才有可能使企业售卖的商品成为爆款，因此企业必须加紧嫁接热点事件，做好事件营销，使品牌以最短、最经济的路线辐射到社会公众。当然，爆款能否持续，剩下的 10%因素在于能不能将粉丝（就是忠诚顾客）沉淀下来，从而重复使用商品。粉丝是爆款的基础，也是让爆款持续的关键。网店运营需要将品牌美誉度、产品体验、售后服务等方面做好，让粉丝产生良好的用户体验。

总之，爆款的出现看似偶然，其实其成功背后是有一定的共性的。企业要想打造一个爆款，必须考虑以下 4 个方面的因素：

① 打造爆款要改变思维，用户认可的产品才有可能成为爆品；

② 打造爆款必须找准目标用户，如果无法明确目标用户，产品改进将陷入尴尬境地；

③ 打造爆款就要走高性价比路线，如果 100 元的产品能达到市场上 300 元产品的品质，它就具备成为爆款的潜质；

④ 创造一种新的模式或者新的机制，且这个模式是用户真正需要的，能创造新的价值，能优化客户的体验、提高行业效率，等等。

8. 商品优化

在商品预热、促销和营销之后，市场对拟打造的爆款商品的反应数据就出来了，接着需要做的就是不断优化商品的运营。

如果店铺整体流量少，则应结合进店搜索关键词，对宝贝大标题进行优化，在尽可能多地使用搜索热词的同时不要偏离宝贝自身的属性。而且要充分利用微博、微信、QQ 空间等多种推广方式。

当出现宝贝访量低的情况时，首先要确定主推宝贝处在店铺中最明显的区域，然后对其大标题进行优化，这是淘宝搜索的重点。

如果进店搜索关键词少，则首先要了解主推商品所属类目的搜索关键词的热词，将这些关键词尽可能多地添加到自己的店铺中。毕竟，只有吸引客人来了，才有可能销售自己的商品。

当客户跳失率高，店铺出现咨询量大但是成交量少的问题时，运营人员就需要多多和客服沟通，了解是什么原因让顾客放弃了对宝贝的购买意图。

持续优化商品详情页，加入好评截图、文案描述等，也能够带动销售气氛，提升转化率。

9. 拓展商品

经过上面几步之后，如果效果不错，相信宝贝的销量会慢慢提高，宝贝就会成为小爆款、爆款。然而一个店铺不能只依靠单一的爆款，还需要想办法提高流量的利用率。商家通过对店铺内其他宝贝进行及时的更新、优化等，可以提高通过爆款带来的这些访客的二次购买率和提高其单次购买消费金额，从而实现热销商品从点到线、从线到面的带动效果。

（六）7 天螺旋

1. 7 天螺旋的概念

7 天螺旋是指在一个下架周期内，如果商家的产品销量环比增长，那么店铺的流量也会跟着增长。

当商家发布一个宝贝之后，淘宝搜索引擎会给新上线的宝贝一个流量，叫扶植流量，目的是让新产品有一个展示的机会。淘宝利用给新产品的这个展示机会，也就是扶植流量来考察新产品的受欢迎程度。如果买家在该商品所在店铺的停留时间变长，访问深度变深，同时转化率也很好，此时淘宝就会认为该商品是受欢迎的。相反，如果买家进来后只是简单地浏览，然后马上就关闭了页面，没有成交，淘宝监测到买家的上述行为，就会认为这个宝贝是没有价值的。

这样，淘宝通过监测用户行为就可以判断出这个产品是不是受欢迎，是不是买家所喜欢和需要的。如果一周下来，这个新产品的转化率和访问深度都是不错的，那么淘宝会在下一周给予此宝贝更多的流量。到下周宝贝的转化率在上升，访问深度也不错，到了下下周的时候淘宝还会给店铺更多的流量。这就是一个所谓的七天螺旋，流量变化如图 3-33 所示。

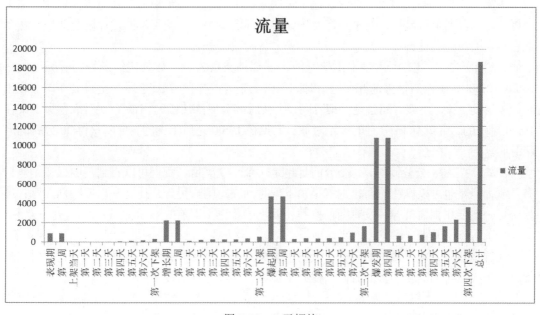

图 3-33　7 天螺旋

2. 宝贝人气模型

影响宝贝搜索排名最重要的两个权重因素是宝贝人气值和宝贝质量分，其中宝贝人气值又有两个最重要的权重，即 7 天人气值增长和搜索转化跟同类目同级别的门店比较排名。

假设本店铺的销量每天是 100 件，连续 7 天都是 100 件，那么本店铺的人气值增长就是 100%；但是竞争对手的宝贝，第一天卖了 2 单，第七天卖了 30 单，竞争对手的人气值增长是 1 500%；竞争对手的人气 7 天增长分值比本店铺一个月卖 3 000 件的要高！

淘宝搜索引擎要找出来的是"顾客越来越喜欢的宝贝"，所以 7 天增长率是决定人气排名的重要因素，占到 30%的权重。

淘宝搜索引擎重视的是"我给你流量，你能不能帮我产生销量"，因此搜索转化跟同类目同级别的门店比较排名，也占到人气排名 30%的权重。

如果本店铺 12 000 的流量成交了 120 件，转化率为 1%；竞争对手 800 的流量卖了 20 件，转化率为 2.5%，论排名，竞争对手在本店铺前面。如果本店铺的成交还包括直通车、钻展、淘宝客的付费流量，那么竞争对手的排名就比本店铺更靠前了。

宝贝排名前进一页，自然流量就增加 *N*%，但只有通过自然搜索进来的转化，才能参与排名，所以店铺的人气分要高，必须做到"淘宝给店铺 30 个免费自然搜索流量，店铺必须产生最少 1 个销量"，因为只有淘宝搜索引擎判断某商品为"有成长空间"的宝贝后，才会多给店铺流量。店铺流量是怎样多给的呢？就是排名往前每增加一页 40 名的排名，店铺流量基本能够有 80%的增长。

3．7 天螺旋周期

宝贝新品上线后的 7 天螺旋周期分为三个阶段：宝贝新上期、螺旋上升期、快速爆发期。

（1）宝贝新上期

在宝贝新上线后，店铺首先要做的是保证宝贝详情页基本优化完毕，标题初步适应用户搜索需求，宝贝最好是针对小众类目。在第一个 7 天内，宝贝是没有人气得分的，不过淘宝会给新宝贝一个比较高的权重得分。这个时期店铺可以通过"掌柜说"来引流，另外，宝贝也可以自动获取类目流量，商家一定要确保宝贝标题主关键词的正确性，标题里面要有两个左右小众类目的关键词。

另一个非常关键的因素是上下架时间，以灯具类目为例，灯具销售最好的时间为周一18:00～22:00，所以店铺可选择在这个时间段内上架。这样在 7 日之后，宝贝会在周一旺销时间段自动下架（下架时间就是上架时间，下架时间会提高店铺的权重）。另外，宝贝下架在19:00 之前的，宝贝有 15 分钟的展示时间；宝贝在 19:00 之后下架的，可以获得 30 分钟的展示时间。

例如，搜索 8 公分筒灯，8 公分筒灯也是一个小众类目，我们可以看到其中很多销售只有几笔，但是也可以排在前面，这就是由下架时间决定的。另外，还有一点要特别注意：爆款宝贝一定要用橱窗推荐，没有橱窗推荐，就不能获得下架前的展示。

（2）螺旋上升期

在这个阶段，宝贝通过第一个 7 天的上下架销售，已经具备了一定的人气。这个时候是提升宝贝人气排名非常关键的时候，提升宝贝人气排名方法有以下两种。

① 提高宝贝人气增长数量

新店铺只要有顾客访问，一定要设法把他们留下来，达成交易；试想一下淘宝今天给店铺 10 个自然访客，店铺达成了 1 笔，明天给店铺 25 个，店铺达成了 2 笔，这样店铺的自然流量转化就提高了，店铺的宝贝人气增长数量也就相应地提高了。淘宝给店铺流量的方法就是提高宝贝的排名。因此，在这个阶段，一是要尽可能采取各种优惠措施来促进转化，如通过包邮、满减等形式。

② 宝贝标题的优化

一般来说宝贝标题适合优化的频率是 7～10 天。另外需要提醒的是，不要频繁优化标题，否则会被当作替换宝贝降权。宝贝标题优化的关键就是，删除无流量的小众类目和流量下降的小众类目的关键字。一般一个宝贝标题的主流量关键词是通过三周以上运营后确定的，确定后建议不要修改主流量关键词。

（3）快速爆发期

这个时期内，宝贝销量达到几十笔后，已经积累了比较好的人气得分，类目流量的导入也会加快。由于前面阶段自然流量的转化很高，因此淘宝就会给卖家店铺更多流量。

4. 7天螺旋操作

这里以服装为例进行讲解。如商家打算新上架一件女装，最开始考虑的不是要做多少数据的量，而是首先要学会调研价格。这款宝贝应定在什么价格，放在什么类目下面，要把市场调研工作做好。

（1）定时上架

店铺全部的宝贝数量除以总时间（7天，168个小时），算出每隔多长时间上架一个商品，然后在淘宝助理里面设定上架。

（2）优化好价格和详情页

女装市场上，如果别的商家卖60元或70元，本店铺也卖60元或70元，那店铺的螺旋会做得很累，建议可以考虑差别定价。店铺定的价格可以定得比其他商家低一些，这样反而会做得更加轻松，但是要注意，要在主图、详情页和卖点上做好充分的展示，体现商品的价格优势。

（3）提升转化率与访问深度

详情页一定要设计好，这个是必然的。淘宝上有很多通过详情页提升转换率和访问深度的案例。可以访问我淘网，上面有很多淘宝开店的详细知识。

新宝贝上线淘宝后，必然面临市场的考验。有考验期，有扶植流量，7天螺旋法就有它的生存空间，但最后都要落实到执行上面。执行的时候，如果宝贝的流量与自然流量的轨迹相反，就很容易被淘宝淘汰掉。所以，作为商家一定要有耐心，要知道怎么做，并且坚持执行下去。

（七）千人千面

千人千面是指基于淘宝网庞大的数据库，构建出买家的兴趣模型，再从细分类目中抓取那些特征与买家兴趣点匹配的推广宝贝，展现在目标客户浏览的网页上，帮助店铺锁定潜在买家，实现精准营销。

千人千面实际上是对流量的划分，针对不同的人推荐不同的商品。具体地说，就是根据个人的行为习惯（经常浏览的商品、购买过的商品、收藏、加购以及消费水平等）去给买家匹配、推荐适合的产品。访客打开淘宝网去搜索一个关键词两次，两次的展现并不是完全一样的，这就是由千人千面导致的。淘宝首页的"热卖单品""必买清单""猜你喜欢"这些窗口都是根据访客最近的浏览和访客收藏、加购、购买等这一系列的行为习惯去推荐合适商品的。其实这个也不难理解，如果淘宝推荐的东西不是访客想买的，甚至是访客根本就不会去关注的，访客会点进去浏览、购买吗？答案显而易见。平台也希望有更多的人达成更多的交易，所以对流量进行了划分，使相应的流量匹配相应的商品，从而大大提高了流量的价值。

1. "猜你喜欢"

"猜你喜欢"就是通过访客的访问、收藏、购买等一系列行为来判断"访客需要什么样的商品"，进而给访客进行精准推荐，向消费者实时推荐最适合的宝贝。从图3-34中可知淘宝向该消费者推荐最多的是手机，可见淘宝认为该消费者对购买手机有很强的意愿。

那么作为商家，如何能让自己的商品展现到这个板块上呢？

首先，商家要知道淘宝是怎么制定"猜你喜欢"的规则的。

第一是直接相关。如买家的搜索、收藏、加购、购买某种商品等行为，会导致买家的手淘首页出现这类商品。买家购买过的商品，属于明确的消费；加入购物车的商品，表明买家有明确的消费意向，还未完成交易；加入收藏夹的商品，表明买家有明确的兴趣爱好。现在很多访客购物时将感兴趣的商品加入收藏夹，再从收藏夹里选择自己想要的商品。

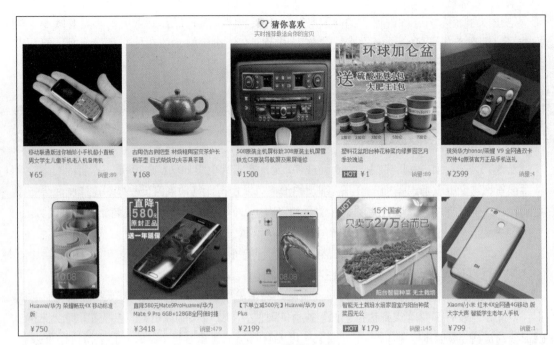

图 3-34　猜你喜欢

　　假设访客搜索过手机，那么手淘首页就会出现访客之前没有搜索过的手机；如果访客搜索了没买，或者收藏了没买，那么就有必要给访客做相关的推荐。

　　第二是间接相关。以牛仔裤为例，淘宝除了给访客推荐牛仔裤商品，还会给访客推荐与之相关的东西，如运动裤，淘宝认为访客访问了牛仔裤，可能也会需要一个运动裤。

　　平台推荐产品的核心是：投其所好。也就是根据访客的行为习惯，给访客推荐访客喜欢的或者很可能喜欢的东西，增加访客购买的可能性。

　　不过淘宝不会每个店铺的产品都推荐，它只会推荐卖得好的商家。所以想要让淘宝推荐店铺，就需要自己店铺的产品有高于同行的点击率、收藏加购和转化率等，这样淘宝才会推荐自己店铺的宝贝。

　　2. 店铺标签

　　店铺标签就是构成自己店铺特征的人群画像。人群画像显示消费者身上的两个属性即标签，一个是基本属性，一个是行为属性。消费者身上的基本属性有：年龄性别占比、地理位置爱好占比、会员等级、消费层级、价格带构成、天气因素等。消费者身上的行为属性有：浏览过的痕迹、已购买、已收藏、主搜关键词等。可以用一句话来说，千人千面的淘宝搜索结果是消费者身上的标签与店铺和宝贝身上的标签的双向交叉选择。

　　店铺标签不是短期之内形成的，而是长期作用的结果。所以想要了解自己的店铺标签，或者给自己店铺打上不错的标签，就要对数据做出统计。如果一个店铺的标签没打好，引入的流量和标签不匹配，引进来的流量不精准，转化就无从谈起。店铺标签主要是通过每天的访客情况和已购客户的情况形成的，所以每一个进店的客户都会对店铺造成潜移默化的影响。很多店铺用淘客推了不少产品，但效果微乎其微，甚至自然搜索的流量还在减少，这就是没有做好店铺的标签，甚至打乱了本来的标签所导致的。

那么怎么给自己的店铺打上合适的标签呢？怎么样才能引入精准的流量呢。最重要的就是分析店铺产品的特点，分析产品适合什么样的人群，并确定店铺的产品针对的是哪类人；分析完产品的特点以后，可以用直通车的定向推广把产品展示到这些人的面前，而不是盲目地去推广，否则会花费大量的资金，且不一定有多大的效果。

千人千面的出现意味着店铺在引流的时候是有所选择的，店铺的工作重点是引进那些与店铺定位相契合的流量。如果引进的流量与店铺定位不符，就会打乱店铺的定位，店铺的标签变得不清晰，自然很难得到淘宝的推荐。

三、任务实战

（一）流量来源对比分析——分析网店流量来源

1. 相关知识

生意参谋的"来源分析"已经升级为"流量纵横"，通过它能更全面监控无线端、PC 端的流量数据。通过流量纵横，商家能监控无线端实时数据、无线端历史数据、店铺无线端来源数据、单品无线端来源数据。不同来源还支持三级细分，可以帮助商家更深入地解析流量明细。以"淘内免费"为例，如果店铺某流量一级来源是淘内免费，二级来源是手淘搜索，那新增的三级来源就是用户通过手机淘宝搜索进入该店铺的关键词。此外，无线端涉及的指标也有很多，包括访客数、浏览量、人均浏览量、支付转化率、下单转化率、客单价、UV 价值、新访客、收藏人数、加购人数等。如果选择的是历史时间段，可供监控的无线指标还包括跳失率、平均停留时长、老访客等。

流量纵横还有两大主要功能：制定计划和流量监控。制定计划主要分为事件中心和计划中心，而流量监控主要分为流量看板、计划监控、店铺来源和商品来源。

知己知彼，方能百战百胜。流量纵横能够帮助商家更好、更快地了解流量来源，但对于商家来说，不仅要关注自己网店的流量，还要时刻关注行业流量来源的变化，从细微之处找到差异，快速改进，这样才能确保自己在竞争中立于不败之地。

2. 任务要求

请以自家经营的网店为分析对象，取最近一周或一个月流量来源的细分数据绘制四张饼图，第一张为自家网店的 PC 端流量来源饼图，第二张为自家网店的无线端流量来源饼图，第三张为同行的 PC 端流量来源饼图，第四张为同行的无线端流量来源饼图。将四张饼图作对比分析并作诊断，以发现自家网店流量来源与同行的差异，并提出改进意见。

3. 任务实施

（1）实施步骤

步骤 1：登录自家网店的生意参谋，从流量地图中下载自家网店和同行最近一个月的流量来源细分数据；

步骤 2：对获取的流量来源数据进行整理，剔除访客数为零的流量来源，将访客数较少的一些流量来源进行合并，删除重复数据；

步骤 3：按店铺和终端分类绘制四张饼图；

步骤 4：分类作对比分析，发现流量来源差异；

步骤5：提出改进意见；

步骤6：撰写《网店流量来源对比分析报告》；

步骤7：做好汇报的准备。

（2）成果报告

《××网店流量来源对比分析报告》

1. ××网店10月PC端流量来源占比分布

××网店10月PC端流量来源占比分布如图3-35所示，数据显示该网店的流量主要来自天猫搜索、直通车、淘宝搜索、直接访问、聚划算，合计占比为83%。该网店淘内免费流量合计占比为51%，付费流量合计占比为36%，自主访问流量合计占比为12%，站外流量合计占比为1%。

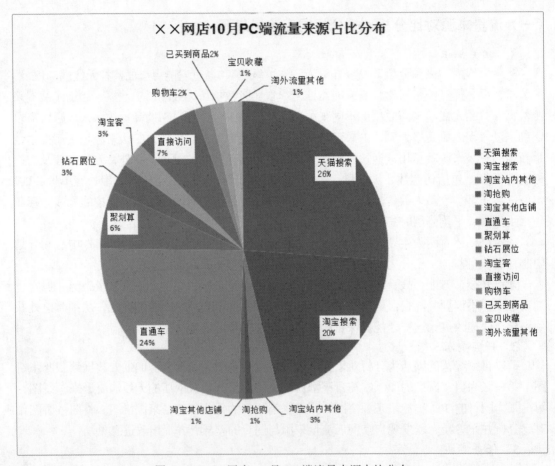

图3-35 ××网店10月PC端流量来源占比分布

2. 同行10月PC端流量来源占比分布

同行10月PC端流量来源占比分布如图3-36所示，数据显示同行流量主要来源有天猫搜索、淘宝搜索、直通车、聚划算、直接访问、淘抢购，合计流量为79%。同行淘内免费流量占比56%，付费流量合计占比为30%，自主访问流量合计占比为9%，站外流量合计占比为5%。

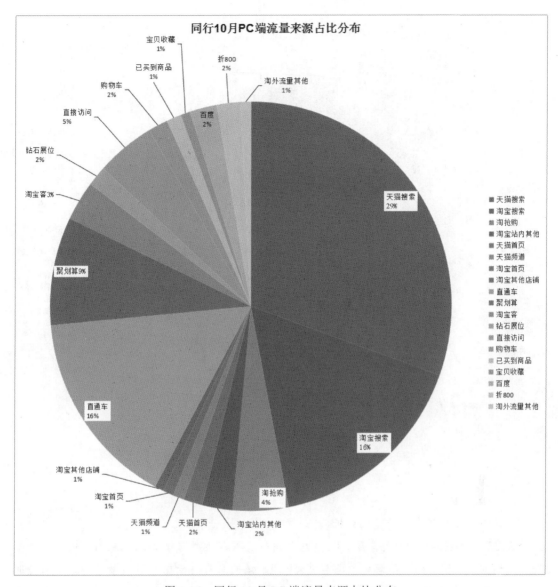

图 3-36 同行 10 月 PC 端流量来源占比分布

3. ××网店10月无线端流量来源占比分布

××网店10月无线端流量来源占比分布如图3-37所示，数据显示手淘搜索、淘内免费其他、直通车、手淘淘抢购、购物车是主要流量来源，合计占比为77%。该网店淘内免费流量合计为75%，付费流量合计为19%，自主访问流量合计为6%；淘外网站、淘外App和其他来源占比非常低。

4. 同行10月无线端流量来源占比分布

同行10月无线端流量来源占比分布如图3-38所示，数据显示手淘搜索、直通车、手淘淘抢购、钻石展位、淘内免费其他、手淘首页主要流量来源，合计占比为76%。该网店淘内免费流量合计为62%，付费流量合计为33%，自主访问流量合计为5%；淘外网站、淘外App和其他来源占比非常低。

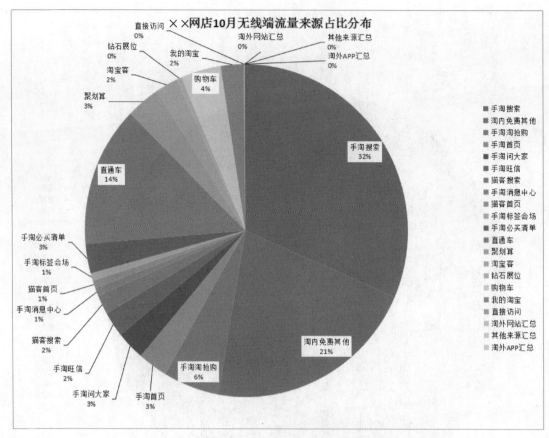

图 3-37　××网店 10 月无线端流量来源占比分布

5. 对比分析

（1）10月PC端流量来源对比分析

从图3-35和图3-36的数据来看，该网店与同行在PC端主要流量来源上基本一致，稍有差别的是淘抢购在同行的流量结构中比重更大一些；该网店与同行在PC端流量结构方面的差别主要在站外流量，该网店的站外流量只占1%，而同行占到5%，同行的站外流量主要来自百度和折800，因此建议该网店可以从这两个方面入手，尝试做站外引流。

（2）10月无线端流量来源对比分析

从图3-37和图3-38的数据来看，该网店与同行在无线端主要流量来源上差别比较大，相对来说，同行在钻石展位获取的流量比较多，比例高达13%，而该网店通过钻石展位获取的流量不足1%；该网店与同行在无线端流量结构方面的差别主要在免费流量和付费流量占比，该网店的免费流量占比高于同行13%，而同行的付费流量占比高于该网店14%，同行付费流量占比高的主要原因在钻石展位的应用上，因此建议该网店可以从钻石展位入手，加大钻石展位付费引流的投入。

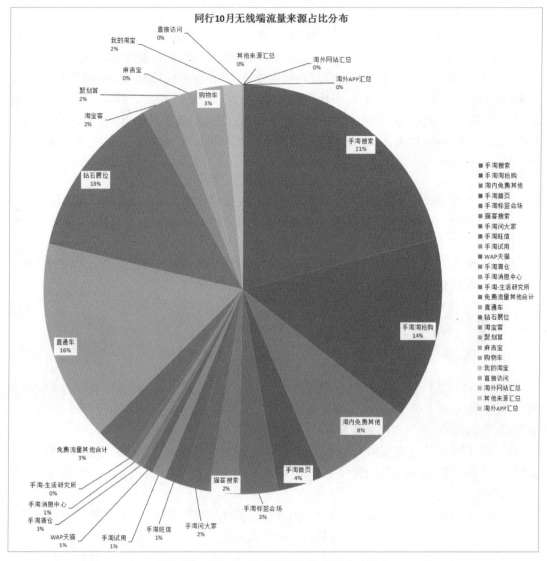

图 3-38　同行 10 月无线端流量来源占比分布

（二）SEO 标题优化——优化宝贝标题

1. 相关知识

在网店经营中，宝贝标题文字描述或图片广告是用来吸引买家点击浏览网店宝贝的手段及途径。这就涉及一个很重要的问题——如何科学、正确地确定宝贝标题，即编写什么样的网店宝贝标题才会吸引更多顾客去点击浏览？这和店家编写宝贝标题密切相关。如果店家的标题编写得比较吸引人且具有诱惑力，那买家点击浏览可能性就会增加，点击浏览量增加，买家购买量增加的概率就会变大。

宝贝标题除了要吸引人、有诱惑力，还应考虑另一因素：凡是买家在购买宝贝时，往往会通过搜索引擎搜索自己想要的宝贝，再在搜索出来的结果中选择点击感兴趣的宝贝进行浏览。宝贝标题能否被搜索出来，也同样是不可忽视。因此，编写宝贝标题时，应该考虑搜索引擎所用的关键词和宝贝标题的诱惑力这两方面的因素。

2. 任务要求

选择网店中的一个商品，获取其当前的宝贝标题、流量数据和转化率数据，对商品的标题进行 SEO 优化，再过一段时间获取新的流量数据和转化率数据，进行对比分析。

本任务选择小米 43 英寸液晶电视作为优化对象，初定宝贝标题为"Xiaomi/小米 小米电视 4A 43 英寸 32 英寸 48 英寸客厅平板智能网络电视机"。标题包含了品牌、品名、类别、属性、功能及型号等六类有效关键词，标题长度为 30 个汉字，日访客数在 200 左右，日成交 1～6 单。通过 SEO 标题优化，目标是实现日访客数超过 1 000，日成交订单达到 30 单左右。

3. 任务实施

（1）理论基础

目前，关键词和商品标题的匹配程度是淘宝相关性算法的主要依据之一，关键词搜索的范围是商品标题，只有标题里含有搜索关键词的商品才能够参与排名。标题除了影响相关性外，还会对用户体验产生影响。

SEO 标题优化首先是获取候选关键词，然后是筛选关键词，再利用筛选出来的关键词组合标题，常用的标题组合公式为：

核心关键词是形容一件商品最本质的词汇。初定宝贝标题中的"小米电视"属于核心关键词，是标题中必不可少的词汇，它说明了一件商品是什么，也是买家搜索用得最多的词汇。品牌词"Xiaomi/小米"也属于该宝贝的核心关键词。

属性关键词是描述商品特点和优点的词。初定宝贝标题中的"智能""网络""4A""43英寸""32英寸""48英寸"为属性关键词，说明了小米电视的特点和优点。属性关键词在商品标题中的占比比较大。

营销词就是吸引买家的词，用以增加商品在同类商品中的竞争力，常见的营销词有"包邮""正品""特价"等，初定宝贝标题中缺少营销词。

类目相关词的作用是增加商品被搜到的概率。小米电视属于"大家电"类目下的"平板电视"子类目，初定宝贝标题中的"平板"和"电视"可以组合成类目词"平板电视"。

主要针对属性卖点词、营销词进行优化。候选关键词取自淘宝搜索下拉框、淘宝排行榜、生意参谋、直通车关键词词表等。

（2）实施步骤

要科学确定宝贝标题，在编写宝贝标题时除了要考虑买家搜索宝贝时可能会用到的关键词外，还应该包含宝贝所要传达的信息、新颖性和诱惑力等方面的关键词，其中所要传达宝贝的信息尽量包含宝贝的类别、品名、卖点等。

步骤 1：选择网店中的一个商品，获取其当前的宝贝标题、流量数据和转化率数据；

步骤 2：从淘宝搜索下拉框、淘宝排行榜、生意参谋、直通车关键词词表等多个渠道获取和建立候选关键词词表；

步骤 3：根据一定的规则筛选关键词；

步骤 4：利用筛选出来的关键词组合新的标题；

步骤 5：宝贝新的标题发布一段时间后，再次获取宝贝的流量数据和转化数据，进行对比分析；

步骤 6：撰写《××商品 SEO 标题优化分析》；

步骤 7：做好汇报结果的准备。

（3）成果报告

小米电视SEO标题优化分析

1. 选择商品，获取宝贝标题和绩效数据

选择小米电视，43英寸[1]4A智能网络电视，售价1 999元，快递费100元，月销量95笔，商品详情页如图3-39所示。

图 3-39 小米 43 英寸 4A 智能网络电视

小米电视的初定标题和最近一周的访客数和支付件数如表3-4所示。

表 3-4 小米电视初定标题和一周绩效

宝贝标题	最近一周访客数（人）	最近一周支付件数（个）
Xiaomi/小米 小米电视4A 43 英寸32 英寸 48 英寸客厅平板智能网络电视机	1 425	22

2. 获取和建立候选关键词词表

从淘宝搜索下拉框、淘宝排行榜、生意参谋、直通车关键词词表获取了大量与小米电视相关的关键词。按照搜素人气，部分候选关键词排行为电视、电视机、小米电视、液晶电视、平板电视、电视机40寸、网络电视、智能电视、小米电视4A、Wi-Fi电视、小米电视32寸、小米电视43寸，如图3-40所示。

3. 筛选关键词

根据关键词搜索人气、搜索热度、点击率、在线商品数来筛选关键词，最终选择小米电视、小米电视4A、小米电视43英寸、智能电视、网络电视、Wi-Fi电视、平板电视、液晶电视、电视机、电视机40寸、小米电视32寸、小米电视43寸。

---

[1] 1 英寸=0.025 米。

关键词	搜索人气	搜索人数占比	搜索热度	点击率	商城点击占比	在线商品数	直通车参考价
电视	104,383	14.40%	230,973	54.10%	76.39%	0	1.61
电视机	73,301	14.29%	167,524	53.03%	77.59%	827,977	1.61
小米电视	36,278	26.88%	67,884	129.88%	88.18%	23,874	1.21
液晶电视	36,054	2.34%	77,702	49.65%	76.10%	0	3.25
平板电视	32,753	1.99%	58,216	54.09%	86.56%	0	3.19
电视机40寸	29,402	3.03%	60,821	103.58%	47.61%	16,950	4.24
网络电视	22,333	1.05%	36,366	80.26%	53.86%	0	4.19
智能电视	13,108	0.43%	34,083	55.94%	79.36%	0	1.43
小米电视4A	7,552	2.01%	14,073	112.39%	82.62%	2,474	0.88
Wi-Fi电视	5,161	1.09%	10,394	95.46%	65.23%	222	1.76
小米电视32寸	4,007	0.73%	9,278	99.87%	73.06%	3,651	0.51
小米电视43寸	3,569	0.61%	9,273	108.77%	75.59%	2,253	1.29

图 3-40 候选关键词词表

4. 组合新标题

将筛选出来的关键词按照公式进行组合，新的宝贝标题如图3-41所示，为"Xiaomi/小米 小米电视4A 43英寸智能网络Wi-Fi平板液晶电视机32 40"。

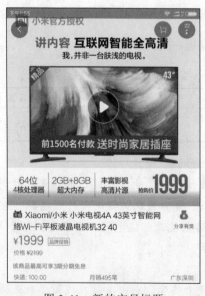

图 3-41 新的宝贝标题

5. 获取新的绩效数据做对比分析

该网店的小米电视新标题发布一个月后，商品绩效有了明显上升，最近一周的访客数和支付件数如表3-5所示。

表 3-5　　　　　　　　　　　　　小米电视新标题和一周绩效

宝贝标题	最近一周访客数（人）	最近一周支付件数（个）
Xiaomi/小米 小米电视 4A 43 英寸 32 英寸 48 英寸客厅平板智能网络电视机	1 425	22
Xiaomi/小米 小米电视 4A 43 英寸智能网络 Wi-Fi 平板液晶电视机 32 40	7 596	137

小米电视的 SEO 标题优化是成功的，商品绩效有了明显提升，最近一周访客数从 1 425 上升到 7 596，最近一周支付件数从 22 件上升到 137，支付转化率从 1.54% 上升到 1.80%。

四、拓展实训

实训 1　设置商品上下架时间

1. 实训背景

淘宝是一个充满竞争的世界，如果商家不懂得有效规避竞争对手，就很难实现商品销量的最大化。安排商品上下架时间也是如此，不仅要找访客多的时段，还要找竞争小的时段。

商品上下架时间是商品排名的一个重要参数，搜索一款商品时，即将下架的宝贝排名会比较靠前，比较容易被搜索到，所以，如何设置店铺宝贝的上下架时间，以争取更多的自然流量是至关重要的。

淘宝商品上下架周期为一周时间，刷新时间为 15 分钟，例如，某款宝贝上架时间是周一晚上 10 点 30 分，那么第二周周一晚上 10 点 30 分前 15 分钟搜索这款商品，它的排名会非常靠前。店铺商品的上架时间应选择一周之内一个最优的时间段进行上架，那么自然在临近下架时，商品就会有更多的机会展示给客户，从而带来更多的自然流量。

大商家需要更多地关注商品所属行业的买家来访时段，选择高峰上架，以获得更多流量；而对于中等规模的商家来说，在考虑行业的买家来访高峰的同时，还需要考虑竞争商品的上下架时段，选择行业的买家来访量较高且竞争商品较少的时段进行上架；小商家则还需要关注自己店铺的买家什么时候来，同时也要比中等规模商家更加关注竞争商品的上架时段，选择行业和店铺买家访问量都高且竞争商品也较少的时段进行上架。

2. 实训要求

对网店最近一个月的店铺访客时段分布数据、行业买家来访时段分布数据、店铺竞争实力以及竞品上架时段进行综合分析，合理设置商品上下架时间，设计并填写《商品上下架时间调整表》，并在两周后对比调整前后的访客流量数据，分析设置商品上下架时间是否合理，如发现访客流量的增长或者下降，应深入分析原因。

实训 2　商品类目优化

1. 实训背景

对淘宝宝贝进行优化，是很多淘宝店主都能熟练掌握的技巧。不过大多数店主在优化宝贝的时候，都把重点放在 SEO 方面，主要针对宝贝标题和详情页下功夫。很少有人会注意对宝贝的一些细节方面的优化，如对于宝贝商品类目的优化。大部分人是通过输入关键词来搜索淘宝商品的，所以店主在 SEO 方面花大力气是没错的。不过除此之外，还是有很多买家是根据商品的类目来进行搜索的，或者是将两种搜索方式结合，先用关键词找出相关商品，再通过类目进一步筛选。

所以店主在上传商品的时候需要将商品放在特定的类目之下，而淘宝也为每一个商品都提供了一个固定的类目存放路径，方便商家管理自己的商品。不过很多店主在选择类目的时候比较任性，认为看着差不多的就放了，或者干脆找了个"其他"类目凑合用。殊不知，店主在后台商品上传的时候，类目准确度越高、商品属性填写越完善就越容易被买家精准搜索到，这也会增加店铺的流量来源，从而提高店铺商品销量。所以店主在上传宝贝时，要多在细节上加以留意。

2. 实训要求

检查网店全部商品的类目设置，检查工具采用生意参谋/市场行情/搜索词查询，即将商品类目名称作为搜索词进行查询，在查询结果的类目构成里列出了关联类目的点击人气和点击人数占比，在检查原来的商品类目时，看看是否选择了点击人气和点击人数占比最高的类目，没有的话应该及时做出修改。

任务小结

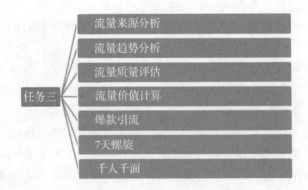

同步习题

（一）判断题

1. 直通车是按点击付费（CPC）的效果营销工具，为卖家实现宝贝的精准推广。（   ）

2. 淘宝客是一种按成交计费（CPS）的推广模式，属于效果类广告推广。（   ）

3. 钻石展位是按展现收费（CPM）的推广方式。（   ）

4. 爆款的具体表现是高流量、高跳失率、高成交转化率。（   ）

5. 在千人千面的背景下，店铺标签是可以在短期之内形成的。（   ）

（二）不定项选择题

1. 流量来源根据渠道的不同可以分为（   ）。

　　A. 站内流量　　　　B. 站外流量　　　　　C. 免费流量　　　　　D. 付费流量

2. 自主访问流量来源包括（   ）。

　　A. 购物车　　　　　B. 直通车　　　　　　C. 我的淘宝　　　　　D. 直接访问

3. 流量质量的评估通常采用（   ）作为衡量流量有效性的宏观指标。

    A. 访客数   B. 转化率   C. 活跃客户率   D. 参与指数

4. 宝贝新品上线后的 7 天螺旋周期分成（   ）几个阶段。

    A. 宝贝新上期   B. 螺旋上升期   C. 稳定期   D. 快速爆发期

5. 编写宝贝标题时应该考虑（   ）这两方面的因素。

    A. 搜索引擎所用的关键词   B. 字体颜色

    C. 商品所在类目   D. 宝贝标题的诱惑力

（三）简答题

1. 自然搜索流量的主要影响因素有哪些？

2. 什么是 7 天螺旋？

3. 什么是千人千面？

4. 如何打造爆款？

5. 简述淘宝网店的流量来源有哪些渠道。

（四）分析题

在新疆塔克拉玛干沙漠北缘的库车市乌恰镇，盛产一种有"杏王"美誉的小白杏，这是一种只生长于塔里木盆地特定绿洲的小众杏子。每年 5 月底，以库车为中心的方圆 200 公里范围，十万亩小白杏花竞相绽放，芳香四溢。2020 年 6 月，拼多多联合当地媒体展开了"滋味新疆·瓜果飘香"的大型新媒体公益助农活动，当天超过 170 万名网友参与观看直播，小白杏终于一朝成名天下知！活动期间，近 6 000 份订单直接从原产地库车市发出，运送到全国各地。更让人欣喜的是，小白杏第一次走出省级地域就获得了 100%的好评！拼多多后台的数据显示，新疆小白杏的两次复购率高达 76%。

库车当地果农阿不力孜·吐尔地算了一笔细账，家里有 5 亩优质小白杏，一个采摘季可收获小白杏 2.4 吨，过去在交易市场卖给商贩，价格 15 元/公斤，卖给商贩能拿到 3.6 万元收入。今年在拼多多上"直销"，消费者在"百亿补贴"购买小白杏的价格是 69 元/4 斤，抛开包装、快递和损耗费用，2.4 吨小白杏如今的总收入几乎翻番！而且拼多多的出现，也让当地果农挺直了腰杆，再也不用让中间商赚差价了！

请根据案例提供的数据，估算库车小白杏的产业规模，如果十分之一产量通过拼多多直播售出需要引入多少流量（考虑两次复购）？

任务四 转化数据分析
——诊断与优化

学习目标

【知识目标】	1. 掌握与电商转化率相关的计算，理解电商转化率的重要性；
	2. 理解成交转化漏斗模型；
	3. 熟悉转化路径；
	4. 熟悉转化率分析指标，掌握转化率分析指标的计算公式；
	5. 了解影响转化率的因素；
	6. 掌握直通车转化分析。
【技能目标】	1. 具备跳失率诊断与优化的能力；
	2. 具备店铺首页装修因素分析能力；
	3. 具备点击率诊断与优化的能力；
	4. 具备商品详情页装修因素分析的能力。
【基本素养】	1. 具有数据敏感性；
	2. 善于用数据思考和分析问题；
	3. 具备收集、整理和清洗数据的能力；
	4. 具有较好的逻辑分析能力。

一、任务导入

亚马逊金牌服务会员的高转化率

随着亚马逊金牌服务（Amazon Prime）在全美各大城市首次推出其1小时和2小时送达服务（见图4-1），亚马逊的年度订阅服务开始将沃尔玛和塔吉特等在线竞争对手一一排挤出市场。

亚马逊金牌会员服务的吸引力是无可争辩的，原因是这项服务会加快送货速度，而此前亚马逊已经拥有价格低、产品系列广泛以及客户服务优质等优势。同样重要的是金牌会员服务还增强了亚马逊的网络效应，过去几年中这项服务的爆炸式增长促使商家（包括亚马逊平台上的第三方商家以及直接向亚马逊出售商品的批发商和制造商）提供了更多符合该服务资格的商品。

市场研究咨询公司Millward Brown Digital对超过200万名网购消费者的购物方式进行了分析，结果发现，亚马逊金牌服务会员身份会缩小顾客愿意考虑的零售商的范围。

该公司从亚马逊金牌服务会员与非金牌服务会员交叉购物的分析中发现，在进行网购时，同时考虑沃尔玛和塔吉特等其他大众零售网站的亚马逊金牌会员不到1%，而非亚马逊金牌服务的顾客在亚马逊和塔吉特零售网站之间交叉购物的可能性是金牌服务会员的八倍之多。

　　研究表明，2014年亚马逊金牌服务会员在亚马逊网站点击量中的贡献比例增长了300%。这一涨幅意味着，越来越多其他零售网站的潜在顾客成为亚马逊金牌会员。在最近的假日季中，沃尔玛网站的顾客中有8%是亚马逊金牌服务会员。相比2013年同一时期的2%，这一比例有所增加。

图 4-1　亚马逊的金牌服务

　　美国消费者情报研究合作伙伴的调查显示，亚马逊目前在全球拥有约4千万金牌服务会员，远高出2013年3月的约1千万人。

　　亚马逊金牌会员的消费水平要高出普通的网购消费者，前者每年在亚马逊购买价值1 500美元的产品和服务，而非金牌服务的普通客户在亚马逊的消费不及金牌服务会员的一半，每年约为625美元。

　　对沃尔玛、塔吉特和其他零售网站而言，亚马逊金牌服务会员的转化率，即实际购买人数占总访问人数的百分比，可能会是最发人深省的数字。据悉，63%的金牌服务会员在访问亚马逊网站期间发生支付交易，是非金牌服务会员转化率的近5倍。

　　浏览传统大型仓储式超市零售网站的顾客数量出现大幅下滑。研究显示，浏览塔吉特零售网站并发生购买行为的消费者占2%，与这家美国电商将近3%的平均转化率相接近。而沃尔玛零售网站的转化率为5%。

　　亚马逊金牌服务会员在这两个网站消费的可能性要略高，这些客户在塔吉特和沃尔玛网站上的转化率达到6%。即便如此，与亚马逊不断增长的两位数高转化率相比仍然相去甚远。

　　思考：

　　1. 亚马逊金牌服务会员的转化率有多高？

　　2. 亚马逊竞争对手塔吉特和沃尔玛网站上的转化率有多高？

　　3. 分析亚马逊金牌服务会员转化率高的原因。

任务四　转化数据分析——诊断与优化

105

二、相关知识

网店引来流量，却没有成交，这就是说引来的流量对商家没有价值。只有提高流量的转化率，商家才能真正赚到钱。一个店铺流量转化率的大小，考验的是店铺内在功力，它与店铺装修、宝贝详情页的设计、商品描述、商品定价等多方面的因素有关。

（一）电商转化率

1. 转化率公式

转化率是指在一个统计周期内，完成转化行为的次数占推广信息总点击次数的比率。转化率高说明进店的客户中成功交易的人数比例高。要想网店有销量，就要让进店的客户下单购买商品，提高转化率才会有业绩。转化率是衡量店铺运营健康与否的重要指标。转化率的计算公式为：

$$转化率 = （转化次数/点击量）\times 100\%$$

例如，有 100 名访客访问某网店，其中有 50 名访客点击了浏览某商品的信息，最终 2 人购买了该商品，那么该商品的成交转化率为：转化率=2÷50×100%=4%。

> **知识链接：转化率相关数据**
>
> 与转化率有关的网店数据主要有 5 个：全店转化率、单品转化率、转化笔数、转化金额、退款率。
>
> 在进行转化分析时，不仅要注意全店的转化率，还要注意单品的转化率，转化率高并不代表店铺的成交金额高，所以还要注意转化的笔数和转化的金额；同样的道理，如果转化率高但退款率也很高，那么出现退款情况的交易等于没有转化，而且它还会反过来影响店铺的声誉。

2. 转化率的重要性

从销量和利润公式中，可以看出转化率的重要性。

$$销量 = 流量 \times 购买转化率 \qquad (1)$$

从式（1）中，可以看到流量和转化率都是影响销量的因素。如果店铺流量低，可以换一下顺序来思考的，会不会是商家获取的流量有问题，是不是流量的质量不高？或是不够精准？除了流量不够精准以外，还需要考虑是不是店铺的装修、宝贝的详情页以及价格的原因等等。

$$利润 = 销售额 \times 净利润率 \qquad (2)$$
$$= 购买人数 \times 客单价 \times 净利润率 \qquad (3)$$

其中购买人数等于有效进店人数，即产生购买转化行为的进店人数。式（3）又可以表示为：

$$利润 = 进店人数 \times 购买转化率 \times 客单价 \times 净利润率 \qquad (4)$$

由于访客主要通过广告、推广、搜索三种途径进店，因此进店人数就等于这三种途径的有效展现数量，即浏览展现后产生实际点击行为的人数。式（4）还可以表示为：

$$利润 = （广告展现 \times 广告转化率 + 推广展现 \times 推广转化率 + 搜索展现 \times 搜索转化率）$$
$$\times 购买转化率 \times 客单价 \times 净利润率 \qquad (5)$$

有时候广告、推广、搜索展现做得很吸引人，即点击率很高，但转化率却不高；有时为了争抢市场份额，电商会降低客单价来提高展现数量，但由式（5）可以看出，当前电商的净利润率极低，客单价也低，导致电商利润低，甚至是亏本经营。而提高展现数量意味着高成本并且不能保证客户点击了该展现，因此转化率才是电商利润的源泉，是网店最终是否盈利的核心，提升网店转化率是电商必须采取的战略决策。

知识链接：转化率还影响什么

1. 影响宝贝的搜索流量。转化率低的宝贝系统会判定它不受欢迎，排名下降，流量减少。
2. 影响宝贝的直通车点击花费。衡量质量得分的因素主要包括直通车设定关键词展现、点击率、收藏、转化率。转化率低会导致质量得分下降，相应扣费就会增多。
3. 转化率低影响淘宝分配的自然流量。淘宝现在的自然流量是很值钱的，产品好、转化率高就多给流量，否则流量就少。

（二）成交转化漏斗模型

世界上的任何东西，发生相互之间的传递、转化时，一定会导致损耗，换句话说，商家投入的资源不可能完全转化为订单。当客户通过展现进入网店开始，每一步客户访问，都有可能产生客户流失，尤其是客户触达第一个页面（不一定是网店首页）的流失率往往过高，这其中的因素很多，例如，进入者是因为被广告诱导进入，发现与预期严重不合，造成流失。

从展现到成交，转化漏斗模型（见图4-2）有五个关键步骤。

图4-2　转化漏斗模型

1. 展现

客户要看到商家的推广信息，那么商家就要将宝贝的关键词展现给客户，那展现量与什么有关呢？

（1）匹配模式

淘宝搜索关键词匹配方式有三种，一是精确匹配，买家搜索词与所设关键词要求完全相同；二是中心词匹配，买家搜索词包含了卖家所设关键词；三是广泛匹配，买家搜索词与卖家所设关键词相关。

现分别进行举例说明。

① 若商家设置的关键词是"连衣裙"（精确匹配方式）时，只有买家搜索"连衣裙"的时候，商家的推广才能得到展现的机会；若买家搜索的是"雪纺连衣裙""裙子"等时，商家的推广因为不是完全相同（或者是同义词）了，则不会有展现的机会。

② 若商家设置的关键词是"连衣裙"（中心词匹配方式）时，当买家搜索"连衣裙、雪纺连衣裙、白色连衣裙、针织连衣裙"等时，因为其完全包含了商家设置的关键词，则商品有展现的机会，流量较多。

③ 若商家设置的关键词是连衣裙（广泛匹配方式）时，当买家搜索"连衣裙、雪纺连衣裙、白色连衣裙、针织连衣裙、裙子"等时，因为其与商家设置的关键词相关（包括精确匹配方式、中心词匹配方式），则商品均有展现的机会，流量更多！

（2）关键词排名

客户搜索某个关键词时，如手机、珍珠、空调等，搜索结果的排名顺序对展现量有着直接的影响。关键词排名越靠前，客户就越容易看到商家或宝贝的信息。在行业大词上关键词的排名高，则意味着商家在行业的影响力超过同行。

（3）关键词的数量

关键词的数量越多，商家或宝贝的展现量就越多。但是需要注意的是应根据检索词报告否定一些不相关的搜索词和根据关键词报告否定一些低展现、低点击、无转化的关键词，否则将影响关键词的质量分，导致关键词排名下降。

自然搜索中商品标题包含的关键词限制在 60 个字符、30 个汉字的范围内。直通车规定一个产品最多能设置 200 个关键词。

（4）推广的时间长短

在做 SEM（搜索引擎营销）时，如果推广人员设置账户推广的时间是在白天，夜间就把账户暂停了，那么客户在夜间搜索关键词时就看不到该商家的推广信息了，该商家的关键词也就得不到展现。

（5）推广地域

在做 SEM 时，商家设置的推广地域越广，覆盖的人群就越多。但不同地区的点击率和成交转化率是不一样的，如果选择的推广地域多，一些地区的点击率和成交转化率低也会影响关键词的质量分，这将不利于关键词的排名。

（6）推广预算

在做 SEM 时，商家的 SEM 推广账户每天都会有一定的预算，当预算额度用完时，账户将会暂停，推广信息将不会再展现。

2. 点击

当商家或宝贝的关键词得到足够多的展现时，这时就要考虑怎样才能吸引客户去点击推广信息？在做 SEM 时，需要考虑三个关键因素：一是主图的创意度；二是关键词与主图创意度的相关性；三是账户结构。账户结构很重要，需要合理设置推广计划和推广单元。

图 4-3 为"T 恤 短袖 男"的搜索结果，图中显示的六件商品中，左边四件商品是自然搜索结果，右边两件商品是淘宝直通车上的宝贝，吸引访客点击的首先是主图的创意。

图 4-3 "T 恤 短袖 男"的搜索结果

3. 浏览

当客户顺利地点击商家或宝贝的推广信息时，才算访问到商家的店铺首页或宝贝页面。这主要跟网站的访问速度和网页能否打开有关，还与宝贝详情页的设计有关。

如果登录页是宝贝页，则访客看到的是宝贝的一组主图、价格、运费、销量、累计评价数、尺码表和颜色表，如图 4-4 所示。当访客在登录页再次点击收藏、打开详情页、发起旺旺咨询、加入购物车、立即订购时，该访客才算有效入店。

图 4-4 宝贝页

4. 咨询

当客户点击后登录商家或宝贝的页面，商家能否激发客户的购买欲望而去咨询，主要与以下几个因素有关：一是关键词与登录页面的相关性；二是登录页面内容是否满足客户的需求；三是登录页面的体验好坏程度。

5. 订单

当客户有欲望想购买商家的商品时，就会联系客服，这时是否达成订单，主要看客服的能力和水平了。

① 客服的回应速度——当有人咨询产品信息或相关服务时，就尽快回应，做出回答。

② 客服的服务态度——它反映了服务质量的基础，优质的服务是从优良的服务态度开始的。

③ 客服的专业性——客服要对客户专业地介绍产品或服务，回答客户的问题，这能够增加订单的成功率。

（三）转化路径

以某个网店为例，一般的客户购物路径如图 4-5 所示。

图 4-5　一般的客户购物路径

1. 进入页面

客户访问的每一步，都有可能产生客户流失，尤其是客户触达的登录页（即客户浏览的第一个页面，但不一定是网店首页）的流失率往往过高，这里的因素有很多，如进入者被广告诱导进入后，发现与预期严重不符，从而造成流失。登录页关注的指标是跳失率和点击率或收藏率。

如果登录页是首页，跳失率在 50% 左右属于正常水平。如果跳失率太高，则说明首页的装修设计存在问题，导致很多客户进入首页后就失去访问店铺宝贝的兴趣而离开；客户进入首页后，如果没有离开，就会进一步选择宝贝点击，那么从首页到店铺各个宝贝页的点击率就十分值得关注了，因为只有宝贝页点击量增加，才能促进店铺整体业绩的提高。

如果登录页是宝贝页，就要看跳失率和收藏率这两个指标了。跳失率高，说明宝贝页存在问题，需要从宝贝页的图片、描述和定价等方面进行考虑；客户进入宝贝页未购买，但进行了收藏，则说明客户对这个宝贝感兴趣，日后回头购买的可能性会比较大，所以提高宝贝收藏率可以促成日后的交易。

2. 商品目录页面

接下来到商品目录页面，如果客户在网店首页采用店内搜索的方式搜索商品，客户就会进入搜索结果页。搜索结果页面包含了一个搜索结果的列表，即商品目录。如果搜索结果页的展示不能符合搜索者的要求，搜索者找不到他想找的预期商品，那么访客就会流失。如果访客在搜索结果页找到了他想要找的商品，他就会点击该商品，访问该商品的详情页面。

3. 商品详情页面

第三步，客户到达详情页面，如果店铺装修不美观、定价过高、销量过少、客户评价过低、详情页设计不合理、店铺客服不给力，客户就难以进行下单决策，也会造成客户流失。

4. 放入购物车

第四步，客户将商品放入购物车。据淘宝的经验数据，从访问到购物车，平均来讲，100个人进来，只有4～5个人会把东西放到购物车；即便是放入了购物车，依然会有较大流失，因此一般的购物网站都设有立刻购买的按钮。

5. 生成订单

第五步，生成订单。如果客户下了订单，则表示其有强烈的购买欲望，但这还不等于成交，因为还有一个支付环节。如果一家店铺在订单与支付之间存在很大的客户流失现象，则会严重影响销售额的增长，因此需要做深入地分析，注意每一个细节。

6. 付款

第六步，客户支付货款，买卖双方达成交易，但这并不意味着交易完成，因为从成交到交易完成还有物流配送与客户收货签收环节。如果客户在付款后取消交易，说明客户对达成的交易产生疑虑或后悔，一些平台的应对策略是加快物流速度，尽量减少客户因后悔而取消交易的机会。

7. 收货

第七步，客户收货并签收，买卖双方交易完成。不过网购消费者有七天犹豫期，客户可以发起七天无理由退货。客户退货的理由还有质量问题、尺寸问题、描述不符问题，以及假冒品牌、发错货、商品破损等问题，这就需要卖家做好诚信服务、售后服务、物流配送，并减少工作上的失误。

8. 评价

第八步，客户评价。一般情况下，客户主动评价比较少，客户只有对商品和服务在使用过程中出现不满意且卖家不予理会时才会发起评价，且这种情况下的负面评价会比较多。一些卖家为了改变这一状况，常常利用优惠或返现等手段吸引客户做出正面评价，但这样的评价又显得不够公正。现在淘宝推出新的会员评级制度，生意参谋基于客户过去12个月在淘宝的"购买、互动、信誉"等行为，综合计算出一个分值为淘气值，即客户不仅要买得多，还要参与互动，才能获得更高的分值，从而促进客户更多地参与评价，提高评价的真实性。所以卖家更要重视产品质量，做到货物与描述相符，加强客户服务质量，让客户满意。

产品运营分析人员需要根据转化路径，整理出各个环节的漏斗模型数据，考量有可能造成客户流失的因素，进行针对性的优化。需要提醒的是，整个客户行为是以最终的产品转化为评价标准的，与各环节的转化率息息相关。营运人员不能简单地只对某个环节的转化率进行提升，这样有可能会造成负面的客户体验，得不偿失。例如，某产品为了拉新，进行有诱导性的 TIPS 弹窗，诱导客户进入，虽然在第一阶段，这种方式可以带来大流量，但却对后面环节的转化率提升无益。再提醒一点，不同客户类别在漏斗中的转化率往往有较大差异，因此运营人员除了要进行整体客户的转化分析之外，还可以进行客户细分的漏斗模型分析，如针对不同进入渠道、不同注册来源、不同产品使用年限、不同性别、不同年龄等多种因素进行分析。

（四）转化率分析指标

从展现开始到商品成交的转化过程中，常用的指标有点击率、跳失率、有效入店率、详情页跳出率、咨询率、咨询转化率、静默转化率、收藏转化率、加购转化率、下单转化率、下单支付转化率、支付转化率等。

图 4-6 为某网店最近一周（7.17-7.23）PC 端的商品效果，支付金额排在第一名的是美的大 1.5 匹智能变频空调，点击率为 4.77%，详情页跳出率为 84.59%，下单转化率为 1.76%，下单支付转化率为 89.08%，支付转化率为 1.56%。

图 4-6　商品效果

1. 点击率

点击率是指统计日期内，网店展示内容被点击的次数与被显示次数之比，即 clicks/views，它是一个百分比，反映了网页上某一内容的受关注程度，经常用来衡量广告的吸引程度。

$$点击率=网店展示内容被点击的次数/总展示次数$$

2. 跳失率

跳失率是指一天内，来访店铺浏览量为 1 的访客数/店铺总访客数，即访客数中，只有一个浏览量的访客数占比，它反映的失某个页面对访客的吸引力和黏性。该值越低表示流量的质量越好，对访客的吸引力和黏性越高。

3. 有效入店率

有效入店率是衡量访客是否流失的一个很重要的指标，也是与跳失率相反的一个指标。有效入店人数是指访问店铺至少两个页面才离开的访客数，当访客到达店铺后，进行直接点击商品详情页、收藏店铺、旺旺咨询、加购物车、立即订购后离开店铺等操作的，都算有效入店。

$$访客数=有效入店人数+跳失人数$$
$$有效入店率=有效入店人数/访客数$$

对于一个店铺来说，要尽可能地降低全店的跳失率，增加全店的有效入店人数。

4. 详情页跳出率

详情页跳出率是指统计时间内，访客在详情页中没有发生点击行为的人数/访客数，该值越低越好。详情页跳出率如果比较高，则说明详情页的内容设计并没有能很好地留住访户。

详情页跳出率=1-点击详情页人数/详情页访客数

5. 咨询率

咨询率是指统计时间内，访客中发起咨询的人数占比。访客发起咨询说明访客对该商品已经有了购买意愿。

咨询率=咨询人数/访客数

6. 咨询转化率

客户因参与店铺活动而被吸引，往往需要咨询客服来解决其疑惑，转化率往往受到客户在咨询过程中所涉及的客服服务态度的影响。从访问到询单，询单到下单，下单到付款，有个最终付款成功率，最终付款成功率=最终付款人数/访客数。最终付款成功率与咨询转化率和静默转化率有关。

咨询转化率=下单客户数/总咨询量

总咨询量可从旺旺后台得出。咨询转化率这个指标考核的是客服接待客户的能力，转化率越高，说明客服的谈单能力越强。从公式中可以发现，提升咨询转化率有两种方式，一是降低总咨询量，二是提升下单客户数。但降低总咨询量往往不是卖家想要的，因此，提升咨询转化率最重要的一点就是提升下单客户数，这是考核客服能力的重要指标。

一个客服的好坏在于她（他）的服务意识以及主动销售技巧，尽量让每一位来咨询的客户下单来购买产品，并且不仅仅是让顾客购买所选择的当前产品，更包括了连带推荐的一系列产品，我们可以从客服聊天记录里面看出客服的主动销售技能。

影响咨询转化率的因素有五个：一是客服服务意识，二是专业技能（淘宝技能及对产品知识的了解），三是主动销售，四是服务态度，五是响应速度。

咨询转化的产生过程如图 4-7 所示。

图 4-7　咨询转化的产生过程

7. 静默转化率

与咨询转化率相对应的是静默转化率。静默转化是指访客进入店铺后没有咨询客服，自发下单购买商品。静默成交客户是指未咨询客服就下单购买的客户。店铺里会有部分客户（特别是老客户），因为对店铺已经非常认可，在购买的时候常常不咨询客服就直接下单。静默转化率考察的是店铺的整体水平，包括店铺的装修、宝贝的描述、店铺的 DSR 动态评分以及老客户关系维护水平等。

静默转化率=静默成交人数/访客数

静默转化是商家最喜欢的一种转化方式，因为它不需要推销就有订单自动上门。静默转化率产生的过程如图 4-8 所示。

图 4-8　静默转化率产生的过程

8. 收藏转化率

收藏转化率是指统计时间内，收藏人数占访客数的比率。访客收藏店铺或宝贝，说明访客对该店铺或宝贝产生了兴趣。

9. 加购转化率

加购转化率是指统计时间内，加购物车人数占访客数的比率。访客将某个宝贝加入购物车，说明访客对该宝贝有了购买的欲望。

10. 下单转化率

下单转化率是指统计时间内，下单买家数占访客数的比率，即来访客户转化为下单买家的比例。

下单转化率主要考验店铺和商品带给访客的感受，如果两者都能给访客带来良好的感受，那么下单转化率就高。

11. 下单支付转化率

下单支付转化率是指统计时间内，下单且支付的买家数占下单买家数的比率，即统计时间内下单买家中完成支付的比例。

下单支付转化率代表下单的访客中最终进行支付的比例。当下单支付转化率太低时，例如低到80%时，就代表有100个人下单，却只有80个人付款，商家就要思考为什么有20个人下单后又放弃购买了。其实到了下单这一步，就说明访客的购买意向已经非常强烈了，但最终还是放弃付款，原因何在？是商品的问题？还是价格的问题？是否需要一个专门的客服来进行催付款的工作呢？对于这些问题，商家需要仔细考虑。

12. 支付转化率

支付转化率是指统计时间内，支付买家数占访客数的比率，即来访客户转化为支付买家的比例。

支付转化率代表的是最终达成交易的买家比例，商家可以将支付转化率与下单转化率进行比较分析，如果支付转化率比下单转化率低得多，则需要考虑是不是客服在与买家交流时一味重视下单量，而没有在意顾客真正的需求。

衡量关键词的好坏，除了关注其搜索量的大小，支付转化率也是一个重要指标。如果一个关键词的搜索量很大，但转化率很小，就好像是实体店中销售的一个新奇商品，看的人多，买的人少。网店商家如果使用了转化率低的关键词，就有可能造成商品转化率下降，进而影响商品的搜索权重。图4-9所示为在生意参谋市场行情栏目下用搜索词查询"运动鞋"的结果，对8月21～27日最近一周的支付转化率进行了排序，可以发现相关搜索词中"运动鞋鞋垫""增高鞋垫 运动鞋""儿童运动鞋男 学生""鞋子 男 休闲鞋透气 运动鞋""鞋子 男夏 运动鞋""鞋子男运动鞋""儿童白色运动鞋"的支付转化率最高。

关键词的转化率并不是固定不变的，随着市场动向和季节变化，关键词的转化率也会提高或减少，所以商家最好定期监控商品标题组成的关键词的转化率大小，及时换掉那些不能带来转化的词，只有这样才能让商品销售与市场同步。

（五）影响转化率的因素

转化率与广告展现、推广展现、搜索展现、购买展现有关。从消费者的角度出发，影响电商转化率的因素共有十二个。

1. 商品价格

商品的价格不仅影响商品的搜索权重，还影响着进入店铺的访客最终是否会下单购买。

商品的价格并非越低越好，而是要在分析商品在整个行业中的成交价格和成交量的基础上来确定。图 4-10 为某网店的价格带，可以发现 1 500～3 500 元是该网店最能被买家接受的价格，支付买家占比达到 53.14%。

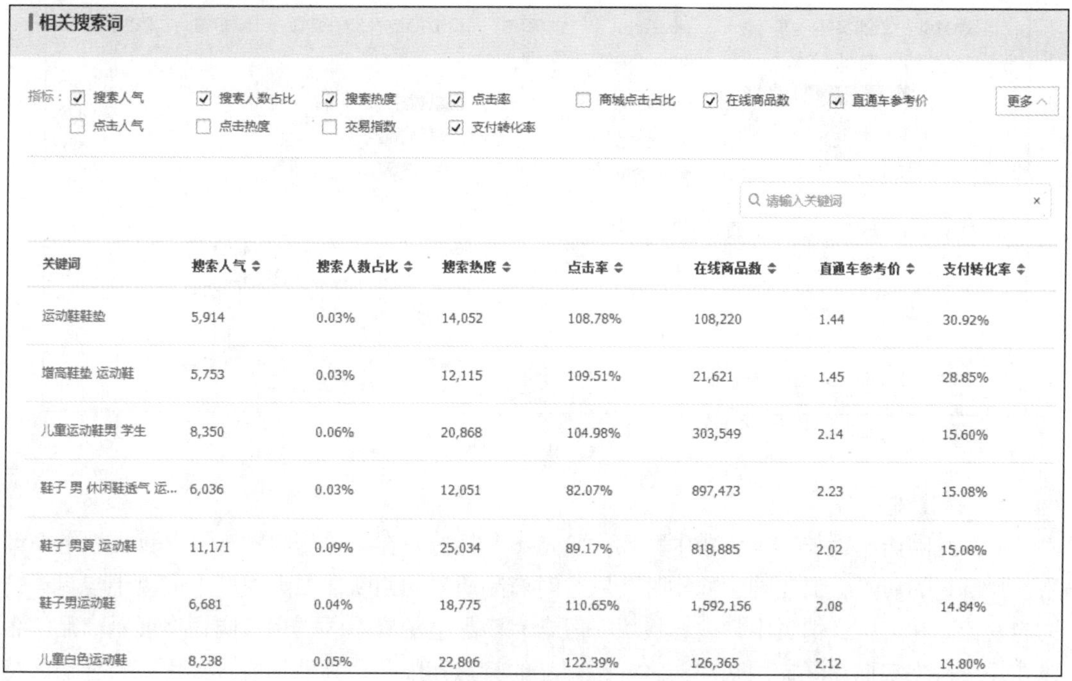

相关搜索词

指标：☑搜索人气　☑搜索人数占比　☑搜索热度　☑点击率　☐商城点击占比　☑在线商品数　☑直通车参考价　　更多∧
　　　☐点击人气　☐点击热度　☐交易指数　☑支付转化率

关键词	搜索人气 ⇅	搜索人数占比 ⇅	搜索热度 ⇅	点击率 ⇅	在线商品数 ⇅	直通车参考价 ⇅	支付转化率 ⇅
运动鞋鞋垫	5,914	0.03%	14,052	108.78%	108,220	1.44	30.92%
增高鞋垫 运动鞋	5,753	0.03%	12,115	109.51%	21,621	1.45	28.85%
儿童运动鞋男 学生	8,350	0.06%	20,868	104.98%	303,549	2.14	15.60%
鞋子 男 休闲鞋透气 运动	6,036	0.03%	12,051	82.07%	897,473	2.23	15.08%
鞋子 男夏 运动鞋	11,171	0.09%	25,034	89.17%	818,885	2.02	15.08%
鞋子男运动鞋	6,681	0.04%	18,775	110.65%	1,592,156	2.08	14.84%
儿童白色运动鞋	8,238	0.05%	22,806	122.39%	126,365	2.12	14.80%

图 4-9 "运动鞋"搜索结果

价格带构成

全部　PC　无线　业下载

价格带	支付买家占比	支付买家数	支付金额	支付转化率	操作
0-150元	3.27%	72	7,204.77	2.29%	查看趋势
150-500元	5.59%	123	39,727.00	1.61%	查看趋势
500-1500元	21.36%	470	602,933.00	1.23%	查看趋势
1500-3500元	53.14%	1,169	2,835,921.00	0.94%	查看趋势
3500-6000元	15.05%	331	1,390,047.00	0.51%	查看趋势

图 4-10 价格带

2. 顾客评价

顾客在下单购买商品前一般都会去查看商品的顾客评价、问大家以及 DSR（动态评分），所以顾客评价的内容、DSR 分值和问大家中的买家回复对转化率有重要的影响。图 4-11 为沃萨驰旗舰店的动态评分和服务情况，三项动态评分均高于同行业平均水平，5 分好评率达到91.29%、纠纷退款率为零，足以证明这是一家让人放心的店铺。

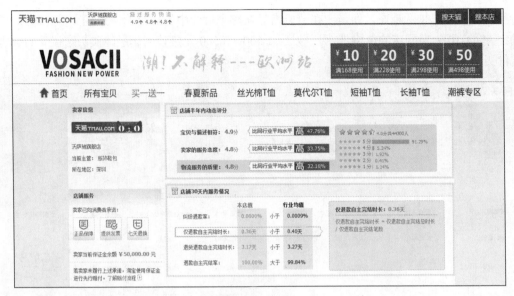

图 4-11　DSR

3. 详情页设计

顾客在网店购物与在实体店中购物体验是不一样的，在实体店中顾客可以真实地触摸商品，判断它的质量，但在网店购物时，顾客对商品质量的判断在很大程度上取决于宝贝详情页的设计。在宝贝详情页中，内容板块一般含有商品主图展示区，用来向访客展示商品的各属性效果；文字描述区，用来向访客介绍商品的特点和细节；其他功能区，用来引导访客持续访问和收藏商品。宝贝详情页的整体颜色、版块的布局设计都要尽量做到让买家消除在商品质量方面的疑虑，放心购物。

图 4-12 为某网店的宝贝详情页的部分截图，通过向访客展示商品的细节，吸引访客下单购买。

图 4-12　商品细节

4. 店铺装修

如果店铺装修得美观、专业，会让访客从心理上产生一种信任感，从而产生吸引力，这对提高转化率大有裨益。反之，如果店铺的装修毫无风格可言，整体配色乱七八糟，访客的第一感觉就是店铺环境差，并认为商品质量应该也好不到哪里去，从而造成访客流失，转化率降低。

图 4-13 为格力官方旗舰店的首页，店铺装修显得高端、大气、上档次，与格力品牌相符，很容易赢得消费者的信赖。

图 4-13　格力官方旗舰店的首页

5. 促销活动

访客都有买便宜和得实惠的消费心理，商品的打折促销、一买就赠等活动往往会对消费者产生很大的吸引力。所以促销活动也是影响转化率的重要因素。常见的促销方式有：指定促销、组合促销、借力促销、附加值促销、奖励促销、赠送类促销、时令促销、定价促销、回报促销、产品特性促销、临界点促销、限定式促销、名义主题促销、另类促销、纪念式促销等。

（1）指定促销

指定对象促销：先购买者减价，如前十名购买者专享半价；角色专享价，如母亲特惠价；老顾客优惠价，如二次购买特惠；新顾客优惠。

指定产品促销：赠送式促销，如买 A 送 B；附加式促销，例如，加一元，多一件或者第二件半价。

（2）组合促销

捆绑式促销：赠送式促销，如买 A 送 B；附加式促销，例如，加一元，多一件或者第二件半价。

搭配促销：A+B 优惠价，例如，衣服配裤子一起买，减十元。

连贯式促销：首次购买正价，第二次购买两件半价。

（3）借力促销

明星促销：借用明星的声誉进行促销，例如，某某明星款 T 恤，某某明星挚爱款。

时事促销：利用时事热点促销，例如，王者荣耀事件、G20 峰会。

依附式促销：依附于某个大品牌展开促销，如世界杯赞助商、奥运赞助商、某某活动赞助品牌。

（4）附加值促销

口碑式促销：通过老买家吸引新买家，如邀请有礼、邀请返利、好评有礼、好评返利。

榜单排名式促销：以在产品榜单中占有一席之地的方式促销，如某某产品，全网销售量第一。

故事性促销：借用故事打动消费者的方式促销，如"某某产品背后的故事"。

承诺式销售：通过向消费者承诺的方式促销，如"买了不后悔"。

品牌型促销：利用品牌声誉促销，如"某某品牌，值得信赖"。

（5）奖励促销

抽奖式促销：采用抽奖方式促销，例如，购买抽奖、抽取幸运顾客。

互动式促销：利用与顾客互动的机会促销，如收藏有礼、介绍新客户有礼、签到有礼。

优惠券促销：通过向顾客发放优惠券的方式促销，如优惠券、抵价券、现金券、包邮券等。

（6）赠送类促销

礼品促销：以向顾客赠送礼品的方式促销，例如，有买有赠、满额赠送。

惠赠式促销：以向顾客惠赠的方式促销，例如，买一赠一、买多赠一、买多送多、买送红包、买送积分。

（7）时令促销

清仓类促销：用清仓吸引消费者的方式促销，如换季清仓、季末清仓、反季促销。

季节性促销：利用季节特点促销当季商品，如季节性热卖促销。

（8）定价促销

满额促销：以顾客购买金额达到一定限额后给予优惠的方式促销，如满就送、满立减。

特价式促销：以进行特价销售的方式促销，如一元拍、仅售某某价。

统一价促销：店铺按统一价格销售商品的方式促销，如全场两元。

（9）回报促销

免费式促销：利用免费方式吸引消费者，如免费试用、免单。

回扣返利促销：以向购买商品的消费者返利的方式促销，如满就减、返现。

拼单折扣促销：以对购买数量多的顾客给予优惠的方式促销，例如，满几件赠送、团购价、满几件包邮。

（10）产品特性促销

产品卖点促销：以向消费者展示产品卖点的方式促销，如质优产品、功能卖点。

引用举例式促销：以向消费者引用举例老买家或社会评价的方式来促销，例如，网友推荐、某某用了都说好。

新品促销：对新上线的产品展开促销，如新品折扣。

效果对比式促销：以向消费者展示和对比产品效果的方式促销，例如，比某某产品效果更好的产品。

（11）临界点促销

最高额促销：以设定产品价格最高额的方式促销，如全场 50 封顶。

最低额促销：以设定产品价格最低额的方式促销，如 1 折起、全场最低 2 折。

极端式促销：以设定产品极端价格的方式促销，如全网最低价。

（12）限定式促销

限量促销：以限定产品销售数量的方式促销，如限量销售。

阶梯式促销：以设计一个优惠阶梯的方式促销，例如，早买早便宜、多买多便宜。

单品促销：针对一个单品展开的促销方式，如孤款独售。

限时促销：限定时间的促销方式，例如，秒杀、今日有效、逢时促销（整点免单）。

（13）名义主题促销

公益性促销：借用公益的名义来促销，如买就捐款。

配合平台的"主体性"促销：如"聚划算""天猫新风尚"。

联合促销：联合多个商家展开促销，如互补式促销、同类目促销（T 恤衫促销专场）。

主题性促销：利用一个消费者喜欢的主题展开促销，如感恩节特卖。

首创式促销：平台自发组织的一个活动策划。

（14）另类促销

稀缺性促销：将产品冠以稀缺的名号吸引消费者，如绝版、孤品、独家代理。

模糊式销售：采用模糊的方式促销，如全场促销。

纯视觉冲击促销：通过对电商网站平台的美化，让访客产生美感。

通告式促销：通过向消费者提前通告的方式促销，如预售日促销。图 4-13 中格力官方旗舰店的首页展示的是格力欢聚盛典的倒计时，广告语"尖货预售·定金膨胀·抢先付定享巨惠"促使访客尽快支付定金，促成后面的交易。

反促销式促销：以反促销的方式打动消费者的促销，如原价售卖、绝不打折。

悬念式促销：以向消费者设计悬念的方式促销，如价格竞猜。

（15）纪念式促销

会员促销：针对店铺会员展开的促销，如 VIP 价、会员日特价、满额 VIP 升级。

节日促销：借用节日的名义促销，如"三八节"促销、圣诞节促销。

纪念日促销：借用纪念日的名义促销，如生日特惠、店庆特惠。

特定周期促销：设定特定优惠周期的方式促销，如周二新品促销、每月半价日。

6. 消费能力

访客的消费能力对商品转化率也有重要的影响，消费能力高的访客对商品价格不敏感，但对商品的品牌、质量和设计等方面要求高，如果网店的宝贝在这些方面能够符合这部分访客的需求，则转化率就高，反之，转化率较低；消费能力低的访客对商品价格比较敏感，但由于消费观念不同，很难通过购买金额和数量直接判定访客的消费能力是较好、一般还是较差。如有些网购者的消费能力一般，但由于消费观念注重享受，可能网购的金额较大、数量较多。

7. 消费观念

访客的消费观念分成三种：理性消费、感觉消费和感性消费。理性消费的购买标准是产品"好""坏"与价格"便宜""不便宜"；感觉消费的购买标准是"喜欢""不喜欢"；感性消费的购买标准是"满意""不满意"。第一种消费观念的指导思想是"节俭"，后两种消费观念更侧重"享受"。

一般来说，消费能力较差的客户，消费观念更理性，即侧重于"节省"；消费能力更好的客户，消费观念更感性，即侧重"享受"。当然也有消费能力高的消费者是理性消费者，消费能力低的消费者是感性消费者。

8. 访问目的

主动使用站内搜索来查找和浏览产品信息的访客，其访问目的往往是计划内购物，而通过分类购物栏和引导购物栏浏览产品信息和在站内胡乱点击浏览信息的访客，其访问目的大多是闲逛。

显而易见，计划内购物者的购买转化率常大于闲逛者的购买转化率。然而，绝大多数网购者并没有明确的购买目标，即他们的访问目的就是闲逛。因此为消费者推荐购买目标，刺激他们的购买"点"，对于提高购买转化率尤为重要。

9. 浏览时间

我们处在一个信息爆炸的时代，广告无处不在，信息无孔不入，消费者每天会接触成千上万的营销信息。高密度的信息轰炸，已经让消费者变得越来越麻木。30秒就能够抓住消费者的心，30秒成为营销成败的决定性因素。第一个30秒引起注意，第二个30秒引发兴趣，第三个30秒引人入胜，第四个30秒引出行动。

经分析发现，访客在网店停留的时间在30～60秒，转化为订单的可能性为0.5%～1.5%；如果客户在网页停留60～150秒，转化率在2%～3%；停留时间为150秒以上，转化率在4%以上。因此怎样延长客户停留在网店上的时间是电商从业者值得思考的问题。

一般来说，访问目的是闲逛或者网店对访客的吸引力较强，页面浏览时间会较长；访问目的是计划内购物或者网店对访客的吸引力较弱，页面浏览时间将较短。

10. 购物体验

访客购物体验情况会严重影响成交转化率。访客的购物体验优、良还是较差主要可以通过反复测试和分析顾客评价来了解。主要包括搜索是否精准匹配、页面浏览速度、页面是否简洁和操作难易度、动线设计、图片质量是否清晰、客户服务、支付环节的流畅性、物流配送速度等方面。顾客的反馈信息能较客观地反映其真实的购物感受，这对于完善电商网站十分重要。

一般来说，购物搜索匹配精准、页面浏览速度快、动线设计合理、图片质量清晰、支付环节流畅、宝贝与描述相符、客服服务态度好、物流配送速度快，这些方面做得越好，消费者的购物体验就越好，越有可能重复购买。反之，消费者的购物体验就越差，很可能不会再光顾，并且可能会将不好的购物经验分享给好友。

 知识链接：影响访客购物体验的因素

1. 宝贝描述是否吸引人？详情页的图片要亮，细节要突出，图文结合，整个排版要看着舒服，而且分布有序，不显得杂乱无章。

2. 网页打开速度是否够快？图片太大影响网页响应速度，一般要求无线端Wi-Fi响应时长低于20秒。

3. 客服服务态度如何？客服必须礼貌地回答买家的问题，而且能根据其提出的需求做好相关推荐。

4. 价格是否合理？一般买家都喜欢低价，但便宜没好货，定价也不是越低越好，如何定价大有技巧。

5. 优惠力度是否够大？优惠打折力度的大小最能引发客户的购买欲望，要让买家心里觉得得到了实惠。

6. 差评。"情愿不赚钱，就怕有差评"这句话各种卖家应该是深有体会的。

11. 流量来源

访客根据流量来源可以分成老访客和新访客，通常情况下从自主访问流量入口进入的访客基本上都是老访客。当新访客转化率下降时，商家需要从商品的价格、主图质量、店铺评分、客户服务、促销活动、竞争因素、装修风格、品牌价值、付款方式、快递、页面打开速度、销量、商品描述、售后服务等方面进行反思，查看哪些方面没有做到位。当老访客转化率出现问题时，商家需要从店铺风格、商品质量、老客户维护、促销活动、店铺上新频率等方面查找原因，确定是什么原因导致老客户不再进店购买的。

12. 访客地域

不同地区的访客对不同店铺、不同商品的访问量不同，但是访问量大并不代表成交量也大，所以访客地域的不同也会影响转化率。商家在全面分析店铺转化率数据时，不能遗漏访客地区这一因素。

图 4-14 所示为某网店销售的美的 KFR-26GW/WCBD3@空调的访客分析，地域 TOP5 显示，8 月 4 日的浙江省访客数最多，下单转化率也最高；湖南省的访客数排名第二，但下单转化率最低。如果商家做直通车推广，地域选择浙江省、江苏省和河南省比较合适，因为这些地域的转化率高，吸引更多的流量有助于提高店铺的成交业绩。

日期 ∨	08-04～	08-04

地域	访客数	下单转换率
浙江省	292	4.11%
湖南省	284	1.06%
河南省	254	1.97%
广东省	210	1.43%
江苏省	200	2.00%

地域top5 ?

图 4-14 访客分析

此外，还有购物时间段、购物时同时正在做的另一件事、朋友的意见、性别、年龄、心情等因素也影响着购买转化率。

知识链接：转化率提升思路

当商家能够深入而客观地认识与店铺转化率相关的各项因素之后，就可以着手提升店铺的转化率了。转化率提升思路如图 4-15 所示，商家可以先找内因，后找外因，逐步解决转化率存在的问题。

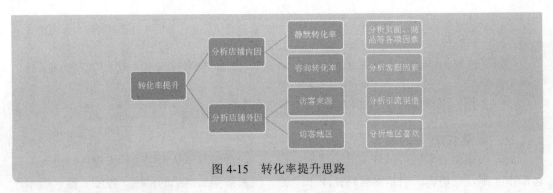

图 4-15 转化率提升思路

（六）直通车转化分析

1. 直通车的概念

直通车又称为淘宝/天猫直通车，是运用搜索引擎营销（SEM）原理通过关键词竞价推出的以点击付费（CPC）为计算方式从而实现宝贝精准推广的营销工具。其基本原则是展现不收费，按点击次数收费，而且同一 IP 地址一个宝贝同一天被点击次数只计 1 次。

2. 直通车推广原理

通过给参加直通车推广的宝贝，设置与推广宝贝相关的关键词，使该宝贝被潜在买家搜索到，从而点击该宝贝进入推广者店铺，进而可能产生购买行为。直通车用精准的关键词搜索给宝贝带来潜在买家，同时因为某个宝贝的点击增多而带动其他宝贝的浏览量，从而带动整个店铺的流量甚至销量。由于直通车推广能带来大量的流量和成交量，它已成为淘宝卖家强有力的工具。

3. 直通车竞价公式

淘宝直通车实际扣费=下一名出价×下一名质量得分÷自己的质量得分+0.01 元，从公式可以看出质量得分直接影响直通车价格，作为竞价者应通过改变自己的质量得分来调整扣费。提高质量得分的方式主要是对相关度、转化率、店铺状况进行优化。

相关度即是一致性，是指宝贝标题、类目属性、宝贝描述等和所设定的关键词之间的紧密相关的程度。优化方法是找出最适合这个宝贝的几个关键词，在宝贝标题、详情页中进行有效配置。

转化率是通过店铺的成交、收藏、点击等计算而来的，因此提高转化率就要提高店铺的成交量、收藏量、点击量，例如，通过优化标题、图片、详情页来吸引访客点击和收藏以至成交。影响直通车转化率的关键因素是创意质量和买家体验。创意质量是推广创意近期的关键词动态点击反馈。买家体验是根据买家在店铺的购买体验给出的动态反馈。

店铺状况主要是看是否有违反淘宝规则的宝贝出现，如有，应及时予以纠正。

4. 直通车转化率

（1）直通车点击率

任何时候，点击率都是质量得分最重要的因素。点击率反映了买家对直通车宝贝的兴趣度，点击率更高的宝贝，在相同数量的展现量下可以获得更多的点击量。直通车宝贝的点击率由创意图片、关键词排位、人群定位、产品等因素共同决定。

① 创意图片。

消费者在搜索商品时，第一时间看的就是商品主图，就直通车而言就是创意图片。创意图片的主要作用就是突出商品的核心卖点，让用户能第一时间感觉到商品的价值，刺激买家点击。买家搜索商品的时候，不是一个一个看的，而是一扫一大片。所以创意图片是很重要的，图片美不美观，能不能打动消费者，是不是就是消费者需要的那一款，在那一瞬间完全是由图片体现出来的，达到这个效果点击率自然不会低。

② 关键词排位。

关键词排名的提升能够让店铺宝贝获得更多的展现量，展现量越多说明宝贝越有可能被用户点击，越能为店铺带来流量。

消费者在 PC 端的搜索结果页首排 1，2，3 是黄金位，右侧 1，2，3，4 是直通车优质位，下方的 5 个也是一个好的优质排位，第二页点击率就呈下降的趋势。

无线端的直通车是和自然搜索排序展现在一起的，以"hot"为显著标志，前 3 名是必争之地，前 10 名也有机会被点击，但 10 名以后展现的机会就很少了。

③ 人群定位。

搜索人群的展现原理是当买家进行搜索的时候，淘宝会根据买家的浏览记录，筛选商家进行千人千面展示。直通车开通搜索人群后，在千人千面的关键词展示下，针对不同买家搜索的关键词进行议价权重，让这一类的人群可以在更靠前的直通车展位看到商品展示，进而让店铺商品在精准的人群面前展示，从而可以进一步提高点击率和流量的精准性。

搜索人群的出价。

最终出价=关键词出价+关键词出价×溢价比利

当商品的潜在消费者在搜索时，这个关键词就会以基础出价加溢价的金额来竞争展现位置。例如，某关键词出价为 1，溢价比例设置为 50%，那么最终出价是 1+1×50%=1.5 元。

搜索人群分为优质访客人群、自定义人群和天气人群，如图 4-16 所示。

图 4-16　搜索人群

优质访客人群（见图 4-17）是指浏览、收藏、加购过本店铺宝贝的一些客户，这一类的客户是非常精准的，当宝贝二次曝光时，这类人群是很有可能是会产生购买行为的。购买过本店铺商品的老客户，对本店铺有一定的了解，店铺配合一些活动、优惠等政策也可以促成老客户的二次购买。相似店铺的访客就是本店铺的优质访客，这一块的流量是非常精准的。

	状态	搜索推广	溢价	展现量	点击量	点击率	平均点击花费	花费	投入产出比	总收藏数	总购物车数	点击转化率	总成交笔数	总成交金额
	优质人群													
	推广中	店内商品放入购物车的访客	105%	632	115	18.20%	¥1.72	¥197.76	9.58	4	24	14.78%	17	¥1,895.13
	推广中	收藏过店内商品的访客	5%	28	6	21.43%	¥1.85	¥11.12						
	推广中	购买过店内商品的访客	65%	48	2	4.17%	¥1.67	¥3.33						
	推广中	高购买频次的访客	5%	172	25	14.53%	¥1.54	¥38.59	2.47	2	5	4%	1	¥95.26
	智停	高消费金额的访客	5%	409	21	5.13%	¥1.87	¥39.23	1.88	0	1	4.76%	1	¥73.80
	智停	资深淘宝/天猫的访客	5%											

图 4-17　优质访客人群

自定义人群（见图4-18）是指可以精细划分，进行精准溢价的人群。商家可以首先根据访客特征，选择多种人群进行投放；再根据不同人群的点击率、转化率和投入产出比，确定溢价的加价幅度，达到通过搜索人群的精准定向实现直通车精准引流的作用。设置自定义人群的类目单价比、性别、年龄时可参考生意参谋的人群画像进行。

	人口属性人群													
☐	推广中	18-24岁健身男士	20%	1,482	137	9.24%	￥1.60	￥218.73	3.35	3	9	5.11%	7	￥733.26
☐	推广中	30-34男	70%	29,389	3,759	12.79%	￥1.69	￥6,335.47	3.69	59	294	5.88%	221	￥23,396.42
☐	暂停	18-24男 ▶首自 ✎ ┗ ﬁ	15%										-	-
☐	推广中	25-29男	45%	24,986	2,597	10.39%	￥1.53	￥3,979.66	2.98	60	179	4.31%	112	￥11,864.66

图4-18　自定义人群

天气人群（见图4-19）可以选择标签包括名称、天气、空气质量、温度还有出价等，其适合一些受天气的影响比较大的商品。

	天气人群													
☐	暂停	小雨	5%	526	55	10.46%	￥1.37	￥75.29	1.39	1	3	1.82%	1	￥104.40
☐	暂停	阴或阵雨	5%	2,873	417	14.51%	￥1.58	￥657.61	1.90	7	47	3.60%	15	￥1,252.15
☐	暂停	舒适	5%											-
☐	暂停	大雨 ▶首自 ✎ ┗ ﬁ	25%	2,536	236	9.31%	￥1.36	￥320.31	2.86	5	11	3.81%	9	￥915.31
☐	推广中	中雨	5%	15,203	1,909	12.56%	￥1.59	￥3,031.62	3.09	44	163	5.13%	98	￥9,355.04

图4-19　天气人群

④ 产品。

影响点击率高低的另一因素就是商品本身，如果商品的功能或设计对消费者有吸引力，自然能够获得更多的点击。

（2）直通车点击转化率

直通车官方非常强调要加强客户体验对质量分的影响，而客户体验最重要的指标就是点击转化率。淘宝直通车的点击转化率是指直通车点击在15天内转化支付宝成交的比例。它的公式是：

淘宝直通车点击转化率=总成交笔数/点击量

点击转化率反映了消费者对这款产品的接受度，更高的转化率可以支撑店铺的广告支出。点击转化率的影响因素主要是款式、价格、详情页、销量和评价。

① 查看关键词列表，对点击转化率高的词，提高出价获得更优质的排名；反之，则降低出价，或者去掉转化率低的关键词，如图4-20所示。

② 查看地域报表，则是为单品选择接受度更高的地域，关闭投产低的地域，以有效提高点击转化率，如图4-21所示。

③ 同时也可以从商品本身去优化点击转化率。点击转化率与商品的选款、测款、定款、基础销量+买家秀、详情页密切相关，如图4-22所示。

状态	关键词	推广单元名称	推广单元类型	出价	展现量	点击量	点击率	花费	平均点击花费	点击转化率	操作
推广中	器材 一对		宝贝推广	¥0.05	14,952	1,699	11.36%	¥2,814.98	¥1.66	3.71%	分日详情
推广中	铃男健身1 一对		宝贝推广	¥0.05	11,652	1,455	12.49%	¥2,199.52	¥1.51	2.27%	分日详情
推广中	铃男身 一对		宝贝推广	¥0.05	11,063	990	8.95%	¥1,372.50	¥1.39	3.54%	分日详情
推广中	男健身一 一对		宝贝推广	¥0.05	7,730	1,188	15.37%	¥1,886.44	¥1.59	5.05%	分日详情
推广中	哑铃男6 一对		宝贝推广	¥0.05	5,348	669	12.51%	¥1,205.52	¥1.80	4.63%	分日详情

图 4-20　关键词列表

省市	展现量	点击量	点击率	花费	平均点击花费	投入产出比	总收藏数	总购物车数	点击转化率	操作
安徽	2,431	269	11.07%	¥389.24	¥1.45	4.41	8	26	5.95%	分日详情
北京	2,732	270	9.88%	¥407.17	¥1.51	3.11	3	18	5.19%	分日详情
福建	2,534	256	10.10%	¥411.26	¥1.61	2.63	3	10	3.13%	分日详情
甘肃	551	50	9.07%	¥62.05	¥1.24	0	0	3	0%	分日详情
广东	10,999	1,070	9.73%	¥1,675.66	¥1.57	2.41	26	73	3.55%	分日详情
广西	798	85	10.65%	¥120.98	¥1.42	0	1	2	0%	分日详情
贵州	1,327	171	12.89%	¥242.94	¥1.42	1.14	2	8	1.75%	分日详情
海南	1,188	175	14.73%	¥241.31	¥1.38	0.79	2	9	1.14%	分日详情
河北	6,219	706	11.35%	¥947.26	¥1.34	3.44	14	56	5.38%	分日详情
河南	5,167	616	11.92%	¥905.01	¥1.47	2.31	16	39	2.76%	分日详情
黑龙江	1,919	216	11.26%	¥334.95	¥1.55	2.61	4	10	2.78%	分日详情
湖北	1,419	152	10.71%	¥250.27	¥1.65	3.13	2	13	5.26%	分日详情
湖南	1,295	143	11.04%	¥239.41	¥1.67	1.69	0	11	1.40%	分日详情
吉林	1,240	149	12.02%	¥208.26	¥1.40	0.50	0	12	0.67%	分日详情
江苏	6,888	751	10.90%	¥1,229.61	¥1.64	1.70	9	41	2.13%	分日详情

图 4-21　地域报表

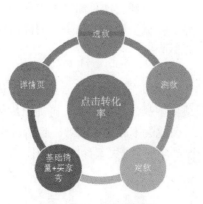

图 4-22　点击转化率

想形成高转化率的商品，要做的第一步是选款，从店铺众多商品中选择出潜力宝贝参加直通车推广。

第二步是测款。当商家选择出 N 个有潜力的宝贝后，就代表其一定能销售火爆吗？当然不，还需要测款，测款的常用工具是直通车和钻展。测款通常看两个维度，第一个维度是展现量超过 1 000，点击率是否能超过本行业的 1.5～2 倍（这主要针对一个常规居中的类目，特别偏大或偏小类目不在其中）；第二个维度是将点击量超过 100 的商品的加购和收藏总和，除以点击量，看结果是否超过 10%，如果是，可以将这款商品确定为潜力爆款。

第三步是定款。定款首先要看主图，平台给店铺的是展现机会，但能否获得流量就靠买家是否点击了，而点击量与宝贝主图的"颜值"成正比。其实平台最开始的时候，也会测款，给所有宝贝一定量的展现，有些产品能消化展现被点击，形成流量，平台就给它更多的展现；有些产品不能消化展现，没有点击，也就没有流量，就会被淘汰。

第四步是基础销量+买家秀。大部分访客都会先关注评价，再看买家秀，最后才看宝贝描述。第三方评价更能获得访客信任。基础销量和买家秀的地位越来越重要，甚至在详情页前面。

第五步是详情页。美观整齐的详情页可以吸引顾客眼球，吸引顾客注意力，从而减少跳失率。通过图片与文字的结合，强化顾客的购买兴趣，激发为产品买单的欲望，催促买家行动，达成交易。

三、任务实战

（一）跳失率诊断与优化

1. 相关知识

跳失率是指顾客通过相应入口进入网店后，只访问了一个页面就离开的访问次数占该入口总访问次数的比例。跳失率在淘宝店铺分析中是最重要的指标之一，它的计算方法为：

跳失率=只浏览了一个页面的访客/全部的访客

降低网店跳失率实际上就是想办法减少只访问一页的网店用户数量，提高店铺关联产品销量。如果顾客打开了第一个页面就黯然离开，那商家就需要展开自我诊断，其中的关键是商品详情页设计和关联营销。

很多时候，商家在生意参谋后台看到店铺页面跳失率很高，停留时间很短时，就会认为是自己的店铺页面做得不够漂亮，视觉呈现不够精美，所以就在图片效果上花了很多心思，可跳失率并没有因此而降低。

2. 任务要求

选择一家网店的一个高跳失率宝贝作为对象，展开跳失率诊断，首先分析影响跳失率的相关因素，然后确定导致宝贝跳失率高的主要因素，再提出优化措施。现有一个商品，其详情页在 TOP 引流入口排名第二，但跳失率高达 93.99%，商品名称是"美的 KFR-26GW/WPAA3 大 1 匹变频冷暖空调"，对这个宝贝进行跳失率诊断和优化。

3. 任务实施

（1）理论基础

商品跳失率诊断和优化分析的重点为商品详情页，分析的内容包括商品的主图、细节图、销售、价格、卖点、优惠促销、免邮、运费险、宝贝评价、问大家、DSR等，分析的指标访客数、跳失率、二跳率、访问深度、平均停留时长、加购转化率、收藏转化率、下单转化率、支付转化率等。

将该商品添加到自定义装修分析，获取该商品详情页的点击分布数据；从商品效果分析中获取该商品的转化数据，包括页面性能、标题、价格、属性、促销导购、描述和评价数据等；结合数据和商品详情页分析跳失率高的原因。

（2）实施步骤

步骤1：获取商品效果明细；

步骤2：获取商品转化数据；

步骤3：获取影响商品转化影响因素监测数据；

步骤4：获取该商品详情页的热力图；

步骤5：获取该商品详情页；

步骤6：撰写《××商品跳失率诊断和优化报告》；

步骤7：做好汇报的准备。

（3）成果报告

××商品跳失率诊断和优化报告

"美的KFR-26GW/WPAA3大1匹变频冷暖空调"详情页在TOP 20引流入口排名第二，但跳失率高达93.99%，因此选择该商品为跳失率诊断和优化对象。

1．商品效果明细分析

美的KFR-26GW/WPAA3大1匹变频冷暖空调的商品效果明细（见图4-23）显示最近7天PC端的访客数达到1 502，浏览量2 135，平均停留时长99.97秒，访问深度1.42，详情页跳出率90.58%，支付件数0。这里异常数据有两个，一个是跳出率，另一个是支付件数，共1 502个访客没有成交。

图4-23　商品效果明细

2．商品转化数据分析

美的KFR-26GW/WPAA3大1匹变频冷暖空调的商品温度（见图4-24）计显示收藏人数12人，加入购物车0人，下单购买0人，支付购买0人。1 502人次访问没有加购、下单和支付。

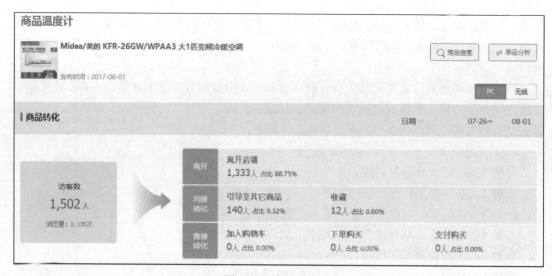

图 4-24　商品温度计

3. 影响商品转化影响因素分析

商品转化影响因素包含七个方面：页面性能、标题、价格、属性、促销导购、描述和评价。

① 近7天PC端的页面性能。

影响商品转化因素检测的页面性能结果（见图4-25）显示页面加载时长为35秒，低于最近1天访客平均停留时长108秒。最近1天访问屏数分布显示访客只浏览该商品第一屏的比例为86%，同类商品这个比例为66%，问题可能出现在该商品详情页的第一屏，第一屏是不是造成跳失率高的主因有待进一步分析。

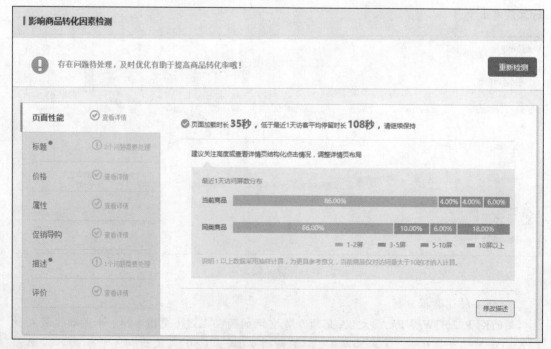

图 4-25　影响商品转化因素检测的页面性能结果

② 近7天PC端的标题。

影响商品转化因素检测的标题结果（见图4-26）提示当前商品标题存在两个方面的问题，一是标题中含有空格，二是标题未突出访客需求的卖点。虽然当前商品最近1天来访TOP关键词与行业热门词存在不一致，但不属于原则性问题，不是造成跳失率高的主因。

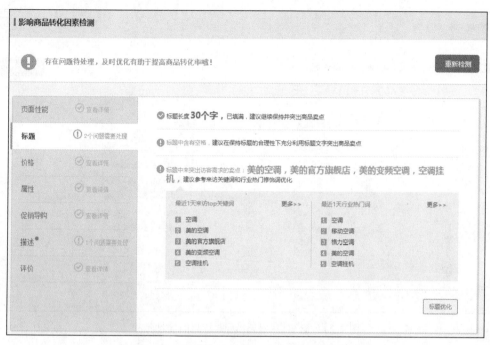

图 4-26　影响商品转化因素检测的标题结果

③ 近7天PC端的价格。

影响商品转化因素检测的价格结果（见图4-27）认为当前商品的价格处于市场同类商品的主要价格带范围，而且属于低价区，价格理论上不是造成该商品跳失率高的主因。

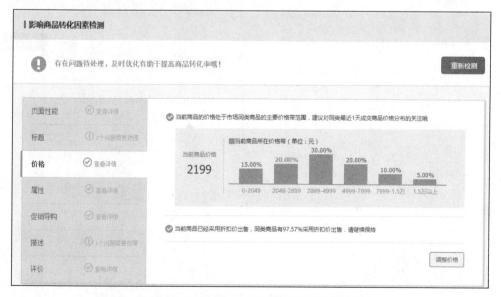

图 4-27　影响商品转化因素检测的价格结果

④ 近7天PC端的属性。

影响商品转化因素检测的属性结果（见图4-28）认为当前商品的热门属性为变频、大1匹、Midea/美的、壁挂式和三级能效，与市场热门属性一致，但这些热门属性是否影响到跳失率，需要作进一步分析。

图 4-28　影响商品转化因素检测的属性结果

⑤ 近7天PC端的促销导购。

影响商品转化因素检测的促销导购结果（见图4-29）显示当前商品没有做促销，不利于刺激客户的购买欲望，会对跳失率造成直接的影响。

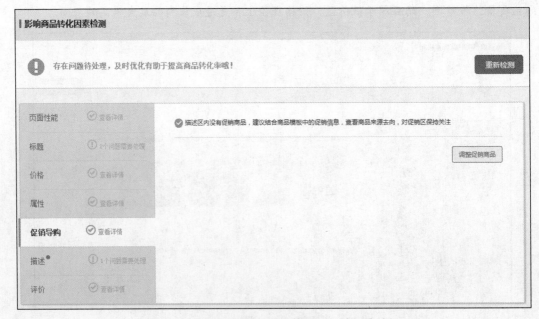

图 4-29　影响商品转化因素检测的促销导购结果

⑥ 近7天PC端的描述。

影响商品转化因素检测的描述结果（见图4-30）显示描述区内有图片19张，其中超大图片12张，没有超宽和超高图片，超大图片会影响页面加载速度，影响客户体验，从而影响跳失率，但是不是主因还有待进一步分析。

图 4-30　影响商品转化因素检测的描述结果

⑦ 近7天PC端的评价。

影响商品转化因素检测的评价结果（见图4-31）显示店铺评价三线飘红，买家均正面积极评价该商品，可见商品评价对客户的影响应该是好的，不是造成跳失率高的主因。

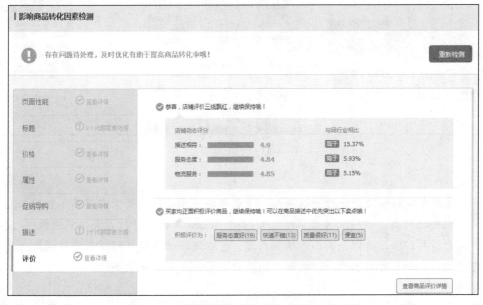

图 4-31　影响商品转化因素检测的评价结果

最近7天无线端商品转化影响因素分析与PC端类似，在此不再展开。

4. 该商品详情页的热力图分析

从该商品详情页的热力图（见图4-32）点击次数分布来看，客户二跳主要选择美的KFR-35GW/WCBA3@大1.5匹挂机空调。

图4-32　商品详情页的热力图分析

5. 商品详情页分析

该商品详情页（见图4-33）显示"此商品已经下架"，因此无法加入购物车、无法下单购买、无法支付，但可以收藏。

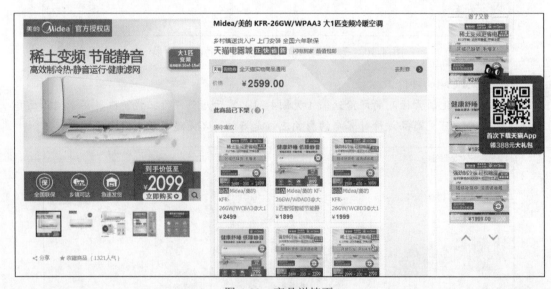

图4-33　商品详情页

6. 总结

从上述跳失率影响因素分析可以得知，造成高跳失率的可能因素有页面加载时长35秒、从第一屏跳失比例高、热门属性（变频、大1匹、Midea/美的、壁挂式和三级能效）、没有做促销、超大图片12张，再结合商品详情页内容，可以发现该商品已经下架是造成跳失高的主因，图片超大、加载时间长对一些网络差的用户也会造成跳失率偏高。

7. 优化建议

将一个下架商品作为引流入口非常不合适，因此建议将该商品重新恢复上架，备足库存，做好促销和关联销售，降低跳失率。如果无法将该商品恢复上架，应该想办法找到替代商品作为新的引流入口。

（二）店铺首页装修因素分析

1. 相关知识

消费者进入店铺，第一眼看到的就是店铺的装修。店铺整体的和谐布局，以及产品的合理排版结构，店铺颜色的科学搭配都会带给顾客良好的视觉体验。如果第一感觉不好，顾客看一眼就走了，浏览的页面就不会很深，跳失率就会增加。

店铺装修的好坏不仅直接影响着顾客进店的感受，而且也会对网店销量的高低产生至关重要的影响。好的店铺装修带给人们的视觉效果不仅能提高品牌溢价，也能提升客户的黏性。既然店铺装修对一个网店来说如此重要，那么，商家该如何做好这方面的工作呢？

2. 任务要求

以一家网店的无线端首页为对象，获取其页面装修的各个元素与客户的点击情况，以及首页的转化情况和店内访问路径，然后对数据进行分析，挖掘出客户的偏好，再在此基础上提出优化方案，促进转化率的提升，并撰写《××网店无线端首页装修分析报告》。

3. 任务实施

（1）理论基础

要对网店无线端首页装修进行分析，首先要列出一个宝贝策划设计页面需求预期的列表，把这个预期列表跟装修后的热力图进行对比，分析是否符合前期的预期列表，如果不符合的话需要对其进行优化。

（2）实施步骤

店铺无线端首页装修因素分析过程分解成以下八个步骤。

步骤1：获取无线端首页热力图的点击次数；

步骤2：获取首页的店内访问路径及转化数据；

步骤3：获取首页的流量数据；

步骤4：获取店铺的流量数据；

步骤5：分析数据，挖掘用户偏好；

步骤6：提出优化措施，促进转化率的提升；

步骤7：撰写《××网店无线端首页装修分析报告》；

步骤8：做好汇报结果的准备。

（3）成果报告

××网店无线端首页装修分析报告

1. 获取7月22日和7月23日无线端首页热力图的点击次数

首先是空调会场、彩电会场、方太厨电会场、洗衣机会场、冰箱会场和小家电会场的模块点击次数，从7月22日和7月23日连续两日的数据来看，空调、彩电和冰箱三个会场的点击次数排在前三，洗衣机、方太厨电和小家电三个会场点击次数较少，如图4-34和图4-35所示。

接着是"今日必抢"板块，首先是美的智能控温空调，访客根据自身需求可以选择"大1.5P"空调或"大1P"空调。从7月22日和7月23日连续两日的数据来看，"大1.5P"空调的点击次数略大于"大1P"空调，如图4-36和图4-37所示。

图 4-34　7 月 22 日无线端首页热力图　　　　图 4-35　7 月 23 日无线端首页热力图

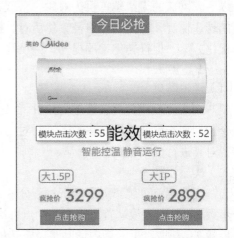

图 4-36　7 月 22 日"今日必抢"板块 1 热力图　　图 4-37　7 月 23 日"今日必抢"板块 1 热力图

　　"今日必抢"板块下还推荐了三款美的空调和一款九阳豆浆机。从7月22日和7月23日连续两日的数据来看，2台挂机的点击次数较高，1台柜机的点击次数相对较少，九阳豆浆机点击次数最少，如图4-38和图4-39所示。

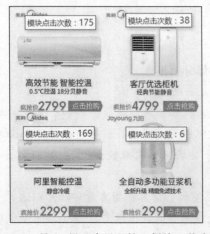
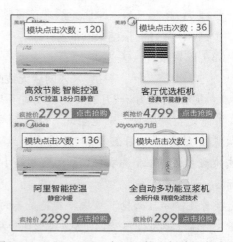

图 4-38　7 月 22 日"今日必抢"板块 2 热力图　　图 4-39　7 月 23 日"今日必抢"板块 2 热力图

再来看空调会场，共展现四个品牌共六款空调，从7月22日和7月23日连续两日的数据来看，志高的正1匹空调、科龙的阿里智能空调、奥克斯的立式空调点击次数排在前三位，科龙的立式空调、奥克斯柜式空调、美的立式空调点击次数较少，如图4-40和图4-41所示。

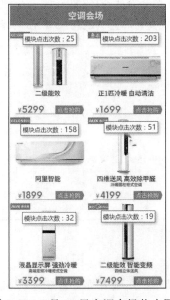

图 4-40　7 月 22 日空调会场热力图　　　　图 4-41　7 月 23 日空调会场热力图

　　由于篇幅限制，对彩电会场、方太厨电会场、洗衣机会场、冰箱会场和小家电会场不做进一步分析。

　　最后来看品牌区，店铺共展现了27个品牌，从7月22日和7月23日连续两日的数据来看，美的、奥克斯、志高、海信、海尔的点击次数排在前5位。另外"查看所有宝贝"链接点击次数比较多，如图4-42和图4-43所示。

图 4-42　7 月 22 日品牌区热力图　　　　图 4-43　7 月 23 日品牌区热力图

2. 获取首页的店内访问路径及转化数据

图4-44为淘宝App首页7月23日的店内路径，数据显示首页访客为4 261，占比为4.11%，流量来源主要有商品详情页、店外其他来源和店铺其他页，流量去向主要有商品详情页、离开店铺、商品分类页和店铺其他页。去往商品详情页的访客成交商品金额达到153 895元，去往商品分类页的访客成交商品金额达到54 428元，去往店铺首页的访客成交商品金额达到7 596元，共计215 919元。

来源	访客数	访客数占比
店铺首页	215	3.43%
商品详情页	2,798	44.68%
店铺微淘页	2	0.03%
商品分类页	269	4.30%
搜索结果页	160	2.56%
店铺其他页	651	10.39%
店外其他来源	2,168	34.62%

去向	访客数	访客数占比	支付金额	支付金额占比
店铺首页	215	3.33%	7,596	3.52%
商品详情页	1,993	30.82%	153,895	71.27%
店铺微淘页	15	0.23%	0	0%
商品分类页	1,472	22.77%	54,428	25.21%
搜索结果页	238	3.68%	0	0%
店铺其他页	698	10.80%	0	0%
离开店铺	1,835	28.38%	0	0%

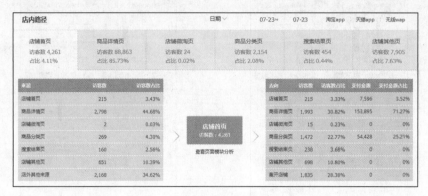

图 4-44 店内路径

3. 获取首页的流量数据

7月23日的淘宝App页面访问排行（见图4-45）显示，店铺首页访客数为4 261，浏览量为9 223，访问深度为2.16，平均停留时长为9.93秒。

排名	访问页面	浏览量	访客数	平均停留时长
1	店铺首页	9,223	4,261	9.93

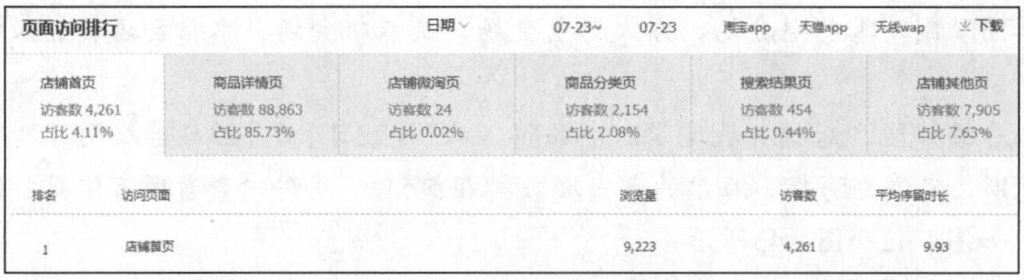

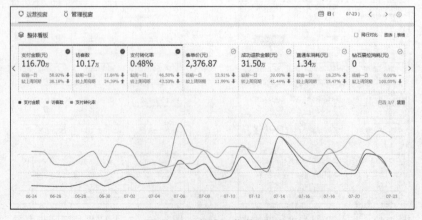

图 4-45 页面访问排行

4. 获取店铺的流量数据

从店铺运营数据（见图4-46）来看，7月23日全店的支付金额为116.7万元，访客数为10.17万，支付转化率为0.48%。

图 4-46 店铺运营数据 1

全店的跳失率为58.68%，人均浏览量为3.06，平均停留时长为21.34秒，如图4-47所示。

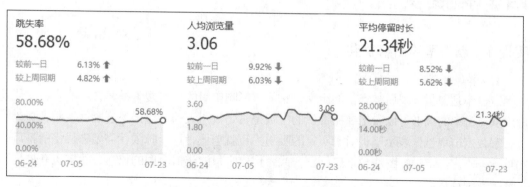

图 4-47　店铺运营数据 2

5. 分析数据、挖掘用户偏好

根据上述数据，可以得出以下分析结论。

① 从六个会场的分类点击来看，访客关注点在空调、彩电和冰箱三个会场，对洗衣机、方太厨电和小家电三个会场兴趣不高，这与商家试图力推方太厨电会场的预期有一定差距。

② 从"今日必抢"板块来看，访客对美的挂机的需求量要大于对柜机的需求量，对九阳豆浆机兴趣不大。

③ 从空调会场来看，访客比较喜欢志高的正1匹空调、科龙的阿里智能空调、奥克斯的立式空调。科龙的立式空调是商家试图主推的，但未得到访客的重视。我们再来对比科龙的立式空调、奥克斯的立式空调、美的立式空调，可以发现科龙立式空调主图的卖点并不突出，与另外两个立式空调对比没有体现出比较优势。

④ 从品牌区来看，访客偏好的品牌有美的、奥克斯、志高、海信、海尔，在"今日必抢"板块和空调会场商家力推的品牌是美的、科龙、奥克斯、志高，基本吻合。另外"查看所有宝贝"链接点击次数比较多，说明访客所需的产品在会场分类和品牌分类中找不到，建议对这部分需求进行深入分析。

⑤ 从首页的店内访问路径及转化数据来看，从首页离开的访客只占28.38%，远低于全店跳失率58.68%；通过首页引导成交金额为215 919元，平均每个首页访客创造的价值为50.67元，远高于全店平均访客价值11.47元，这也体现了首页的价值。

⑥ 从首页的流量数据来看，首页访问深度2.16低于全店的访问深度3.06，首页平均停留时长9.93秒低于全店平均停留时长21.34秒，这说明首页的黏性不够。

6. 提出优化措施，促进转化率的提升

商家的主营产品是空调、彩电和冰箱，如果要增加方太厨电，这需要加大对方太厨电的引流。访客对九阳豆浆机兴趣不大，建议"今日必抢"板块更换其他产品。如果商家要主推科龙立式空调，建议优化科龙立式空调的主图，突出卖点以及与另外两款立式空调之间的差异。建议将"查看所有宝贝"链接的页面添加到装修分析中，进一步分析这部分访客的需求和行为。首页起到了应有的作用，但黏性不足，应收集更多数据优化首页的导航设计。

任务四　转化数据分析——诊断与优化

137

四、拓展实训

实训 1 点击率诊断与优化

1．实训背景

点击率是宝贝展现后被点击的比率，它能够影响宝贝的自然搜索排名，影响宝贝的展现量。从点击率的高低可以看出商家推广的宝贝是否是吸引人的，点击率越高就说明宝贝越吸引买家，点击率越低表示宝贝对于买家的吸引力也就越低，这个时候就需要去优化所推广的宝贝了——优化宝贝的图片和推广标题，或者优化宝贝的详情页面的信息，让宝贝在展现后尽量带来浏览量。

影响点击率的因素主要有以下几个方面。

① 点击率受宝贝标题的影响。标题中是否包含客户需求属性，这是客户是否选择点击进店的关键。

② 点击率受宝贝图片的影响。宝贝图片也就是主图，好的高质量的主图是吸引访客点击的关键。

③ 宝贝排名。宝贝在系统的排名影响到宝贝的曝光度。

④ 宝贝销量。两款相同的宝贝如果一个销量上万，一个销量数十，那么即使销量低的宝贝比销量高的宝贝便宜，访客也不会选择它，这就是通常所说的羊群效应。

⑤ 宝贝价格。当两个同款宝贝其他方面大致相同时，商品的价格高低就决定了人群的选择。

⑥ 关键词。如果商家标题用错了关键词，把一个晾衣架写成雨衣，放到了雨衣类目下，则对晾衣架有需求的访客也不会点击它。

2．实训内容

选择一家网店的一个问题宝贝作为研究对象，展开点击率诊断，首先分析影响点击率的相关因素，然后确定导致宝贝点击率低的主要因素，再提出优化措施。

实训 2 商品详情页装修因素分析

1．实训背景

对于每一个淘宝店铺来说，淘宝店铺装修都是非常重要的。常说的淘宝店铺装修事实上包含两个方面：一个是店铺首页装修，另一个是商品详情页装修。很多淘宝店家都只注重店铺首页装修，而对商品详情页装修并不十分重视。但实际上商品详情页才是消费者最终决定是否在店铺下单购物的一个重大因素，因为店铺首页装修得再好，但如果商品详情页装修得不合理，那么引过来的流量也很难得到转化。

另外，商品详情页无论是在流量入口中所占的比重，还是在全店流量所占的比重都是最大的，一般超过 80%，因此做好商品详情页的装修分析，对提高全店转化率将会起到非常重要的作用。

商品详情页的职责是促进商品的转化成交，因此描述基本遵循以下原则：①引发兴趣；②激发潜在需求；③从信任到信赖；④替消费者做决定。特别要注意的是，由于消费者不能真实体验商品，商品详情页要打消买家顾虑，从客户的角度出发，关注重点，并不断强化。

高质量的商品详情页才能带来高转化率。

商品详情页装修可以设计一个基本的流程：告诉消费者我们是这个行业的专家；我们的产品和服务很值得信赖；我们的客户在使用了我们的产品后都说好；我们的店铺还有更多优惠的产品您还可以看看；近期我们的店铺还有更多优惠，我们的店铺还有很多活动正在进行中。

2. 实训内容

在一家网店选择一个无线端跳失率较高的商品，获取该商品详情页装修的各个元素与客户的点击情况、该商品的转化情况和转化因素检测情况、流量来源和去向、引流关键词效果、销售趋势、访客特征等，然后对数据进行分析，挖掘出客户的偏好，再在此基础上提出优化方案，促进转化率的提升，并撰写《××网店××商品无线端商品详情页装修分析报告》。

任务小结

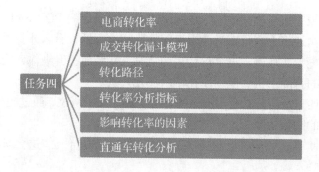

同步习题

（一）判断题

1. 转化率是指在一个统计周期内，完成转化行为的次数占推广信息总点击次数的比率。（　　　）

2. 直通车规定一个产品最多能设置 60 个关键词。（　　　）

3. 跳失率反映了网页上某一内容的受关注程度，经常用来衡量广告的吸引程度。（　　　）

4. 访客数=有效入店人数+跳失人数。（　　　）

5. 登录页是指客户浏览的第一个页面，它不一定是网店首页。（　　　）

（二）不定项选择题

1. 从展现到成交，转化漏斗模型的关键步骤有（　　　）。

    A. 点击　　　　　　　　B. 浏览　　　　　　　　C. 展现　　　　　　　　D. 订单

2. 淘宝搜索关键词的匹配方式有（　　　）。

    A. 精确匹配　　　　　　B. 中心词匹配　　　　　C. 广泛匹配　　　　　　D. 以上都不对

3. 提高质量得分主要是通过对（　　　）进行优化。

    A. 客单价　　　　　　　B. 相关度　　　　　　　C. 转化率　　　　　　　D. 店铺状况

4. 直通车宝贝的点击率由（　　　）等因素共同决定。

A. 创意图片　　　　B. 关键词排位　　　　C. 人群定位　　　　D. 产品

5. 利润的计算公式描述正确的是（　　　）。

　　A. 利润=销售额×净利润率

　　B. 利润=进店人数×购买转化率×客单价×净利润率

　　C. 利润=购买人数×客单价×净利润率

　　D. 利润=（广告展现×广告转化率+推广展现×推广转化率+搜索展现×搜索转化率）×购买转化率×客单价×净利润率

（三）简答题

1. 简述咨询转化的产生过程。

2. 简述常见的促销方式。

3. 影响访客购物体验的因素有哪些？

4. 影响点击率的因素有哪些？

5. 简述直通车点击转化率的优化思路。

（四）分析题

西班牙《国家报》报道称，中国企业阿里巴巴在西班牙的 POP Store 进行了长达几个月的实验后，全球速卖通将于周日在马德里南部的购物中心开设首家永久性实体店，从而开始在实体商务领域领先于亚马逊。据全球速卖通负责人介绍，在开业派对上，该平台向与会者赠送了小米和华为的智能手机、电动摩托车以及无人机。

全球速卖通与西班牙合作伙伴 Correos 公司续签了合作协议，通过减少订单的发货时间，改善西班牙消费者的购物体验。

请分析全球速卖通在西班牙开设永久性实体店的目的是什么？这会对速卖通西班牙站线上销售带来哪些影响？

任务五　客单价数据分析
——帮助提升销售额

【知识目标】	1. 理解和掌握客单价的基本概念和计算方法；
	2. 了解和掌握客单价的影响因素；
	3. 熟悉客单价的分析指标。
【技能目标】	1. 具备导购路线设计能力；
	2. 具备设计与评估提升客单价的促销方案的能力；
	3. 具备分析连带销售策略的能力。
【基本素养】	1. 具有数据敏感性；
	2. 善于用数据思考和分析问题；
	3. 具备收集、整理和清洗数据的能力；
	4. 具有较好的逻辑分析能力。

一、任务导入

一单成交 30 万美元

一个乡下小伙子做导购，第一单从卖一个小号鱼钩开始，最终卖掉了30万美元的产品。这个故事告诉我们：客单价提升不是不可能的，关键看你是不是用对了方法。

故事是这样的：一个乡下小伙子去应聘城里"世界最大"的"应有尽有"百货公司的导购职位。

老板问他："你以前做过导购吗？"

他回答说："我以前是村里挨家挨户推销的小贩。"

老板喜欢他的机灵："你明天可以来上班了。等下班的时候，我会来看一下。"

一天的光阴对这个乡下来的小伙子来说太长了，而且还有些难熬。差不多下班的时候，老板来了。

老板问他："你今天做了几单买卖？"

"一单。"年轻人回答说。

"只有一单？"老板吃惊地说，"我们这儿的导购一天基本上可以完成20到30单生意呢。你卖了多少钱？"

"30万美元！" 年轻人回答道。

"你是怎么卖到那么多钱的？" 老板目瞪口呆，半晌后他回过神来问道。

"是这样的，" 乡下来的年轻人说，"一个男士进来买东西，我先卖给他一个小号鱼钩，然后是中号的鱼钩，最后是大号的鱼钩。接着我又卖给他小号的鱼线，然后是中号的鱼线，最后是大号的鱼线。我问他上哪钓鱼，他说海边。我建议他买条船，所以我带他到卖船的专柜，卖给他长6米、有两个发动机的纵帆船。然后他说他的大众牌汽车拖不动这么大的船。我于是带他到汽车销售区，卖给他一辆丰田新款豪华型'巡洋舰'。"

老板后退两步，几乎难以置信地问道："一个顾客仅仅来买个鱼钩，你就能卖给他这么多东西？"

"不是的，" 年轻导购回答道，"他是来给他的妻子买卫生巾的。我就告诉他'您的周末算是毁了，干吗不去钓鱼呢'？"

思考：

1. 为什么一个普通的小伙子能够在一天的时间里完成这么高的销售额？客流量没有改变，接单率并不高，但销量却高得惊人！

2. 谈谈你是如何理解客单价的。

3. 从这个小故事中，你发现哪些方法可以提升客单价？

二、相关知识

（一）客单价的基本概念和计算方法

客单价（Per Customer Transaction）是指每一个顾客平均购买商品的金额，客单价也是平均交易金额。无线端客单价指的是顾客在手机、平板笔记本电脑等无线端下单购买的平均金额。

网店的销售额是由客单价和顾客数（客流量）决定的，因此，要提升网店的销售额，除了尽可能多地吸引进店客流，增加顾客交易次数以外，提高客单价也是非常重要的途径。

客单价的计算公式是：

$$客单价=销售总额/顾客总数 \qquad (1)$$

或者：

$$客单价=销售总额/成交总笔数 \qquad (2)$$

一般情况下采用公式（1）。对于网店店主来说，如何提升客单价实现店铺利润最大化是他们关注的核心问题。在流量相同的前提下，客单价越高，销售额越高。

 知识链接：客单价举例

某网店是一家品牌女装专营店，最近7天的访客数是230 000人，支付用户数为3 000人，销售额810 000元，计算该网店最近7天的平均客单价。

该网店最近7天的平均客单价=810 000÷3 000=270（元）

客单价的本质是在一定时期内，每位顾客消费的平均价格，离开了"一定时期"这个范围，客单价这个指标是没有任何意义的。在零售术语中，客单价又称ATV，即每一位顾客平均购买商品的金额。客单价计算公式还有三个：

$$客单价=商品平均单价×每个顾客平均购买商品个数 \qquad （3）$$

$$客单价=日均客单价×复购率 \qquad （4）$$

$$客单价=动线长度×停留率×注目率×购买率×购买个数×商品单价 \qquad （5）$$

与其相关的还有"客单量（UPT）"和"件单价"。

（二）客单价的影响因素

在网店的日常经营中，影响入店人流量、交易次数和客单价的因素有很多，如网店装修、商品类目的广度和深度、商品详情页的设计、商品储备、补货能力、促销活动方案设计、员工服务态度、对专业知识的熟悉程度、推销技巧、关联推荐、商品品质、商品价格、客户购买能力以及竞争对手等。其中对客单价影响比较大的因素有商品品质、商品类目的广度和深度、关联推荐、促销活动、推销技巧、商品定价、客户购买能力、重复购买。商品品质是整个网店运营的基础，离开商品品质来谈流量、转化率和客单价只能是暂时的。

1. 商品类目的广度和深度

商家在网上开设店铺之初，一般就已经决定自己店铺的经营范围和主要类目。当店铺发展到一定阶段，商家需要开始考虑商品类目的广度和深度，以进一步提升客单价。

（1）商品类目的广度

商品类目的广度是指店铺经营的不同商品类目数量的多少。一般而言，店铺经营商品类目的广度越广，买家的选择余地越大。如果商家对不同类目的商品进行有效搭配或关联营销，就能在最大程度上提升人均购买笔数，进而提升店铺的客单价。

淘宝网是当今世界上销售商品类目广度最广的零售平台，可以说无所不包，这也是淘宝网的竞争优势所在。但具体到淘宝网上的某一家店铺，其经营的商品类目广度是有限的。例如，海澜之家官方旗舰店经营的男装类目有 T 恤、POLO 衫、衬衫、夹克、休闲裤、牛仔裤、西服、卫衣、针织衫、配饰等，如图 5-1 所示。

图 5-1　海澜之家官方旗舰店

（2）商品类目的深度

商品类目的深度是指一个商品类目下的 SKU 数。商品类目的深度能反映一家店铺的专业程度，类目下所涵盖的 SKU 数越多，表示店铺越专业，访客越容易精准找到自己所需的商品，店铺也就越容易赢得买家对其专业程度的认可。

例如，海澜之家官方旗舰经营的男士 POLO 衫类目下有 120 个款式，平均每个款式有 3

143

个颜色、6 个尺码，其类目深度达到 2 160 个 SKU。牛仔裤类目下有 21 个款式，每个款式有 12 个尺码，共有 252 个 SKU。配饰类目下有太阳镜、皮带、领带、袜子和内裤，仅皮带就有 97 个款式，每个款式下有 3～5 个尺码，皮带的 SKU 数达到 400 左右，如图 5-2 所示。

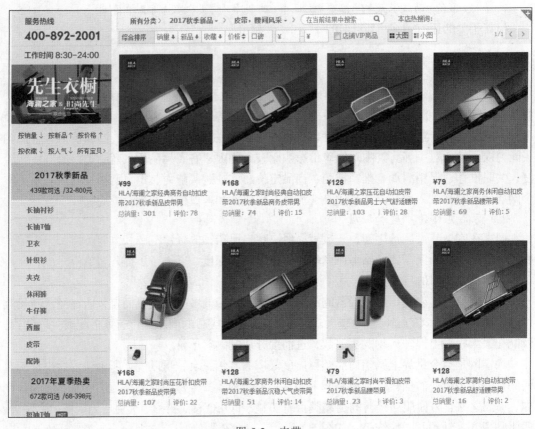

图 5-2　皮带

当网店经营的产品达到一定的宽度和深度时，访客的选择范围更广，访客也能更方便地找到适合自己的产品，产品之间的搭配也会因此变得更容易，如"POLO 衫+牛仔裤+皮带"就是一个不错的组合，这对客单价的提升非常有利。

知识链接：一单成交 30 万美元的前提

　　开篇案例中的小伙子之所以一单能卖到"30 万美元"，是因为他工作的百货公司应有尽有，这是前提条件。店铺一般是通过扩大组合来提升客单价的，要做到这一点就要求经销商和店长必须在产品组合上做到多元化，不光要有主销产品，还要有各种配套产品的组合，如小饰品、鞋子、包包、丝巾、项链，甚至是化妆小件等组合，只要是相关互补的产品都可以有。

2. 关联推荐

关联推荐是指通过向消费者推荐关联商品，促使其在购物中对多种商品产生兴趣，并最终购买多种商品的一种营销行为。以人群的行为特征进行细分，关联推荐可分为以下三类：产品功能存在互补关系、产品人群认可度较高、产品功能相似。关联推荐对提升客单价，增加回头客，提升回购率，减少店铺内跳失率，提升 PV、浏览深度及转化率都有作用。

在促成顾客对不同类商品的购买过程中，应考虑关联性商品和非关联性商品。利用这种互补性和暗示性的刺激购物拉动顾客购买同类或异类商品。做关联推荐的目的就是为了让店铺其他宝贝获得更多的展现机会，关联推荐其实是一种非常常见的店铺营销手段，但想要做好关联推荐就看谁最了解买家心理，因为只有这样才能够更好地运用关联推荐。关联推荐对买家来说可以实现功能互补，对于卖家来说则可以实现高客单价。例如，卖服饰的可以搭配鞋子或者配饰等。等到换季时期，想要变换商品使其从夏季过渡到秋季，那么关联推荐就是一个很好的方法，可以在夏季款宝贝详情页后面的位置添加秋季款宝贝，推荐的宝贝如果能引起买家的兴趣，那么能够加深访问深度，增加成交的可能性。关联推荐常用的技巧有以下几种。

（1）关联展示

在网店经营过程中，将关联的、可以搭配的商品进行关联展示或组合展示，可以达到提高客单价的作用。

知识链接：啤酒和尿不湿

啤酒和尿不湿是两个完全不相关的商品，但美国沃尔玛超市的数据分析人员在做数据分析的时候发现，每到周末同时购买啤酒和尿不湿的人较平时增加很多。他们感到很奇怪，本着数据分析中溯源的原则，他们对数据进行了进一步挖掘并且走访了很多同时购买这两样商品的顾客。

他们发现这些顾客有几个共同的特点：一般是周末出现这种情况，购买者以已婚男士为主，他们家中有孩子且不到两岁，有尿不湿的刚需，他们喜欢看体育比赛节目，并且喜欢边喝啤酒边看。顾客有喝啤酒的需求，周末是体育比赛扎堆的日子，所以出现这种关联销售多在周末的时候。

发现这个秘密后，沃尔玛超市就大胆地将啤酒放在尿不湿旁边进行陈列，让这些顾客购买起来更方便。实验结果发现二者的销售量都有大幅度的提升。这是一个典型的利用关联展示提升业绩的案例。

（2）关联销售

当访客为选购某款服装发起咨询时，优秀的客服应该马上想到这件衣服可以搭配其他什么商品效果会更好。客服在解答访客疑问的同时需要做的是主动、热情为客人进行服装搭配推荐，让客人看到整套着装效果。例如，如果访客选中的是单裙，那客服可以帮她搭配合适的上衣、衬衣、毛衫等；如果客人选择的是毛衣，也可以帮她搭配外套、裤装或裙子，甚至还可以为她搭配精致的毛衣项链、皮包、胸针、皮带等。

知识链接：一单成交 30 万美元中的关联销售

让一个顾客能多带点东西走，这是提高客单价更直接的方法，开篇故事说的是一个销售员针对一个没有购买需求的顾客，向他提议周末可以钓鱼，所以向他推荐了鱼钩、鱼线、船，再到丰田豪华"巡洋舰"，单笔金额达 30 万美元。所以提高客单价很重要的手段不是把一个根本不值这么多钱的东西卖得超出其自身的价格，一个鱼钩你要卖 30 万美元那简直是异想天开，而是给顾客推荐更多他需要的产品。这就要看店铺的关联搭配销售和客服的推荐能力了。

（3）巧用促销

网店经常会举办一些促销活动，例如，满 300 元送 100 元、买二送一、买 200 元抵 80

元、一件 8 折两件 7 折等，这些促销活动一方面可以带动人气，提升店铺业绩，另一方面也能帮助提升客单价。当访客联系客服时，客服应不失时机地发出促销广告，激发顾客的购买需求，提升客单价。

（4）多用备选

当访客需要客服向他推荐商品时，不要只向顾客推荐一件商品，可以同时推荐给他两件或三件商品，当然这三件商品要有所差异。原因很简单，三款比一款带来的成功概率高，何乐而不为呢？况且，还有一个很大的可能，就是顾客在展示的三件中有可能选择了其中两件，那商家的生意将有可能翻一番。

3. 促销活动

消费者喜欢促销，原本打算只买一件商品，但由于促销，感觉多买几件就会有更高的优惠，所以常常会不自觉地多买几件本来可有可无的商品，特别是女性消费者多会这样做。既然客单价是商品数量与商品单价的乘积之累计，那么通过促销活动促成顾客购买本不想买的东西或者想买的东西多买，就能体现促销活动对提升客单价的作用。提高客单价常见的促销方式有以下几种。

（1）捆绑销售

捆绑销售也称为附带条件销售，即销售商要求消费者在购买某产品或者服务的同时也得购买其另一件产品或者服务，并且把消费者购买其第一件产品或者服务作为其可以购买第二件产品或者服务的条件。捆绑销售这种方式其实是降价促销的变形，店铺里常做的捆绑销售是将两件衣服按照最高价格的那一件出售，或者买第二套衣服时给予优惠，如图 5-3 所示。这些都可以增加同类商品的销量，大部分还可以增加单个顾客销售额。

图 5-3　捆绑销售

（2）买赠活动

买赠活动是一种与捆绑销售类似的促销途径，这种促销方式常见于新品的搭赠促销，或者是一些即将过期商品、待处理商品的处理上，同样也能够刺激同类商品的销售。如买一件衣服只需多加 1 元钱就可以拿走比第一件衣服价格更低的衣服等。图 5-4 为某美的专卖店销售洗碗机的促销活动——向买家赠送双立人锅具。

（3）降价促销

降价促销是指通过降价方式刺激顾客多买。由于存在商品的价格弹性，对于那些价格弹性大的商品，通过降价促销这种方式能有效提升顾客的购买量。图 5-5 为某网店新品上市 8 折促销。

图 5-4　买赠活动

图 5-5　降价促销

（4）套餐搭配

　　买家看到一款喜欢的宝贝后，就会注意宝贝的价格，看看价格是否在自己的消费范围内，是否还有比这更便宜的价格，这时如果商家能够抓住买家的心理，清楚他们的消费需求，对宝贝进行套餐搭配，用更实惠的价格打动买家，也能够为店铺增加销量和利润。

　　例如，一个买家看上了店铺的一款热卖裤子，有的买家就会考虑，一条裤子是否够穿，是不是还要买一件上衣搭配一下，这时如果商家能够提供搭配套餐给买家选择的话，那么就有很大的机会把两款商品同时销售出去，这样店铺的客单价就上来了。图 5-6 为某网店销售的运动套装搭配。

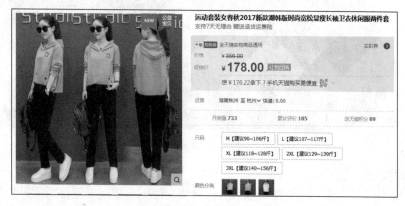

图 5-6　套装搭配

假设衣服本来有 20 块的利润，裤子也有 20 块的利润，那么搭配套餐可以适当地把售价降低 10 元，当然，优惠的力度越大，成交的可能性就越高，如果店铺有什么新品需要基础销量的，也可以采用这种方法，以薄利多销的形式提高客单价。

（5）店铺优惠券

店铺优惠券是为了提高销量和客单价常用的一种促销手段，通过鼓励买家的方式，让买家消费够一定金额就赠送优惠券。这种促销手段不仅能够提高客单价，也有助于客户的维护；而且买家的二次回购对宝贝的权重提升也是很有帮助的；同时这也能够让买家对店铺更加了解，让他们成为店铺的优质好客户。图 5-7 为纯竹工坊发布的店铺优惠券。

图 5-7　店铺优惠券

（6）满就送

满就送其实和上面所说的优惠券道理差不多，也是鼓励买家消费到一定金额就送一些小礼物之类的。这种促销方式不仅能够提高店铺客单价，也能够提升买家的购物体验。图 5-8 为骆驼男装的促销活动——单笔实付满 300 送 300 元券。

图 5-8　满就送

4. 推销技巧

对于店铺来说，客服的专业性可以大大提升成交率，事实上专业性对提升客单价也同样重要。因为只有树立专业的顾问形象才能取得访客的信任，进而访客才会听取客服的建议，采纳客服提供的方案，尤其是定制行业。利用专业性提升客单价一般有以下两种情况。

（1）扩大产品组合提升客单价

通过给访客的合理搭配销售更多的商品，如某位访客为购买大衣前来咨询，客服可以利用专业知识将店内的其他商品一并介绍给他；访客来购买裤子，客服可以推荐几件小衫，同时将腰带、项链、衬衣等一起推荐给顾客。

（2）通过价位升级提高客单价

如顾客购买商品的预算为 300 元，通过客服专业性的介绍与搭配建议，就可以让顾客接受 500 元甚至更高价格的商品。每个人都有虚荣心，只要在这方面多下点功夫，学会赞美客人，是可以让顾客购买价值更高的商品的。如果顾客的消费预算是固定的，有效地利用陈列和促销手段可以推动消费者的消费升级，这也是一种比一般促销更有效地提升客单价的办法。

推销技巧的关键在客服的能力，商家要想通过客服提高客单价，其绩效考核制度也要与之配套。将客服销售商品的连带率与客服薪水结合在一起不失为提升客单价的一个好办法。例如，某品牌 2017 年销量与 2016 年相比增长了 80%多，除自然增长率和市场品牌运作外，提升客单价也起到了非常大的作用。网店经理运用差别的提成方式刺激员工整套销售产品：卖一件羽绒服客服提成为 1%，顾客成交价为 8 折；羽绒服+内搭+裤子客服提成为 1.2%，顾客成交价为 7.5 折；羽绒服+内搭+裤子+围巾+配饰客服提成为 1.5%，顾客成交价为 7 折。这种导购提成分级与顾客成交价分级的方式既刺激了客服整套销售，也给了消费者很大的优惠，增加了其对商品的吸引力，通过这种双重刺激，客单价得到了很大的提高。

知识链接：销售意识重于销售技能

意识决定行为，要改变一个人的行为就必须先改变他的意识。开篇案例中的小伙子能一单销售 30 万美元，关键在于他的销售意识，如果没有这种意识他可能只能销售一包卫生巾。如果没有整套产品的销售意识，肯定是哪个产品好卖客服就推销哪个，他们绝对不会推销那些看似边缘化的产品，因为这样可能会导致本该成交的订单化为泡影，前功尽弃。商家必须经常提醒你的客服，甚至可以组织各种竞赛提升他们的这种意识。

5. 商品定价

如果顾客消费商品的数量是固定的，如一个家庭一般只买一台冰箱，那让顾客买价值高的冰箱，显然客单价就增加了。在这些方面，采用一些看似无形却有意的引导方式引导顾客进行消费升级，显然是一种很好的策略。

如果顾客买的是高价位商品，最后成交的金额有可能是平常一单的很多倍。在顾客消费能力允许、个人意愿相差不大的情况下，为什么不推出更高价位的商品呢？即使顾客没有选择，那么在商家推荐高价位商品之后，再去推荐其他商品，顾客在心理上也会更容易接受，觉得这些更便宜、更实惠。以女装 T 恤为例，在同等条件下有 52%的人接受 34～93 元的价位，某个商家选择的价位范围就是 69～89 元，生产成本在 30%左右，也就是 20～30 元，利润可观，客单价也高。

6. 客户购买能力

客户购买能力是指客户购买商品的支付能力。客户对商品的需求和爱好与其购买能力有很大关系。需求和爱好要以购买能力为基础，经济条件好、收入多，对商品的需要、爱好才能实现。客服要根据访客的购买力，判断其消费心理需求，再向客户介绍和推荐合适的商品，这样往往成交率较高。

购买能力强的客户是店铺的 VIP 客户，他们的消费能力强，成交客单价高，能为店铺带来更多销售额。他们是最好的消费人群，既有充足的支付能力，又有购买意愿，挣他们的钱实在不是件难事，关键是要知道他们喜欢什么。对客服来说，当他们进入店铺，发起咨询时，要快速识别他们，获悉他们的偏好，然后加以引导，促使其成交，而且是多成交。

7. 重复购买

在销售行业有这样一句话：产品卖出去只是销售的开始。这句话的内涵就是销售人员不但要重视本次成交，更要维护好顾客，对顾客进行深度开发，争取客户进行更多次数的消费。

（1）客户回访

利用电话、短信或网络回访，了解顾客的商品使用状况和对商品的满意程度，如有不满意的地方商家需要及时做出补救，或者赠送一份小礼品；如顾客满意度较高，可以请顾客进行分享或转发。

（2）活动参与

在促销活动中，商家应该将老顾客纳入其中，以增加互动的机会，进一步沟通感情；如可以邀请老顾客过来领一份礼品，可以让老顾客参与以旧换新等让利活动。

（3）售后服务

售后服务不只是解决顾客投诉的一种方式，它更是提升顾客满意度的一个手段，关键在于商家怎么去用。

（三）客单价的分析指标

客单价能否提高主要取决于商家的价格政策、价格带的合理配置、商品展示的位置、客服的能力及商品的质量等影响因素。根据客单价计算公式（见任务 2），作为顾客店内购买行为结果的客单价，一般包含 6 个关键指标：动线长度、停留率、注目率、购买率、购买个数和商品单价，如图 5-9 所示。商家在提高客单价的过程中，最重要的是要根据这六个关键指标采取具体的、可操作的营销方法。

动线长度　停留率　注目率　购买率　购买个数　商品单价

图 5-9　客单价的分析指标

1. 动线长度

动线指的是客户的行为路径。当客户进入店铺，通过搜索关键词、类目或者促销广告，到商品详情页，到购物车……直到结算离开，这就是一条动线。在客户浏览页面的过程中，店铺的动线就是要在合适的地方向合适的客户进行精准的推荐。一个合理的购物动线可以达到两个目的：高客单价和高转化率。

动线长度是指动线上陈列的不同商品的数量。店铺的动线设计就是让顾客在店内购物的过程中尽可能地访问更多的页面，看到更多的商品，增加 UPSALES（增加销售）和 CROSSSALES（关联销售），从而促使客户购买的商品件数增加，提升客单价。

通过合理的商品布局和元素组合，引导用户按照尽可能长的浏览路径，付出尽可能多的停留时间，以达到事先设定的运营指标。因此在进行店铺页面装修设计时，首先考虑的是商品的整体布局。要想实现有效率的商品布局，必须注意以下内容：网店中商品类目的广度和深度、各商品类目的购买率（区分计划购买率高的商品类目和非计划购买率高的商品类目）、各商品类目之间的购买关系，顾客的购买习惯和购买顺序，符合消费者生活习惯的商品组合，店内动线模式和客单价之间的联系，各商品类目之间的关联推荐。好的动线设计可以延长顾客在店内的停留时长。

知识链接：电影网络选座动线

随着网络技术的不断发展，去电影院看电影也可以直接通过网络选座。电影网络选座动线首先是确定去哪家电影院，然后确定观看哪部电影，选择观影时间，选择观看场次，再选择座位，接着是购买结算。

2. 停留率

如果顾客在店内只浏览不下单，则对于商家不会产生任何价值。只有当顾客在商品详情页停留并仔细查看商品信息时，才能产生实际的购买动机。网店装修时必须考虑以下一些内容：登录页的选择、详情页的设计、关联推荐、促销活动、分类页的设计、首页的导航、商品展示方式等。

停留率=总停留次数/动线长度

顾客访问浏览某个商品详情页可以确定为一次停留。

3. 注目率

注目率是指商品在网店中吸引顾客目光的能力或者称为"视线控制能力"。为了能更多地吸引顾客注意，生产厂家不断地设计新的包装、采用新的色彩等，在商品详情页展示自己的商品和品牌，期望能够吸引更多的顾客目光以促进销售。在商品展示方面要注意以下几个方面：商品的分类、商品的表现形式、商品的展示位置、商品的色彩表现、商品的主图设计等。

注目率=注目次数/总停留次数

顾客访问某个商品详情页的停留时长超过一定时间就可以确定为一次顾客注目。

4. 购买率

如果停留下来的顾客中断了购买决策或者延期购买，停留就变得毫无意义。因此，按顾客的购买习惯合理地进行商品的配置、商品色彩的组合、商品的展示、促销广告的设计等都会起到刺激顾客进行购买决策的作用。

购买率=购买次数/总注目次数

5. 购买个数

顾客购买的商品个数越多，其客单价也就越高。增加顾客购买商品个数的主要途径在于尽可能地唤起顾客的购买欲望。具体的做法可以通过大量展示、关联推荐、促销广告、品牌商品、新商品、季节商品和特卖品的合理配置等，唤起顾客的兴趣与注意，刺激顾客的联想购买和冲动购买。

6. 商品单价

提高顾客购买商品的单价主要取决于商家的价格政策、价格带的合理配置、商品展示的位置及商品的质量等。

网店在数据化运营方面有着天然的优势，可以进行精确化管理和网店经营方法的设计，从而使得客单价在商家可控制的范围内得到稳步的提高。

三、任务实战

导购路线设计

1. 相关知识

国际著名的品牌专家马蒂先生曾说，衡量一名导购的销售能力是否过硬，要看他对同一顾客卖出了多少件商品，而不只是对不同顾客各卖出了一件商品而已。导购作为连接顾客与品牌的最直接纽带，是品牌运作的基础组成人员。

从最直接的因素来讲，导购的关联销售技巧在零售情景中是实现客单价倍增的关键技能。对网店来说，这就需要售前客服人员熟悉导购路线和掌握娴熟的接待顾客的技巧。

2. 任务要求

请为网店的售前客服人员面对的某个场景设计一个清晰的导购路线，引导消费者尽量多地购买商品，通过提高单客购买量来提升网店客单价。

本任务选择的网店是天猫的"天天好大药房旗舰店"，主营商品有 OTC 药品、医疗器械、隐形眼镜、彩色隐形眼镜等。天天好大药房是一家大型药品零售连锁企业，总部位于浙江省杭州市，如图 5-10 所示。

图 5-10   天天好大药房旗舰店

售前客服面对的某个场景为"有顾客会告诉售前咨询（具备药师资格）他在拉肚子，今天已经腹泻四次，希望帮他推荐相关产品"。

3．任务实施

（1）理论基础

设计一个清晰的导购路线来引导消费者尽量多地购买商品，首先在了解消费者身体实际状况的基础上推荐治疗药物，做到对症下药，然后推荐辅助药物，缓解消费者的身体不舒服的感受，再推荐康复药物，帮助消费者尽快复原。

（2）实施步骤

步骤1：详细咨询身体状况；

步骤2：根据症状推荐治疗药物；

步骤3：推荐辅助药物；

步骤4：推荐康复药物；

步骤5：建立导购路线模板；

步骤6：撰写《××网店××场景下的导购路线设计》；

步骤7：做好汇报的准备。

（3）成果报告

天天好大药房针对细菌性肠炎患者的导购路线设计

1．接待顾客，问清详情

当顾客告诉售前客服（具备药师资格）他在拉肚子，昨天晚上腹泻四次，希望帮他推荐相关产品时，售前咨询不能直接或简单地回复他用哪种药，而应通过细致深入的问话，来了解顾客腹泻的原因、频率、腹痛的情形和大便的性状等，从而判断顾客的病情。

2．根据症状推荐治疗药物

如果售前客服判断这个顾客是细菌性肠炎引起的腹泻，该首先向其推荐一款抗感染药物来对抗感染，常用的药品有×××等抗菌药，以帮助顾客消灭细菌，阻止腹泻。如果判断顾客是病毒性肠道感染，则推荐抗菌药是没有用的，需要另外推荐药品。这里针对顾客细菌性肠炎引起的腹泻推荐药品。

3．推荐辅助药物

在向顾客推荐抗生素治疗腹泻的同时，售前客服还要告诉顾客要做好防御措施，保护好消化道黏膜，常用的药品是×××，主要成分为蒙脱石。蒙脱石口服后能均匀地覆盖在消化道黏膜表面，抑制各种消化道病毒、病菌及其产生的毒素，并提醒顾客在服用×××之前1小时或之后2小时再服用抗生素。相信大多数顾客都能够接受这一步的推荐。

4．推荐康复药物

接着售前客服向顾客介绍："人体肠道里的微生物至少有400种，90%以上是常住在人体肠道中的，如果它们的比例、种类、数量发生明显变化，产生混乱，同样会引起腹泻、腹胀、胀气等症状。"随后建议顾客应配合服用益生菌类产品，帮助顾客调节肠道菌群平衡，再推荐多种维生素矿物质来补充几次腹泻脱水导致的电解质流失。

5．建立导购路线模板

综上所述，天天好大药房售前客服针对细菌性肠炎患者的导购路线为"抗感染药+缓泻剂+益生菌+多种维生素矿物质"，这就是一个细菌性肠炎的导购路线模板，既帮助顾客解决了实际问题，又提升了单客购买量。类似的导购路线模板应该在店铺内部进行广泛推广，促进全店客单价和销售额的提升。

四、拓展实训

实训 1　设计与评估提升客单价的促销方案

1. 实训背景

淘宝天猫店能有效提升客单价的促销方式有：组合促销、满额促销、优惠券促销、惠赠式促销等。

组合促销是指为鼓励销售，店铺会对几组不同商品进行有机组合后展开特价促销，常见于一些套餐组合。组合促销主要有以下几种方式：一是搭配套餐，如将两件商品搭配成套餐销售；二是捆绑式促销，如买 A 赠送 B 或者加一元多一件商品；三是连贯式促销，如一件八折、两件七折、三件六折。

满额促销是商家打出的一种促销活动，购物者只要购买达到一定金额后即可得到一定的优惠。常用的满额促销主要有以下几种方式：一是满就送，如满 258 送价值 50 元的礼品一份；二是满就减，如满 150 元减 30 元或者满 80 元包邮。

优惠券促销是指通过给持券人某种特殊权利的优待（如享受一定现金抵扣）来促进商品销售，它能够增加顾客的购买欲望、提升店铺的营业额。优惠券需要客户到店铺指定地点来领取，一般优惠券还会设置一定的门槛，如 10 元优惠券的使用条件是购物满 100 元，客户为了使用 10 元优惠券就会设法提高购物金额，从而促进客单价的提升。

惠赠式促销是指商家主动向客户赠送礼品来吸引其购物的一种促销方式。常见的惠赠式促销有买一赠一、买多赠一、买多送多、送红包、送积分、神秘礼品等。

2. 实训要求

为自己经营的网店设计一个以提升客单价为目的的促销活动方案，在促销活动方案实施一段时间后再对该促销活动方案的效果进行评估，对比促销活动方案实施前后的客单价、转化率和访客数，并计算访客参加促销活动的参与率，分析其中成功的因素和不足之处，然后提出对策，改进促销活动方案，为下一期促销活动做好准备。

实训 2　分析小米公司的连带销售策略

1. 实训背景

据国外媒体报道，小米全球副总裁雨果·巴拉（Hugo Barra）在接受采访时表示，小米"可能卖出 100 亿部智能手机，而（公司）的利润却为零"。他还补充道，小米基本上就是在"不赚钱"的情况下送出自己的智能手机，另外，雨果·巴拉还表示，小米并不需要进行 IPO 乃至私募融资。那么小米手机不赚钱，不融资，靠什么养活那么多人呢？

① 低价硬件吸引客户，靠软件+移动互联网赚钱。

小米通过低价硬件拥有大量用户之后，社交游戏、搜索分成、流量、广告、小说、购物等一切移动互联网的盈利模式都能被嫁接进来。小米的赚钱模式主要集中在 MIUI 上：其一是把壁纸、音乐、云服务、小说阅读等可以收费的项目都打包装进了系统；其二是推广小米本身的产品，投资移动互联产品，如金山旗下系列产品、迅雷、爱奇艺、凡客、YY 等；其三是靠 MIUI 流量广告挣钱，现在各种 App 都需要在手机厂商应用商店上大量推广，在应用商店上推广也成为互联网企业的重要推广手段，应用商店的赚钱途径可想而知。

② 低价获取大量用户后在周边配件上挣钱。

小米通过低价手段获取大量的用户之后在配件上赚钱，因为手机配件十分抢手。普通人可能两到三年才换一个手机，但是绝对不会两到三年才换手机贴膜和手机壳。消费者可能只有一部手机、一台平板，但保护壳、保护套往往不止一个。小米手机配件销售额已经相当可观，随着小米手机的销量翻倍，其配件带来的销量更可想而知。

③ 小米靠预装和 MIUI 广告挣钱。

手机厂商会在手机中预装各种软件，这些手机里的预装软件都不是白来的，而是软件供应商向手机厂家付费买来的预装权。几乎所有的中国手机厂商都自建了相应的应用商店。消费者只要通过这些应用商店安装应用，手机厂商就开始挣钱了。要知道，在应用市场里，除了一些预留给首发应用的推广位，大多数的展示位置都是要花钱买的，开发者要让自己的应用在应用市场上脱颖而出，一定要进行必要的投入。当然还有手机厂商默认安装的浏览器，里面的广告位也是收费的。

④ 联合开发手机游戏赚钱。

国内几乎所有的安卓厂商都有自己的游戏分发体系，像小米的游戏中心，还有一直坚持所有应用和游戏都放在一个应用商店的魅族。从目前看来，最有效的增值收入就是游戏。小米 CEO 雷军和 MIUI 负责人洪峰公开透露的数据显示，小米目前平均每个月至少有 20 多亿的数字内容收入，其中大部分是游戏。

2. 实训要求

低价获取大量用户后连带销售周边配件挣钱是小米公司主要的盈利方式之一，请以小米公司的某个具体产品为例，分析其是如何利用连带销售策略赢取利润的，要求用思维导图来呈现小米公司的连带销售策略。

任务小结

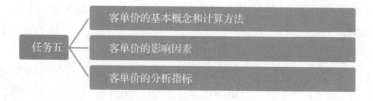

同步习题

（一）判断题

1. 客单价是指顾客的平均交易金额。（　　　）
2. 网店的销售额是由客单价和顾客数（客流量）决定的。（　　　）
3. 商品类目的广度是指一个商品类目下的 SKU 数。（　　　）
4. 商品定价越低越好。（　　　）

5. 在销售行业有这样一句话：产品卖出去销售就完成了。（　　）

（二）不定项选择题

1. 某网店的女士 T 恤类目下 80 个款式，平均每个款式有 4 个颜色，5 个尺码，其类目深度为（　　）个 SKU。

  A. 80   B. 320   C. 400   D. 1 600

2. 以人群的行为特征进行细分，关联推荐可分为（　　）。

  A. 产品功能存在互补关系   B. 产品人群认可度较高

  C. 产品功能相似   D. 以上都不对

3. 客单价的影响因素有（　　）。

  A. 商品类目广度和深度   B. 关联推荐

  C. 促销活动   D. 客户购买能力

4. 顾客店内购买行为结果的客单价包含的关键指标有（　　）以及购买个数和商品单价。

  A. 动线长度   B. 停留率   C. 注目率   D. 购买率

5. 对客单价的计算公式描述正确的是（　　）。

  A. 客单价=销售总额÷顾客总数

  B. 客单价=商品平均单价×每个顾客平均购买商品个数

  C. 客单价=日均客单价×复购率

  D. 客单价=动线长度×停留率×注目率×购买率×购买个数×商品单价

（三）简答题

1. 关联推荐常用的技巧有哪些？

2. 提高客单价常见的促销方式有哪些？

3. 简述动线长度对客单价的影响。

4. 谁是店铺的 VIP 客户？他们具备什么特征？

5. 商家要想通过客服提高客单价，该如何制定绩效考核制度。

（四）分析题

快分销是快手电商平台的"智能招商与选品服务器"。这个工具背后的关键词是：供给大升级。它要实现的核心功能是进一步丰富快手电商生态的品牌、货物供给，让更多优质的品牌好物通过快手电商平台与消费者实现便捷高频连接，从而为品牌方、达人、消费者的大消费闭环提供更优解。

快手电商分销生态始于 2020 年，2020 年 10 月好物联盟上线一个月，分销 GMV 破 10 亿；2021 年 11 月，选品中心上线，人货匹配更智能。2021 年 1 月好物联盟达人广场 1.0 上线，货找人更高效。2021 年 2 月，分销推广者破百万。2021 年 8 月达人招商全新上线，人找货更便捷。

快手电商供给侧解决方案的关键是通过算法圈出优质商品，匹配更多权益。请你谈谈该算法应包含哪几项数据指标？

任务六　客户数据分析
——客户关系管理的基础

【知识目标】	1. 理解客户分析的概念，掌握客户分析的主要内容；
	2. 熟悉客户分析指标；
	3. 掌握客户分类的常用方法，了解客户细分模型；
	4. 理解和掌握客户忠诚度分析；
	5. 理解和掌握客户生命周期分析；
	6. 掌握访客特征分析；
	7. 掌握访客行为分析。
【技能目标】	1. 具备绘制访客画像的能力；
	2. 具备基于 RFM 模型细分客户的能力；
	3. 具备 SEM 营销中的受众分析能力；
	4. 具备退货客户数据分析能力。
【基本素养】	1. 具有数据敏感性；
	2. 善于用数据思考和分析问题；
	3. 具备收集、整理和清洗数据的能力；
	4. 具有较好的逻辑分析能力。

一、任务导入

英国 Tesco 的忠诚度计划

Tesco（特易购）是英国最大、全球第三大零售商，它有着超过1 400万活跃持卡人，在客户忠诚度方面领先同行，如图6-1所示。同时，Tesco也是世界上相当成功、利润很高的网上杂货供应商。Tesco同沃尔玛一样在利用信息技术进行数据挖掘、增强客户忠诚度方面走在前列。它用电子会员卡收集会员信息，分析每一个持卡会员的购买偏好和消费模式，并根据这些分析结果来为不同的细分群体设计个性化的优惠信息。

Tesco的会员卡不是一个单纯的集满点数换奖品的忠诚度计划，它是一个结合信息科技、创建消费者的数据库并对其进行分析，并据此来获取更精确的消费者细分数据以及制订更有针对性的营销策略的客户关系管理系统。通过这样的过程，Tesco根据消费者的购买偏好识别出6个细分群体，根据生活阶段分出了8个细分群体，根据使用和购买速度划分了11个细分群体，而根据购买习惯和行为模式来细分的目标群体更是达到5 000组之多。而它为Tesco带来的好处包括以下几个方面。

（1）更有针对性的价格策略：有些价格优惠只提供给价格敏感度高的组群。

（2）更有选择性的采购计划：进货构成是根据数据库中所反映出来的消费构成而制定的。

（3）更个性化的促销活动：针对不同的细分群体，Tesco设计了不同的优惠信息，并提供了不同的奖励和刺激消费计划。因此，Tesco优惠券的实际使用率达到20%，而不是行业平均的0.5%。

（4）更贴心的客户服务：详细的客户信息使得Tesco可以对重点客户提供特殊服务，如为孕妇配置个人购物助手等。

（5）更可测的营销效果：针对不同细分群体的营销活动可以从他们购买模式的变化看出活动的效果。

图6-1　Tesco

Tesco值得借鉴的方法是品牌联合计划，即几个强势品牌联合推出一个客户忠诚度计划，Tesco的会员制活动就针对不同群体提供了多样化的奖励措施。例如，针对家庭妇女的"Me Time"（"我的时间我做主"）活动：家庭女性可以利用日常购买中积累的点数换取从当地高级美容、美发沙龙到名师设计服装的免费体验或大幅折扣，这些奖励有助于消费者满意度和忠诚度的提高。

思考：

1. 请说说英国 Tesco 的忠诚度计划是什么样的。
2. 英国 Tesco 是如何细分客户群体的？
3. 请你谈谈品牌联合计划对参与各方的好处。

二、相关知识

（一）客户分析的概念及主要内容

1．客户分析的概念

客户分析就是根据客户信息数据来分析客户的各种特征，评估客户价值，从而为客户制订相应的营销策略与资源配置计划。通过合理、系统的客户分析，商家可以知道不同的客户有着什么样的需求，分析客户消费特征与经营效益的关系，使运营策略得到最优的规划。更为重要的是客户分析可以帮助商家发现潜在客户，从而进一步扩大商业规模，使企业得到快速的发展。商家可以从以下几个方面入手，对客户数据信息展开分析。

（1）客户个性化需求分析

随着企业经营理念的转变，"以客户为中心"的经营理念越来越受到商家的推崇，客户个性化的需求分析越来越受到商家的关注。客户关系管理（Customer Relationship Management，简称 CRM）是以客户为核心的，分析客户的个性化需求也是客户关系管理的一个重要内容。

通过客户个性化需求分析，商家可以了解不同客户的不同需求，从而采取有针对性的营销活动，使得企业的投资回报率达到最大。

（2）客户行为分析

利用客户数据信息，商家可以了解到每一个客户的购买行为，通过对这些客户行为的分析可以了解客户的真正需求。客户行为分析是客户分析的重要组成部分，通过客户行为分析可以知道哪些客户行为会对商家的利润产生影响，商家可以通过调整策略来改变客户的行为，进而改善客户与商家之间的关系。

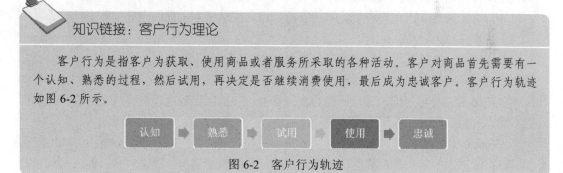

> 知识链接：客户行为理论
>
> 客户行为是指客户为获取、使用商品或者服务所采取的各种活动。客户对商品首先需要有一个认知、熟悉的过程，然后试用，再决定是否继续消费使用，最后成为忠诚客户。客户行为轨迹如图 6-2 所示。

图 6-2　客户行为轨迹

（3）有价值的信息分析

要做到以客户为中心，商家就必须对客户进行分析。商家通过客户分析可以进行科学的决策，而不是将决策建立在主观判断和过去经验的基础之上。通过客户分析，商家可以获得许多有价值的信息，例如，某次促销活动中客户对哪些促销方式感兴趣，哪些产品不适宜进行促销，影响客户购买促销品的因素有哪些，客户再次参加类似促销活动的可能性有多大等。这些有价值的信息有利于商家进行科学的决策。

客户分析是客户关系管理的重要内容。

2．客户分析的主要内容

客户分析的内容很多，根据客户关系管理的内容，将客户分析的主要内容概括为以下六个方面。

（1）商业行为分析

商业行为分析就是商家通过分析客户的分布状况、消费情况、历史记录等商业信息来了解客户的综合状况。商业行为分析包括产品分布情况分析、客户保持分析、客户流失分析等。

产品分布情况分析就是通过分析客户的购买情况，可以对企业的产品在各个地区的分布情况有一个大概了解，商家可以知道哪些地区的客户对本产品感兴趣，从而获得本产品的营销系统分布状况，并根据这些信息来组织商业活动。

客户保持分析就是商家根据客户的交易记录数据，找到对商家有重要贡献度的客户，也就是商家最想保持的客户，然后将这些客户清单发放到企业的各个分支机构，以便这些客户能享受到企业的优惠产品和服务。

交易完成之后，总会有部分客户流失，客户流失分析要求分析出这些客户流失的原因，客户流失量有多大，从而使企业改变商业活动，减少流失率。

（2）客户特征分析

客户特征分析要求商家根据客户的历史消费数据来了解客户的购买行为习惯、客户对新产品的反应、客户的反馈意见等。客户的购买行为特征分析主要用来细分客户，针对不同的特征客户采取不同的营销策略。通过客户对新产品的反应特征进行分析，商家可以获得新产品的市场潜力，并且了解不同客户对新产品的接受程度，最终决定新产品是否继续投放市场。

（3）客户忠诚分析

客户忠诚分析对商家的经营战略具有重要意义，保持客户忠诚才能保证企业持续的竞争力。客户只有对商家所提供的产品或服务满意、对企业信任，才会继续购买企业的产品，这样才能提高客户忠诚度。事实证明保持一个老客户的成本与吸引一个新客户的成本是截然不同的，因此保持商家与客户之间的长期沟通与交流对提高企业的利润大有帮助。

另外，客户是企业的无形资产，保持客户忠诚，能从根本上提高企业的核心竞争力。

（4）客户注意力分析

客户注意力分析就是指对客户的意见情况、咨询状况、接触情况、满意度等进行分析。

客户意见分析是根据客户所提出的意见类型、意见产品、日期、发生和解决问题的时间和区域等指标来识别与分析一定时期内的客户意见，并指出哪些问题能够成功解决，而哪些问题不能，分析其原因，提出改进办法。

客户咨询分析是根据客户咨询产品、服务和受理咨询的部门以及发生和解决咨询的时间来分析一定时期内的客户咨询活动，并跟踪这些建议的执行情况。通过对客户的咨询状况的分析，可以了解产品所存在的问题和客户所关心的问题，以及如何来解决这些问题。

客户接触评价是根据企业部门、产品、时间区段来评价一定时期内各个部门主动接触客户的数量，并了解客户是否在每个星期都收到多个组织单位的多种信息。

客户满意度分析与评价是根据产品、区域来识别一定时期内感到满意的20%的客户和感到不满意的20%的客户，并描述这些客户的特征。通过对客户的满意度进行分析，可以了解某一地区的哪些客户对哪些产品最不满意，哪些客户对哪些产品最为满意，进一步了解这些客户的具体特征，并提出产品的改进意见和办法。

（5）客户营销分析

为了制定下一步的营销策略，商家需要对目前的营销系统有一个全面了解。客户营销分析通过分析客户对产品、价格、促销、分销四个营销要素的反应，使商家对产品未来的销售趋势和销售状况有一个全面的了解，通过改变相应的营销策略来提高营销的效果，有助于商家制定更为合理的营销策略。

（6）客户收益率分析

对客户收益率进行分析是为了考察企业的实际盈利能力及客户的实际贡献情况。每一个客户的成本和收益都直接与企业的利润相联系。客户收益率分析能够帮助商家识别对企业有重要贡献价值的20%客户，通过对这些重要客户进行重点营销能够提高企业的投资回报率。

客户分析是商家成功实施客户关系管理的关键。商家所有的经营管理活动都是围绕客户来进行的，对客户进行有效的分析，不仅能提高客户的满意度和忠诚度，而且最终能提高企业的利润，增强企业的核心竞争力。

（二）客户分析指标

客户数据分析必须要有数据基础，而这一基础往往是由客户关系管理系统提供的。当今的市场竞争越演越烈，在外部环境变化的影响下，企业之间、企业与客户间的关系也发生了微妙的变化。所以，更多企业将客户关系管理提上议程。因为，如果没有集成的客户信息，企业将无法进行客户分析，如客户的消费倾向、消费偏好、客户流失分析、市场细分以及对目标客户的营销等。实施集成化 CRM 最行之有效的方法就是建立客户数据仓库（Customer Data Warehouse，简称 CDW）。CDW 就是整合从每一个客户接触点收集到的数据，形成对每个客户的"统一视野"，它能为有效的客户分析提供必要的信息。而只有通过有效的客户分析，企业才能真正地做到在正确的时间，为正确的客户以正确的价格和销售渠道，提供正确的产品或服务。

通过各种渠道收集客户信息仅仅是客户分析的第一步，也是至关重要的一步，因为接下来需要使用某种能洞悉客户消费习惯的分析方法对这些信息进行再加工，综合分析客户的历史数据、趋势、消费心态和地域分布等数据资料，使客户分析的各项结果具有可操作性，即能指导商家在所有客户接触点上的行动。

客户分析指标有利于商家进一步了解客户的得失率和客户的动态信息，它包含以下 7 个方面的内容，如图 6-3 所示。

图 6-3　客户分析指标

1. 有价值的客户数

网店客户包括潜在客户、忠诚客户和流失客户。对于网店来说，忠诚客户才是最有价值的客户，因为他们会不定期来店铺购买商品，而不会出现长时间不购买店铺商品的现象。

一般来说，可将在 1 年内购买本网店商品不低于 3 次的客户数，视为有价值的客户数，这是客户分析的重点。对于那些浏览了网店商品却没有购买商品的客户，其给网店带来的价值很小，其客户分析的重要性也就很小。

2. 活跃客户数

活跃客户是相对于"流失客户"的一个概念，是指那些会时不时地光顾网店，并为网店带来一定价值的客户。客户的活跃度是非常重要的，一旦客户的活跃度下降，就意味着客户的离开或流失；而活跃客户数是指在一定时期（30 天、60 天等）内，有消费或者登录行为的会员总数。

3. 客户活跃率

店铺通过活跃客户数，可以了解客户的整体活跃率，一般随着时间周期的加长，客户活跃率会出现逐渐下降的现象。如果经过一个长生命周期（3 个月或半年），客户的活跃率还能稳定保持在 5%～10%，则是一个非常好的客户活跃的表现。客户活跃率的计算公式为：

$$客户活跃率 = \frac{活跃客户数}{客户总数} \times 100\%$$

4. 客户回购率

客户回购率即复购率或重复购买率，是指消费者对该品牌产品或者服务的重复购买次数。重复购买率越高，反映出的消费者对品牌的忠诚度就越高，反之则越低。决定回购率的是回头客。客户回购率是衡量客户忠诚度的一个重要指标，其计算公式为：

$$客户回购率 = \frac{老客户下单}{所有下单} \times 100\%$$

5. 客户留存率

客户留存率是指某一时间节点的全体客户在某特定的时间周期内消费过的客户比率，其中时间周期可以是天、周、月、季、年等。店铺通过分析客户留存率，可以得到网店的服务效果是否能够留住客户的信息。

简单来说，客户留存率是指一段时间内回访客户数占新增客户数的比率，客户留存率的计算公式为：

$$客户留存率 = \frac{回访客户数}{新增客户数} \times 100\%$$

客户留存率反映的是一种转化率，即由初期的不稳定客户转化为活跃客户、稳定客户、忠诚客户的过程。随着留存率统计过程的不断延展，就能看到不同时期客户的变化情况。

6. 平均购买次数

平均购买次数是指在某个时期内每个客户平均购买的次数，其计算公式为：

$$平均购买次数 = \frac{订单总数}{购买客户总数} \times 100\%$$

7. 客户流失率

流失客户是指那些曾经访问过网店，但由于对网店渐渐失去兴趣后逐渐远离网店，进而彻底脱离网店的那批客户。客户流失率是客户流失的定量表述，是判断客户流失的主要指标，直接反映了网店经营与管理的现状，其计算公式为：

$$客户流失率 = \frac{一段时间内没有消费的客户数}{客户总数} \times 100\%$$

（三）客户细分方法及细分模型

客户细分（Customer Segmentation）是指根据一定的分类指标将商家的现有客户划分到不同的客户群的过程。客户细分不仅对商家的经营管理具有重要意义，而且也是客户关系管理的核心概念之一。将现有的企业客户进行细分，不仅能够降低企业的营销成本，而且有利于企业采取更为有利可图的市场渗透策略。通过客户细分，商家可以识别不同客户群的不同需求，从而针对不同客户采取有针对性的营销策略，这将有利于提高客户的满意度和忠诚度。

客户细分一般是在商家明确的业务目标、市场环境下进行的，它根据客户价值、客户行为、客户偏好等因素对客户进行分类，属于同一客户群的客户具有一定的相似性，属于不同客户群的客户存在一定的差异性。客户细分的理论依据主要有以下几个方面。

（1）客户需求的异质性。客户有需求才会购买商品，不同的客户需求决定了消费者购买不同的商品，进而表现出不同的客户购买行为。客户需求的异质性是客户细分的重要理论依据。

（2）消费档次假说。消费档次假说认为，消费者的消费水平增长不是线性的，而是阶段台阶式的，当消费者的消费水平达到一定档次时就会趋于稳定，并且很长一段时间内不会变化。根据消费档次假说，消费者的消费行为在一定时间范围内是稳定的，是具有规律性的，这就为客户细分在理论上提供了基础和前提。

（3）企业资源的有限性。任何企业的资源都不是无限的，这就要求企业对有限的资源进行合理、有效的分配。客户细分能够帮助商家识别不同客户的不同客户价值，有利于商家针对不同的客户群采取不同的营销策略，将有限的企业资源用于服务好对企业有重要贡献价值的客户。

（4）客户群的稳定性。客户群的稳定性是客户细分的重要前提。如果客户和市场不具有相对的稳定性，客户细分后的结果未来得及进入实际应用，市场和客户就已发生变化，那么这样的客户细分就没有任何实际意义。

1. 客户分类的常用方法

在进行分析客户之前，一般会先对客户进行一定的区分，以保证在做具体客户分析时更有针对性。而这样分类的方法也是多种多样的，下面介绍其中几种。

（1）AB 客户分类

AB 客户分类的分割点采用 2/8 原则：20% 为 A 类客户、80% 为 B 类客户。对于贡献了 80% 利润的所有 A 类客户，企业务必使他们非常满意，而让部分 B 类客户逐渐提高满意度，这样的企业的客户管理工作就是做得比较有效的。因为一个企业的资源是有限的，需要根据客户占用公司的资源比例，选择一定的比例构成分割点来对客户进行分类，合理分配资源。

知识链接：二八法则

1897 年，意大利经济学者帕累托偶然注意到 19 世纪英国人的财富和收益模式。在调查取样中，发现大部分的财富流向了少数人手里。同时，他还从早期的资料中发现，在其他的国家，有这种微妙关系一再出现，而且在数学上呈现出一种稳定的关系。于是，帕累托从大量具体的事实中发现：社会上 20% 的人占有 80% 的社会财富，即：财富在人口中的分配是不平衡的。

（2）客户多维分类

描述客户属性的要素有很多，包括地址、年龄、性别、收入、职业、教育程度等信息。

根据这些客户属性，可以进行多维的组合型分析，挖掘客户的个性需要，找出客户最需要的商品，并且做到快速、准确。客户多维分类主要考虑的就是根据客户购买的商品进行分类，这样就可以根据经验将客户分为不同组，便于进一步进行特征分析。

（3）客户价值发现分类

通过以下定义的价值指标和设定的参数来计算客户价值分数，可以对客户进行价值等级的分类。例如，交易类指标，包括交易次数、交易额/利润、毛利率、平均单笔交易额、最大单笔交易额、退货金额、退货次数、已交易时间、平均交易周期、销售预期金额；财务类指标，包括最大单笔收款额、平均收款额、平均收款周期、平均欠款额、平均欠款率；联络类指标，包括相关任务数、相关进程数、客户表扬次数/比例、投诉次数/比例、建议次数/比例；特征类指标，包括客户自身的一些特征如企业规模、注册资金、区域、行业、年销售额、是否为上市公司等，如果是个人客户，其特征属性可以设为年龄、学历、婚姻状况、月收入、喜好颜色、是否有车、有无子女等。

（4）客户价值分类

根据价值指标设定客户价值金字塔模型，根据客户价值金字塔模型设置客户价值等级的区段。例如，可将客户价位设置为四个区间：VIP 客户、重要客户、普通客户和小客户。

（5）潜在客户的分类

辨别潜在客户的方法有很多，这里举例进行具体说明：一是通过各种方法接触客户，并通过社会活动、销售活动等方法进行甄别；二是根据客户购买特征进行甄别，可以做以下分类：确定购买的，有兴趣的，热衷的，观望中，停止的；三是根据客户购买时机进行甄别，如准备一个月内购买，准备 2~3 个月购买，有希望最终购买，等等。

2. RFM 客户细分模型

客户细分模型就是依据一定的细分变量，将客户进行分类的方法。依据一定的客户细分模型将客户细分，能够有效地降低成本，同时获得更好的、更有利可图的市场渗透效果。RFM 细分模型是广泛应用于数据库营销的一种客户细分方法。它是通过客户购买行为中的"最近一次购买（Recency）""购买频率（Frequency）"和"购买金额（Monetary）"三个数据，来了解客户的层次和结构、客户的质量和价值以及客户流失的原因，从而为商家制定营销策略提供支持，细分模型针对不同的客户采取不同的策略，同时识别其中的行为差异，对不同的客户行为进行购买预测，如图 6-4 所示。

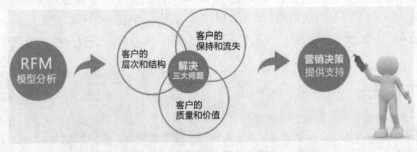

图 6-4 RFM 模型分析

RFM 模型三个指标解释如下。

（1）最近一次消费（Recency）

最近一次消费（Recency）是指客户最近一次购买时间距分析时点的天数。天数越小，说明客户购买商品的时间越近。理论上，最近一次消费时间比较近的客户对商家提供的商品或服务信息更为关注，再次购买的可能性比较大。营销人员若想业绩有所成长，只能靠挤占竞争对手的市场占有率，而如果要密切地注意消费者的购买行为，那么最近的一次消费就是营销人员第一个要利用的工具。分析显示，如果商家能让消费者购买，他们就会持续购买。这也就是 0~6 个月的顾客收到营销人员的沟通信息多于 31~36 个月的顾客的原因。

最近一次消费的过程是持续变动的。在顾客距上一次购买时间满一个月之后，在数据库里就成为最近一次消费为两个月的客户。反之，同一天，最近一次消费为 3 个月前的客户作了其下一次的购买，他就成为最近一次消费为一天前的顾客，也就有可能在很短的期间内收到新的折价信息。

最近一次消费的功能不仅在于提供的促销信息，营销人员的最近一次消费报告可以监督营销业务的健全度。优秀的营销人员会定期查看最近一次消费分析，以掌握趋势。月报告如果显示上一次购买很近的客户，（最近一次消费为 1 个月的）人数如增加，则表示该公司是个稳健成长的公司；反之，如上一次消费为一个月的客户越来越少，则是该公司迈向不健全之路的征兆。

最近一次消费报告是维系顾客的一个重要指标。最近才购买商家的商品、服务或是光顾商家店铺的消费者，是最有可能再向商家购买商品或服务的顾客。再则，要吸引一个几个月前才上门的顾客购买，比吸引一个一年多以前来过的顾客要容易得多。营销人员如接受这种强有力的营销哲学——与顾客建立长期的关系而不仅是卖东西，会让顾客持续保持往来，并赢得他们的忠诚度。

（2）消费频率（Frequency）

消费频率（Frequency）是指在一定时间内客户消费的次数。消费频率越高，说明客户的忠诚度及价值越高。对于不同的行业，客户的平均购买频率是不同的。商家要根据自身的特点，制定客户消费频率的评价标准。增加顾客购买的次数意味着从竞争对手处挤占市场占有率，从别人的手中赚取营业额。

根据这个指标，又可以对客户进行细分，通过细分相当于建立一个"忠诚度的阶梯"（loyalty ladder），其诀窍在于让消费者一直顺着阶梯往上爬，把销售想象成是要将两次购买的顾客往上推使其成为实现三次购买的顾客，把一次购买者变成两次购买者。

（3）消费金额（Monetary）

消费金额（Monetary）是指在一定时间内客户消费的金额。通过客户的消费金额，可以衡量出客户对商家的贡献程度。

消费金额是所有商业数据分析报告的支柱，也可以验证"帕累托法则"——公司 80% 的收入来自 20% 的顾客。

如果商家的预算不多，而且只能提供服务信息给 2 000 个或 3 000 个顾客，商家是首选将信息邮寄给贡献 40% 收入的顾客，还是那些不到 1% 的顾客？

RFM 分析模型早在 1989 年就被提出，分析的对象是客户消费的购物篮，而不是具体的商品。RFM 模型最初运用于直销（Direct Marketing）领域，但在商用 PC 机及关系型数据库等技术逐渐成熟并普及后，才在 1990 年以后广泛用于零售业态。RFM 模型具有计算过程简单、算法易懂、数据获取容易的特点，在不需要借助专业分析软件的情况下就可以对客户的消费行为进行分析，受到了零售业界的欢迎，并经常运用于客户忠诚度、客户价值分析，成为零售行业数据分析的重要工具。

3. 客户价值矩阵模型

客户价值矩阵模型是对 RFM 模型的改进，它消除了消费次数与总消费额之间的多重共线性，用平均消费额代替总消费额。客户价值矩阵分析剔除了 Recency 变量，它由消费次数（F）与平均消费额（A）构造而成，使细分结果变更加简单。客户价值矩阵将客户划分为四种类型，即优质型客户、消费型客户、经常型客户和不确定型客户，如图 6-5 所示。

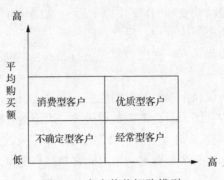

图 6-5　客户价值矩阵模型

① 优质型客户：他们是企业的基础，是企业利润的主要来源，必须保持。

② 消费型客户：他们的平均消费额很高，但消费次数过低，最好的策略是设法增加他们的消费次数。

③ 经常型客户：他们高频率地消费证明了对企业的忠诚，对他们最适合的策略是通过促销、交叉销售、销售推荐等办法来增加他们的消费金额。

④ 不确定型客户：对他们要进行筛选，企业要争取将不确定型客户变成消费型客户或是经常型客户甚至是优质型客户，将营销的重点放到不确定的新客户身上，必要的时候可以对他们采取放弃的策略。

（四）客户忠诚度分析

客户忠诚度是指由于质量、价格、服务等诸多因素的影响，使顾客对某一企业的产品或服务产生感情，形成偏爱并长期重复购买该企业产品或服务的程度。

客户忠诚是客户对企业的感知、态度和行为。客户在了解、使用某产品的过程中，由于与企业的接触，可能会对企业所提供的产品和服务质量等感觉满意，形成正面的积极评价，从而对该企业以及其提供的产品或服务产生某种依赖感，并长时间地表现出重复购买及交叉购买等忠诚行为。客户忠诚具体的行为主要为客户对企业产品价格的敏感程度、对竞争产品的态度、对产品质量问题的承受能力等方面。忠诚的客户是企业的优质资源，是企业利润的源泉和企业发展的推动力。

客户忠诚分为情感忠诚和行为忠诚，如图 6-6 所示。

1. 情感忠诚

情感忠诚主要由三个方面构成，即竞争对手诱惑、客户满意度及市场环境变化。

竞争对手诱惑是指客户在市场中选择竞争对手产品的可行性，缺乏有吸引力的竞争者是保持客户的一个有利条件。如果客户感知现有企业的竞争者能够提供更让他们满意的产品或服务，客户就可能决定离开现有企业而接受竞争者的服务或者产品。因此，当竞争性产品或服务对客户的吸引力减小时，客户就会因满意度高而忠诚于企业。也就是说，替代者吸引力越小，客户忠诚度越高。

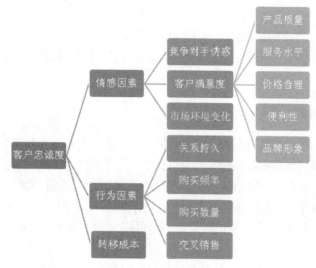

图 6-6　客户忠诚度

客户满意一般被认为是客户忠诚的决定性因素。大量研究表明，客户满意会对客户忠诚产生积极的影响。满意是指一个人通过对一个产品或服务的可感知的效果与他的期望相比较后形成的感觉状态。也就是说，如果客户对某产品购买前的期望比购买后感知高的话，客户就不满意；相反，客户就感觉满意。客户虽然有时候对自己所购买的产品和服务满意，但是，并不意味着一定忠诚。但是，当客户满意达到一定的程度时，客户的忠诚度将直线上升。同时，长期的满意将有助于培养客户对企业、对品牌和对产品及服务的信任。客户满意与客户忠诚是两个不同的概念，它们之间的关系非常复杂，但是可以肯定客户满意度是决定客户忠诚的一个因素。影响客户满意度的因素很多，产品质量与服务质量是客户满意度最直接的决定因素，产品质量及服务水平高，客户满意度也高。如果企业所提供的产品或服务的价格合理，那么客户的满意度也会较高；同样，客户获得、获取企业所提供的产品或服务的便捷程度及企业的品牌形象也是决定客户满意程度的因素。

市场环境的变化也会影响客户的选择，它可能会使客户选择竞争者的产品，因此市场的变化也是决定客户忠诚度的因素之一。

2. 行为忠诚

行为忠诚主要由客户与企业的关系持久性（持续时间）、客户购买频率、客户购买量及交叉销售四个方面构成。客户与企业发生交易关系持续的时间越持久，表明客户越乐意接受企业的产品或服务，离开企业的可能性也就越小，忠诚度越高。购买频率高与购买数量大表明客户接受企业产品或服务的程度高，比较忠诚于企业。交叉销售是指客户在购买了企业某种产品或服务的基础上再购买企业其他的产品或服务。客户只有在对自己已经购买的产品或服务评价较高时，才会信任企业，从而继续从企业购买其他的产品或服务。因此交叉销售程度高也表明客户对企业的认同感高，客户对企业的忠诚度也高。

除了情感忠诚与行为忠诚外，客户忠诚度还与客户的转移成本有关。当客户受到竞争者的诱惑时，会离开现在的企业，但是如果这种转移成本对客户来讲过高，足以抵消其通过转换企业所获得的利益时，客户就会继续留在原企业。可见转移成本高会有助于客户忠诚度的提高。因此转移成本也是影响客户忠诚度的一个因素。但是转移成本的计算是一个很困难复杂的过程，转移成本具体包括哪些构成要素也没有具体统一的认识。而且，就转移成本来说，有的行业客户从一个企业转移到另一个企业可能需要付出很大的代价，转移成本很高；但是有的行业，客户从一个企业转移到另一个企业没有任何的约束，转移成本很低。特别在信息极其通畅的现代社会，客户所面临的转移成本越来越低，转移成本不再是制约客户选择其他企业的一个主要因素。

（五）客户生命周期分析

由于客户面对的产品和服务品种、数量急剧增加，客户的需求也呈现多元化的发展态势。商家无法像过去那样只靠提供产品和服务赢得竞争。为了获得更大的竞争优势，就必须维护好与客户之间的关系。客户生命周期是产品生命周期概念的深化，随着关系营销和 CRM 概念深入人心，产品生命周期、关系营销和 CRM 概念被结合到一起，从而形成了客户生命周期。

如图 6-7 所示，根据客户关系的特点，一般可将客户关系生命周期划分为八个阶段，即开拓期、巩固期、成长期、成熟期、衰退期、解约期、中断期和恢复期。它描述了以客户对企业有初步认知，或者企业准备对客户进行开发活动为开始，直到客户不再与企业发生任何的业务关系为终结的整个过程。图中的横轴代表了客户所处生命周期时间，纵轴代表了客户价值曲线，是客户给企业带来的利益。从图中可以看出，客户价值在 8 个阶段内是存在差异的，这也提醒企业在进行客户关系管理时，需要正确判断它处在那个时期，才能采取针对性的策略，使客户价值最大化。

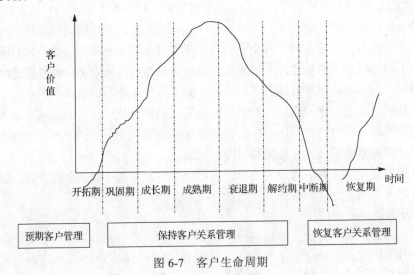

图 6-7　客户生命周期

总之，在整个客户生命周期中，企业与客户的关系始终处在动态变化当中，企业的活动、其他企业的影响、客户自身因素等都会使客户从周期中某个阶段转换到另一个阶段。只有在客户自身某一项或者多元化的需求得到满足的情况下，客户生命周期才可以延续下去。因此企业必须了解：客户处在哪个生命周期，不同阶段的客户在消费行为上存在哪些特点。这样才能进行针对性的营销维护以及客户关怀，在满足客户的同时，使客户为企业带来更多的利润。

在客户生命周期当中，对客户价值的评判至关重要。这里所说的价值分为两方面，一方面是指评判企业为客户带来多少价值，另一方面是从企业出发，评判客户对企业提供了多少价值。而客户生命周期的价值，就是在客户生命周期的长度内，一个客户为企业提供的利润价值的总和，可以说是一个客户对于企业的终身价值。客户利润为客户的价值与客户成本之差，其中包括通过交易等形式进行的"当前价值"和为企业自发进行口碑宣传这样"潜在价值"。客户的当前价值可以通过客户创造的毛利润和购买量来衡量，而客户的潜在价值，则由客户忠诚度、满意度和客户关系状况这三者来衡量。

另外，客户保持率越高，客户的潜在价值就越能被发掘出来。客户保持率是指维持已建立的客户关系，使客户在未来对企业的产品或服务表现出高度认知忠诚，从而使企业获取实际的经济利润。研究显示，客户保持率每增加5%，企业平均利润增幅就可达25%~85%。

（六）访客特征分析

消费者购买商品因受地域、年龄、性别、职业、收入、文化程度、民族、宗教等影响，其需求有很大的差异性，对商品的要求也各不相同，而且随着社会经济的发展，消费者的消费习惯、消费观念、消费心理不断发生变化，从而导致消费者购买差异性大。消费者进入店铺后就成为访客，是商家的潜在客户，这时，商家需要分析的是什么样的消费者会选择访问商家的店铺，他们有什么特征。当访客选择下单购买商品，其就成为商家的客户，这就要进一步分析客户的人群特征是什么，他们购买产品的主要原因是什么。

访客进入店铺之后，商家首先要关注的是他们从哪里来，他们什么时间来，他们的年龄层次是怎样的，他们的性别情况是怎样的，他们是什么职业，他们的消费能力如何，他们的消费频率是多少，他们有什么样的偏好，是新访客或是老访客，对于有些客户还需要分析他们的婚姻状况和家庭状况。

1. 访客地域分布

这是指从空间维度上分析访客，商家要弄清楚他们从哪里来，属于哪个省，哪个城市，哪个商圈。这样商家就可以对重点省份或重点城市展开精准营销，以提升营销效果。

图6-8是某商家从某年6月10日~7月9日共一个月的访客地域分布图。生意参谋/流量分析/访客分析数据显示该商家的访客主要来自中国东部沿海地区和中部地区，西部、南部和东北地区并非是主要的客源地，其中来自广东省、浙江省和江苏省的访客最多，占到总访客数的30%左右。通过进一步分析，商家还可以发现湖北省的下单转化率最高，应该将其列为营销重点省份，其次是江苏省、湖南省和浙江省。

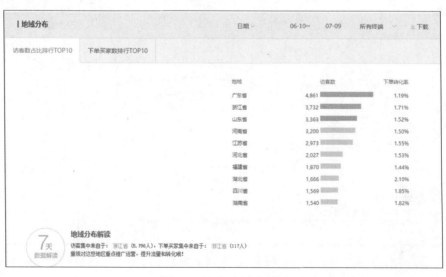

图6-8　访客地域分布图

接着来看该商家主营产品所在市场从 6 月 10 日～7 月 9 日共一个月的访客省份和城市分布图（见图 6-9），该图利用市场行情的人群画像的搜索人群功能，通过搜索其主营产品的关键词获得。

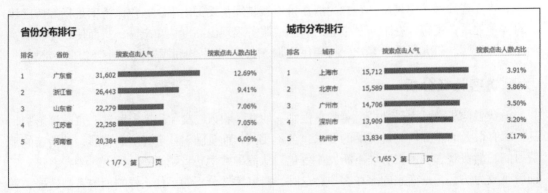

图 6-9　访客省份和城市分布图

从图 6-9 中可以发现商家的省份分布与市场的省份分布基本一致，只是江苏省与河南省的位置有些变化。在城市分布上，上海市、北京市和广州市在前三位，合计点击人数占比超过 11%。对图 6-9 分析发现湖北省、江苏省、湖南省和浙江省下单转化率最高，对应的城市点击人气排行榜上有杭州市（排名第 5）、苏州市（排名第 9）、武汉市（排名第 14）、南京市（排名第 16）、宁波市（排名第 19）、温州市（排名第 21）、长沙市（排名第 25）、金华市（排名第 27）、台州市（排名第 30）、无锡市（排名第 31），可见湖北省访客主要来自武汉一个城市，湖南省的访客也集中在长沙一个城市，而浙江省和江苏省的访客来源城市比较多。

2. **访客时段分布**

这是指从时间维度上分析访客，商家首先需要关注的是流量的高峰时段，然后是成交的高峰时段，接着是对不同终端类型的流量高峰和成交高峰展开分析。图 6-10 显示的是某商家从 6 月 10 日～7 月 9 日共一个月全部终端的访客时段分布图，流量的高峰在 21～22 点，成交的高峰在上午 10 点。

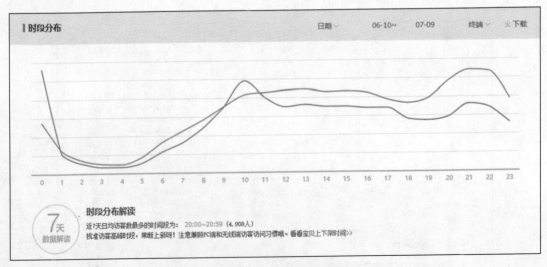

图 6-10　时段分布 1

再按终端类型来分析，如图 6-11 所示。无线端的流量高峰在 21～22 点，成交的高峰在上午 10 点，而 PC 端的流量高峰和成交高峰都在上午 10 点。

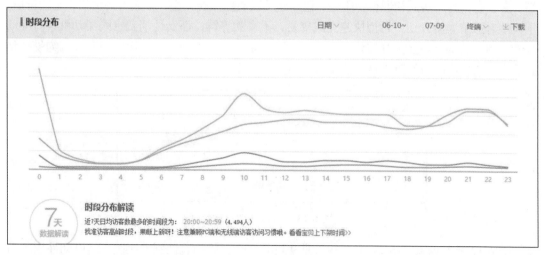

图 6-11　时段分布 2

找准访客的流量和成交高峰时段，可将相关信息用于商品上下架时间设置、上新时段的选择和直通车广告的投放。

3. 访客年龄分布

不同年龄的群体都有各自的消费特点，例如少年好奇心强，喜欢标新立异的东西；青年人购买欲望强，追逐潮流；中年人比较理智和忠诚，注重质量、服务等；老年人珍视健康，热爱养生，对新产品常持有怀疑态度，因此商家要关注店铺的访客年龄，熟悉和理解他们的消费特点，这样才能更好地满足他们的需求。

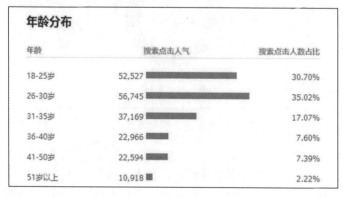

图 6-12　访客年龄分布

图 6-12 是某商家主营产品所在市场从 6 月 10 日～7 月 9 日共一个月的访客年龄分布图。26～30 岁年龄段搜索点击人数最多，占比高达 35.02%；其次是 18～25 岁年龄段的，搜索点击人数占比达到 30.70%；排在第三位的是 31～35 岁年龄段，搜索点击人数占比达到 17.07%，前三合计占比高达 82.79%，也就是说该行业的主力消费人群的年龄段分布在 18～35 岁。当然这三个年龄段的消费者的需求点实际上也是不一样的，商家应进一步深入分析，再针对每个年龄段的消费者配置相应的产品。

4. 访客性别占比

不同性别的消费者在购买商品时的心理特征差别很大，男性消费者购买动机常具有被动性，属于有目的的购买和理智型购买，选择商品以质量性能为主，不太考虑价格，比较自信，不喜欢客服给太多介绍，希望快速完成交易，不喜欢等待；而女性消费者购买动机具有冲动性和灵活性，选择商品十分细致，购买心理不稳定，易受到外界因素影响，购买行为受情绪影响大，选择商品时注重外观、质量和价格。

图 6-13　访客性别占比

图 6-13 是某商家从 6 月 10 日~7 月 9 日共一个月的访客性别占比图。在已知性别的访客中，男性占比 36.67%，女性占比 28.95%，显然是男性访客居多，而且男性访客的下单转化率高于女性访客，说明该商家的商品更适合男性消费者。

再对比行业的访客性别占比，如图 6-14 所示。从该商家所处的行业来说，也是男性消费者居多，占比达到 66.32%，女性消费者占比为 33.68%。

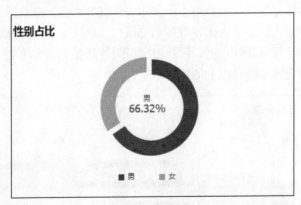

图 6-14　性别占比

5. 访客职业占比

不同职业的消费者对商品的需求差异很大，工人大多喜欢经济实惠、牢固耐用和色彩艳丽的商品；教职工比较喜欢造型雅致、美观大方、色彩柔和的商品；公司职员的交际和应酬比较多，选择商品时更重视时尚感；个体经营者或服务人员工作比较忙，对便利性要求比较高；医护人员重视健康，对购买商品的安全性要求比较高；公务员比较在意自己的身份和地位，喜欢品牌商品或名人代言的商品；学生购买商品时心理感情色彩强。

图 6-15 是某商家主营产品所在市场从 6 月 10 日~7 月 9 日共一个月的访客职业分布图。公司职员占比最高，达到 50.72%，个体经营或服务人员占比 20.03%，教职工占比 7.88%，三者合计 78.63%。从分析数据来看，商家一方面要把握好现有客户的需求，另一方面要加强对医务人员、公务员和工人消费人群需求的分析，更多提供能满足他们需求的商品。

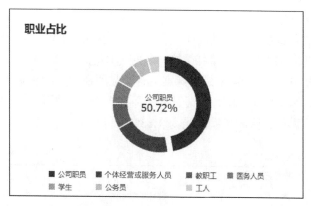

图 6-15　职业占比

6. 访客消费层级

"消费层级"反映的是消费者半年内每次平均消费金额的高低，共分为低、偏低、中、偏高和高这五个层级。通过消费层级分析，商家可以判断访客的消费能力。图 6-16 是某商家从 6 月 10 日～7 月 9 日共一个月的访客消费层级图，其中 0～1 790 元的访客数量最多，占比高达 90.34%，但下单转化率却最低。随着消费层级的提升，访客数在减少，但下单转化率却在提升。

消费层级

消费层级(元) ?	访客数 ?	占比	下单转化率
0-1790.0	40,978	90.34%	1.15%
1791.0-290...	2,318	5.11%	2.37%
2901.0-511...	1,585	3.49%	2.71%
5111.0-904...	410	0.90%	3.17%
9041.0-194...	61	0.13%	3.28%
19446.0以...	8	0.02%	12.50%

图 6-16　消费层级分布

对比支付买家的消费层级，如图 6-17 所示。支付新买家的消费层级在 0～1 790 元的占比为 43.64%，1 790～2 900 元的占比为 41.33%；支付老买家的消费层级在 1 790～2 900 元的占比为 45.13%，消费层级在 0～1 790 元的占比为 38.72%；可见在成交的客户中消费层级在 1 790～2 900 元的买家是店铺的消费主力军，该商家应该加强对消费层级在 1 790～2 900 元之间的潜在客户加强引流。

图 6-17　消费层级占比

7. 访客购买频率

购买频率是指消费者在一定时期内购买某种或某类商品的次数。一般来说，消费者的购买行为在一定的时期内进行是有规律可循的。购买频率是商家选择目标市场、确定经营方式、制定营销策略的重要依据。图 6-18 是某商家主营产品所在市场的买家人群从 6 月 10 日～7 月 9 日共一个月的访客购买频率图，数据显示购买次数为 1 的买家占比 86.77%，购买 2 次的买家占比为 9.01%，购买 3 次的买家占比为 1.83%，可见该商家销售的是一个购买频率较低的商品。

近90天购买次数	
购买次数	**支付买家数占比**
1次	86.77%
2次	9.01%
3次	1.83%
4次	0.74%
5次	0.39%
5次以上	1.26%

图 6-18　近 90 天购买次数

8. 访客会员等级

会员等级是评价会员的一个综合指标。生意参谋基于用户过去 12 个月在淘宝的"购买、互动、信誉"等行为，综合计算出一个分值为淘气值，即用户在淘宝上购买次数越多，消费金额越大，与商家互动越多，购物信誉就越高，淘气值也越高。如果店铺访客的淘气值高，说明店铺被优质买家认可。

图 6-19 为某商家从 6 月 10 日～7 月 9 日共一个月的访客淘气值分布图，数据显示淘气值在 601～800 分的最多，占比为 26.13%，其次是 501～600 分的访客，占比为 22.53%，600 分以上的访客中优质买家合计占比为 50.18%，而且访客的淘气值越高，下单转化率越高。

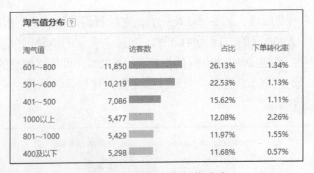

淘气值分布 ?			
淘气值	**访客数**	**占比**	**下单转化率**
601～800	11,850	26.13%	1.34%
501～600	10,219	22.53%	1.13%
401～500	7,086	15.62%	1.11%
1000以上	5,477	12.08%	2.26%
801～1000	5,429	11.97%	1.55%
400及以下	5,298	11.68%	0.57%

图 6-19　某商家淘气值分布

对比行业的买家人群淘气值分布，如图 6-20 所示，600 分以上的优质买家合计占比 60.07%，而该商家下单用户中淘气值在 600 分以上的优质买家合计占比 50.18%（注：访客数结合转化率计算而得），两者还有差距，说明该商家对优质买家的吸引力还未达到市场平均水平。

电子商务数据分析与应用

淘气值分布

淘气值	支付买家数占比
400及以下	2.88%
401～500	13.37%
501～600	23.68%
601～800	31.28%
801～1000	14.93%
1000以上	13.86%

图 6-20　行业淘气值分布

9. 访客偏好情况

消费者偏好是指消费者对一种商品（或者商品组合）的喜好程度。消费者根据自己的意愿对可供消费的商品或商品组合进行排序，这种排序反映了消费者个人的需要、兴趣和嗜好。

图 6-21 为某商家从 6 月 10 日～7 月 9 日共一个月支付买家的营销偏好图，从图中可以发现访客喜欢的营销偏好依次为聚划算、天天特价、宝贝优惠券、搭配套餐、包邮。该商家主营产品所在市场从 6 月 10 日～7 月 9 日共一个月的访客优惠偏好如见图 6-22 所示，数据显示行业潜在客户的优惠偏好依次是聚划算、包邮、天天特价、淘金币、搭配套餐、优惠券、淘抢购、限时打折和满就送（减）。两者对比，主要的不同在淘金币和包邮，因此可以建议商家加强淘金币工具的应用，以及更多地提供包邮服务或突出包邮服务以吸引访客。

图 6-21　营销偏好

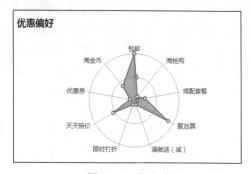

图 6-22　优惠偏好

10. 新老访客占比

用户浏览一个网店的目的就是想在这个网店里找到他想要的商品，所以网店销售的商品和用户体验就变得很重要。如果网店销售的商品对访客有吸引力，再加上不错的用户体验，新访客变成老访客的概率就会上升。淘宝将 6 天内访问店铺后再次到访的记为老访客，否则为新访客。新访客比例越高，说明网站的推广做得越好；老访客比例越高，说明网站的黏性越高。一般正常的网店，每日新访客比例应该在 80%左右，老访客比例在 20%左右。

图 6-23 为某商家从 6 月 10 日～7 月 9 日共一个月的店铺新老访客占比图，该商家的新访客占比为 84.60%，老访客占比为 15.40%，处于合理区间。从图中还可以看到，老访客的转化率比新访客的转化率高出很多，所以商家要重视对老客户的维护。

图 6-23　店铺新老访客

（七）访客行为分析

客户行为是指客户为满足其某种特定需求，在通过各种途径方法选择、获取、使用、处置商品或服务的过程中所表现出来的各种内在心理活动以及外在行为表现。美国营销协会（American Marketing Association）认为客户行为是客户在生活中进行产品或服务交换时所表现出来的情感、认知和各种环境因素相互作用的动态过程。分析客户行为的主要目的是根据客户行为特征分析预测客户需求，进而有针对性地满足客户需要，提高客户服务水平，并与客户建立持久有效的客户关系，从而塑造企业的核心竞争优势，提高企业盈利能力。客户行为始终是贯穿产品或服务购买及使用过程中的，对于大部分商品和服务来说，购买阶段与使用阶段并不是完全分隔的，而是始终相互交织的，因此在分析客户行为时不仅要分析客户是如何决策购买产品或服务的，更要关注客户是如何使用与处置产品或服务的。

客户行为的影响因素包括外部影响因素和内部影响因素。外部环境因素包括文化环境、社会阶层、参考团体、家庭等方面。内部影响因素包括信息处理、动机与人格、态度、生活方式等方面。

对于网店经营者和电商从业者来说，什么样的访客会购买并为购物车里的商品付款是商家想破头都想知道的答案。目前，市场上针对网站访客行为分析的工具其实并不多，百度统计有提供页面点击图和链接热力图，它主要针对从百度推广来的客户，主要为百度推广服务，分析流量来源；生意参谋也有类似的工具，从访客点击进入网店开始分析其行为，其在线行为通常包括浏览网页、点击链接、搜索信息、收藏购买、导航定位、联系客服、发帖评论、点赞转发、售后投诉等。

1. 访客行为数据分类

访客行为数据的获取是由访客在网店的点击而产生的，这些在网店的行为数据能够用来判断访客对商品的喜好及期望，所以分析客户的行为数据对于精准营销以及筛选出符合客户喜好的商品是非常重要的。

访客点击数据衍生出了很多行为指标，如访问频率、平均停留时长、消费行为、信息互动行为、内容发布行为等。但是这些指标有些复杂，不利于快速地对客户进行分析。基于简单又全面的原则，将访客行为数据分为三类：黏性、活跃、产出，如图 6-24 所示。

图 6-24　访客行为数据分类

这三个指标可以包含很多其他细分的行为指标，利用这三大指标进行系统而又简洁的划分，不遗漏地分析其他衍生出的指标将有助于商家避免累赘及减少工作量。而这些指标可共同衡量客户在网店的行为表现，进而区分客户的行为特征，对客户进行打分，再对不同类型的客户进行分群，并实施精细化营销推广，提升运营推广的价值。

（1）黏性

它主要关注客户在一段时间内持续访问的情况，是一种持续状态，可将"访问频率""访问间隔时间"归在黏性的分类里。

（2）活跃

它考察的是客户访问的参与度，一般对客户的每次访问取平均值，可将"平均停留时间""平均访问深度"用来衡量活跃指标。

（3）产出

它用来衡量客户创造的直接价值输出，如电商网站的"订单数""客单价"，这二者一个衡量频率，另一个衡量平均产出的价值。

当然，可以基于客户行为的三大类：黏性、活跃、产出，在每个大类上再添加不同的行为指标，只要能够体现其分析价值并且不重叠即可。

2. 浏览网页

访客浏览网页的行为是从流量入口开始的，然后就会有跳失率，接着是平均访客深度、平均访问时长，以及活跃用户率、访问路径、热力图。

（1）流量入口

淘宝流量入口主要有店铺首页、商品详情页、搜索结果页、店铺自定义页、商品分类页和店铺其他页。

图 6-25 和图 6-26 是某网店 PC 端最近 7 日的流量入口比例图，访客分布显示首页有 938 个访客，占比 3.65%；详情页有 24 522 个访客，占比 95.39%；其他合计 0.96%。可见访客选择该网店的宝贝详情页作为主入口。

图 6-25　流量入口 1

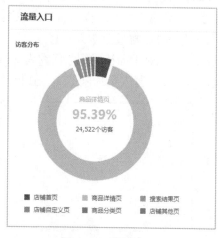

图 6-26　流量入口 2

（2）着陆页跳失

通俗地说，就是商家网店来了多少个人，有多少个人是进入网店后在从着陆页转到店内其他的页面时，没有转到店内其他页面就离开的，后者与前者之间的百分比值称为跳失率。

跳失率越高，说明网店的黏性越低。网店应该像超市一样，能让人从进口一直转到出口，最后完成商品的购买，这才是成功的网店，这样的网店的销售量也会非常不错。

现在来看以商品详情页为入口的着陆页，如图 6-27 所示。商品详情页 TOP 20 中排在前 5 位的 TOP 引流入口有四个来自天猫，一个来自聚划算。接着分析它们的跳出率，四个来自天猫的引流入口的跳出率都超过 90%，可见这些着陆页的设计与客户的预期不相符，需要及时做出修改；一个来自聚划算的引流入口的跳出率为 55.55%，相对来说情况要好很多。

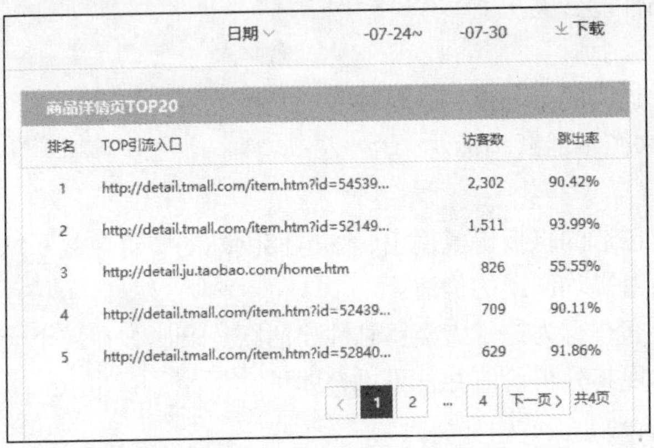

日期 -07-24~ -07-30 下载

商品详情页TOP20

排名	TOP引流入口	访客数	跳出率
1	http://detail.tmall.com/item.htm?id=54539...	2,302	90.42%
2	http://detail.tmall.com/item.htm?id=52149...	1,511	93.99%
3	http://detail.ju.taobao.com/home.htm	826	55.55%
4	http://detail.tmall.com/item.htm?id=52439...	709	90.11%
5	http://detail.tmall.com/item.htm?id=52840...	629	91.86%

< 1 2 ... 4 下一页 > 共4页

图 6-27　商品详情页 TOP20

（3）平均访问深度

平均访问深度是指客户在一次访问商家网店的过程中浏览了的页数。如果客户一次性浏览的页数多，那么就基本上可以认定，商家的网店有客户感兴趣的东西。平均访问深度可以理解为访客一次浏览网店的平均访问页面数，也可以用 PV 和 UV 的比值来表示，这个比值越大，用户体验度越好，客户活跃度越高。

图 6-28 为某网店 PC 端最近 7 天商品详情页的浏览量排名，排名第一的商品详情页流量总浏览量为 4 081，访客数为 2 736，平均访问深度为 1.49，该商品在 PC 端最近 7 天成交量排名第 2；排名第二的商品详情页流量总浏览量为 2 383，访客数为 1 664，平均访问深度为 1.43，该商品在 PC 端最近 7 天没有成交。它们都低于该网店 PC 端最近 7 天的平均访客深度“2.22 页/人”，相对于同行同层“优秀为 5.81 页/人”，以及同行同层“平均为 5.07 页/人”，差距更大，这需要运营人员加以关注、分析并改进，特别是对浏览量排名第二的商品详情页。

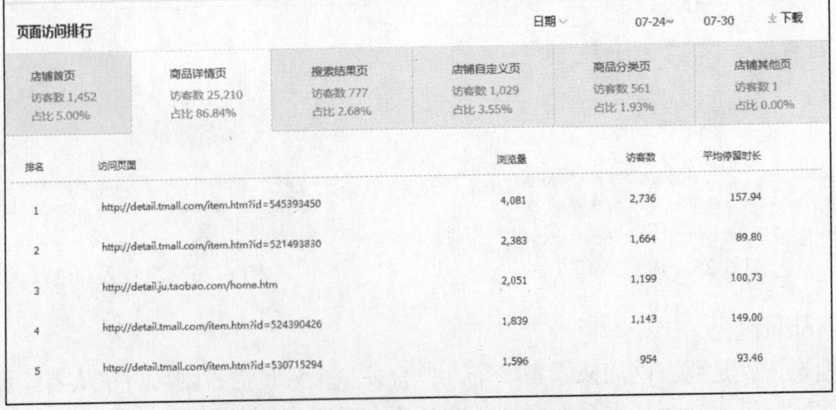

页面访问排行 日期 07-24~ 07-30 下载

店铺首页	商品详情页	搜索结果页	店铺自定义页	商品分类页	店铺其他页
访客数 1,452	访客数 25,210	访客数 777	访客数 1,029	访客数 561	访客数 1
占比 5.00%	占比 86.84%	占比 2.68%	占比 3.55%	占比 1.93%	占比 0.00%

排名	访问页面	浏览量	访客数	平均停留时长
1	http://detail.tmall.com/item.htm?id=545393450	4,081	2,736	157.94
2	http://detail.tmall.com/item.htm?id=521493830	2,383	1,664	89.80
3	http://detail.ju.taobao.com/home.htm	2,051	1,199	100.73
4	http://detail.tmall.com/item.htm?id=524390426	1,839	1,143	149.00
5	http://detail.tmall.com/item.htm?id=530715294	1,596	954	93.46

图 6-28　PC 端商品详情页面访问排行

（4）平均停留时长

平均停留时长是指访客浏览某一页面时所花费的平均时长，页面的停留时长=进入下一个页面的时间-进入本页面的时间，其反映的是访客的活跃程度。一般说来，达到 12 秒以上较好。

再来看看该网店无线端商品详情页最近一周的页面访问排行，如图 6-28 所示。详情页访客数排名第一的美的大 1.5 匹空调（无线端销量在该店排名第 2）平均停留时长只有 17.74 秒，排名第二的美的大 1 匹空调（无线端销量在该店排名第 1）的平均停留时长也只有 17.86 秒。

对比图 6-28 和图 6-29，可以发现无线端的访问深度明显要高于 PC 端的访问深度，但 PC 端的平均停留时长要高出很多。

页面访问排行		日期 ∨	07-24~	07-30	淘宝app	天猫app	无线wap	⊥下载

店铺首页	商品详情页	店铺微淘页	商品分类页	搜索结果页	店铺其他页
访客数 2,177	访客数 41,370	访客数 11	访客数 1,141	访客数 257	访客数 3,606
占比 4.48%	占比 85.19%	占比 0.02%	占比 2.35%	占比 0.53%	占比 7.43%

排名	访问页面	浏览量	访客数	平均停留时长
1	Midea/美的 KFR-35GW/WCBA3@大1.5匹壁挂式冷...	73,803	32,778	17.74
2	Midea/美的 KFR-26GW/WCBD3@大1匹智能冷暖静...	61,871	20,645	17.86
3	Midea/美的 KFR-35GW/WXAA2@大1.5匹二级变频...	32,886	13,686	21.30
4	Midea/美的 KFR-35GW/BP3DN8Y-PC200(B1)大1.5...	24,950	11,512	23.45
5	TCL 1匹壁挂音冷暖节能省电定速挂机空调TCL KFR...	28,302	10,382	16.04

图 6-29　无线端商品详情页面访问排行

（5）访问路径

淘宝生意参谋访问路径分析有两个，一个是店内路径，另一个是流量去向。

① 店内路径。

无线端店内路径涵盖店铺首页、商品详情页、店铺微淘页、商品分类页、搜索结果页、店铺其他页，来源增加"店外其他来源"，去向增加"离开店铺"。

以淘宝 App 商品详情页的店内路径为例，如图 6-30 所示，其来源主要有店外其他来源、商品详情页、店铺其他页，来自店铺首页、商品分类页、店铺微淘页和搜索结果页所占份额很少，合计 3.57%；其去向主要有离开店铺、商品详情页、店铺其他页，去往店铺首页、店铺微淘页、商品分类页和搜索结果页的访客数很少，合计为 3.54%，可见网店流量分布不均，店铺首页、店铺微淘页、商品分类页和搜索结果页流量偏少，没有起到应有的作用。

接着分析访客去向的支付金额和支付金额占比，离开商品详情页去往其他商品详情页、店铺其他页、店铺首页和商品分类页的支付金额占比比较高，特别是店铺首页和商品分类页的去向访客数占比只有 3.54%，但支付金额占比达到 11.57%，因此应该重视店铺首页和商品分类页的作用，做好导流工作。

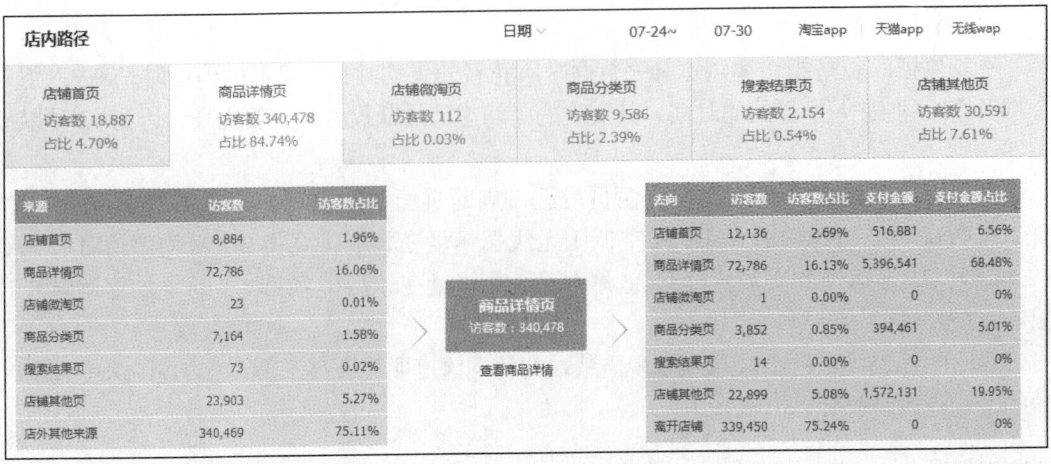

图 6-30 店内路径

再分析商品详情页的流量来源，店铺首页中有 18 887 名访客中有 8 884 名访客访问了商品详情页，占比 47.04%；商品详情页的 340 478 名访客中有 72 786 名访客访问了其他商品详情页，占比 21.38%；商品分类页的 9 586 访客中有 7 167 名访客访问了商品详情页，占比 74.73%；搜索结果页的 2 154 名访客中 73 名访客访问了商品详情页，占比 3.39%。这说明商品详情页的关联推荐存在问题，没有将访客引导到其他商品详情页，还有搜索结果页存在严重问题，只有 3.39% 访客在这里找到了他们所需的宝贝。

② 流量去向。

流量去向是分析访客从哪个页面离开的，然后去了哪里。目前生意参谋只提供 PC 端的流量去向分析。PC 端最近 7 天访客从商品详情页离开的页面排行榜如图 6-31 所示，排名第一的是美的大 1.5 匹空调（最近 7 天销量在 PC 端排名第 3），排名第二的是美的大 1 匹变频空调（最近 7 天销量为 0），应对离开访客数较多的商品详情页做进一步分析，分析访客离开的原因，特别是离开访客数排名第二的商品详情页，应予以重视。

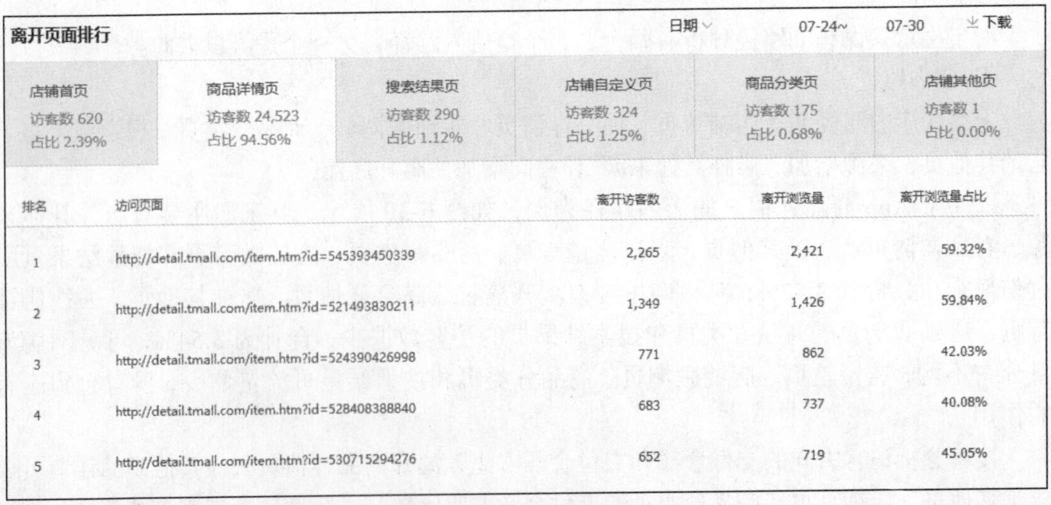

图 6-31 离开页面排行

再来看离开页面去向排行，如图 6-32 所示，排在前几位的是淘宝站内其他、购物车、已买到商品、天猫首页、我的淘宝首页和淘宝客等。

图 6-32　离开页面去向排行

（6）热力图

目前常见的热力图有 3 种：基于鼠标点击位置的热力图、基于鼠标移动轨迹的热力图和基于内容点击的热力图，三种热力图的原理、外观、适用的场景各有不同。基于鼠标点击位置的热力图，如百度统计的页面点击图，记录用户点击在屏幕解析度的位置。但是基于鼠标点击位置的热力图不会随着追踪内容的变化而变化，只是记录相对时间内鼠标点击的绝对位置。基于鼠标移动轨迹的热力图，如国外的 MoseStats、Mouseflow 等，记录用户鼠标移动、停留等行为，热力图多为轨迹形式。同样，基于鼠标移动轨迹热力图不会随着追踪内容的变化而变化，只是记录相对时间内鼠标移动的绝对位置。基于内容点击的热力图，如 GrwoingIO 热力图，记录用户在网页内容上的点击，自动过滤掉页面空白处（没有内容和链接）的无效点击。基于内容点击的热力图，最大特点是热力图会随着追踪内容的变化而变化，记录用户相对时间内对内容的点击偏好。

图 6-33 是某网店某日无线端店铺首页装修分析的模块点击效果分析图，从点击次数分布来看，客户比较喜欢店铺的空调、彩电和冰箱，对厨电、洗衣机和小家电兴趣不高。

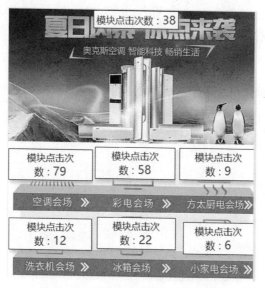

图 6-33　无线端店铺首页装修分析

3. 点击链接

访客点击链接，从当前网页跳转，就会涉及二跳率、流量流转。链接点击率是指访客点击链接的次数与来访人数的比例。

当网站页面展开后，用户在页面上产生的首次点击被称为"二跳"，二跳的次数即为"二跳量"。二跳量与到达量（进入网站的人）的比值称为页面的二跳率。这是一个衡量外部流量质量的重要指标，属于客户的黏性指标。

4. 搜索信息

访客在淘宝搜索店铺或商品，或在网店内搜索商品或服务时，其相关的行为有关键词偏好、搜索流量占比、搜索页跳失率等。

图 6-34 是某网店最近一周的搜索词排行。从数据看，客户通过搜索空调、美的变频空调、美的空调、空调挂机和奥克斯旗舰店官方旗舰关键词进入该网店的人数排在前 5 位，其中美的变频空调、美的空调两个关键词的引导下单转化率最高。

图 6-34　搜索词排行

图 6-35 显示该网店 PC 端最近一周店内搜索结果页的访客数达到 777 位，访问量占比 2.68%。访问页面排在前 3 位之中，第一位的浏览量 760，访客数 484，访问深度 1.57，平均停留时长 79.29 秒；第二位的浏览量 241，访客数 166，访问深度 1.45，平均停留时长 51.49 秒；第三位的浏览量为 66，访客数为 60，访问深度 1.1，平均停留时长 35.81 秒，三者比较访问页面排名第三的访问深度和平均停留时长都偏小，可能存在问题，需要做进一步分析和改进。

图 6-35　搜索结果页面访问排行

5. 收藏购买

访客对店铺或商品有了购买意向，则进一步的行为有收藏、加购、下单、支付等。关于收藏数据，主要关注单品的收藏人数和店铺的收藏人数。客户进入店铺，收藏了宝贝或店铺，就能证明他对宝贝或店铺感兴趣，有购买意向。当他从自己的收藏中再次进入店铺时，达成交易的可能性就很高了。通过收藏进入店铺的访客属于自主访问流量，自主访问流量的转化率是比较高的。

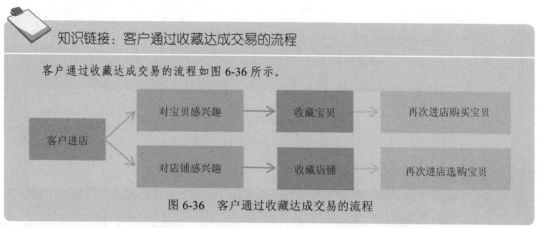

图 6-36　客户通过收藏达成交易的流程

图 6-37 是某网店某日的转化看板。收藏人数为 1 213 人，访客收藏转化率为 1.90%，较前一日上升 0.07%，与上个月平均访客收藏转化率 2.33%相比，有一定幅度下降，是否是趋势性下降需要做进一步观察。加购人数为 2 586 人，访客加购转化率为 4.06%，同行同层"优秀"加购人数为 18 521，访客加购转化率为 5.03%，同行同层平均的加购人数为 3 041 人，访客加购转化率为 4.55%，相比较差距不大。支付买家数 391 人，访客支付转化率为 0.61%，同行同层"优秀"的访客支付转化率为 1.99%，同行同层平均的访客支付转化率为 0.99%，两相比较差距不小。

图 6-37　转化看板

6. 导航定位

网店一般会设有分类页，目的是通过分类页将访客引导到他想找的商品，分类页的宝贝点击率是一个关键指标。如果分类页的宝贝点击率提高了，商品的成交转化率也会提高。

图 6-38 是最近一周某网店的商品分类页的页面访问排行榜，数据显示访客数为 561 位，占比 1.93%。访问页面排在前 3 位之中，第一位的浏览量 112，访客数 65，访问深度 1.72，平均停留时长 54.17 秒；第二位的浏览量 72，访客数 61，访问深度 1.18，平均停留时长 76.15秒；第三位的浏览量为 56，访客数为 35，访问深度 1.6，平均停留时长 56.78 秒，三者比较访问页面排名第二的访问深度最小，说明客户没有找到他想要找的东西，应对其加以分析和改进。

店铺首页	商品详情页	搜索结果页	店铺自定义页	商品分类页	店铺其他页
访客数 1,452	访客数 25,210	访客数 777	访客数 1,029	访客数 561	访客数 1
占比 5.00%	占比 86.84%	占比 2.68%	占比 3.55%	占比 1.93%	占比 0.00%

排名	访问页面	浏览量	访客数	平均停留时长
1	http://████████.tmall.com/category-463513400...	112	65	54.17
2	http://████████.tmall.com/category-463513402...	72	61	76.15
3	http://████████.tmall.com/category-463513399...	56	35	56.78
4	http://████████.tmall.com/category-463513403...	39	30	97.89
5	http://████████.tmall.com/category-711998344...	29	28	171.44

图 6-38　商品分类页面访问排行

7. 联系客服

访客有了购买意向，对一些细节问题就比较在意，这是就会发起咨询，向客服了解更加深入的东西，客户咨询率是一个重要指标。

店铺想检验客服的工作态度和工作业绩，则需要监控客服数据，包括客服的销售额、销售量、客单价、客件数、件均价、咨询成交转化率，其中的关键点是客服的关联销售能力。某网店客服团队绩效如图 6-39 所示。

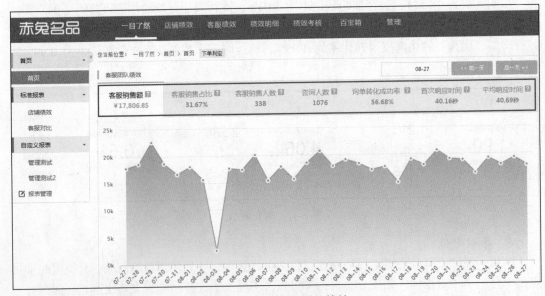

图 6-39　赤兔客服团队绩效

8. 发帖评论

大部分客户在购买商品后是不会参与评论的，如果遇到不满，商家客服又不能很好地解决时，客户就会发帖表达自己的想法或对商品进行评价。无论是淘宝、商家还是消费者其实都非常在意客户的评论，现在淘宝会主动要求一些优质买家对商品进行评价，相对比较公正；商家为了获得好评，会用一些优惠引导客户评价，这部分评论不够真实。相关指标有评论数、好评率、差评率等。

图 6-40 为某网店客户的评价内容分析，评价内容包括性价比相关评价、商品相关评价、包装相关评价、服务相关评价和物流相关评价。

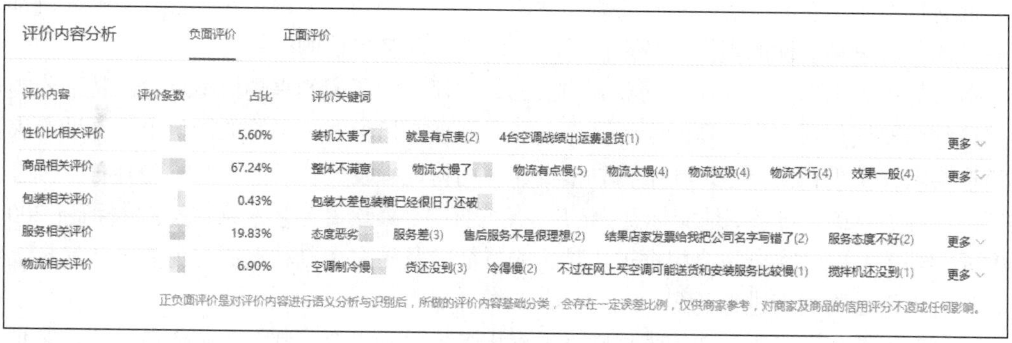

评价内容分析　负面评价　正面评价

评价内容	评价条数	占比	评价关键词	
性价比相关评价		5.60%	装机太贵了　就是有点贵(2)　4台空调战绩出运费退货(1)	更多
商品相关评价		67.24%	整体不满意　物流太慢了　物流有点慢(5)　物流太慢(4)　物流垃圾(4)　物流不行(4)　效果一般(4)	更多
包装相关评价		0.43%	包装太差包装箱已经很旧了还破	
服务相关评价		19.83%	态度恶劣　服务差(3)　售后服务不是很理想(2)　结果店家发票给我把公司名字写错了(2)　服务态度不好(2)	更多
物流相关评价		6.90%	空调制冷慢　货还没到(3)　冷得慢(2)　不过在网上买空调可能送货和安装服务比较慢(1)　搅拌机还没到(1)	更多

正负面评价是对评价内容进行语义分析与识别后，所做的评价内容基础分类，会存在一定误差比例，仅供商家参考，对商家及商品的信用评分不造成任何影响。

图 6-40　客户评价内容分析

9．售后投诉

买家在还未确认收货或者是交易成功的情况下，对于卖家各方面不好的态度以及对产品感到不满都可以采取相应的维权措施来保护个人的利益以及权利，如提出退款或向淘宝客服投诉。买家投诉成功后，淘宝的客服会进行相关的处理。

图 6-41 为某网店的维权总览（近 30 天），退款自主完结率为 99.14%，高于同行均值 99.07%；投诉率为 0.004 8%，低于同行均值 0.03%；仅退款自主完结平均时长为 0.96 天，慢于同行均值 0.61 天；退货退款自主完结平均时长为 3.37 天，快于同行均值 4.09 天。

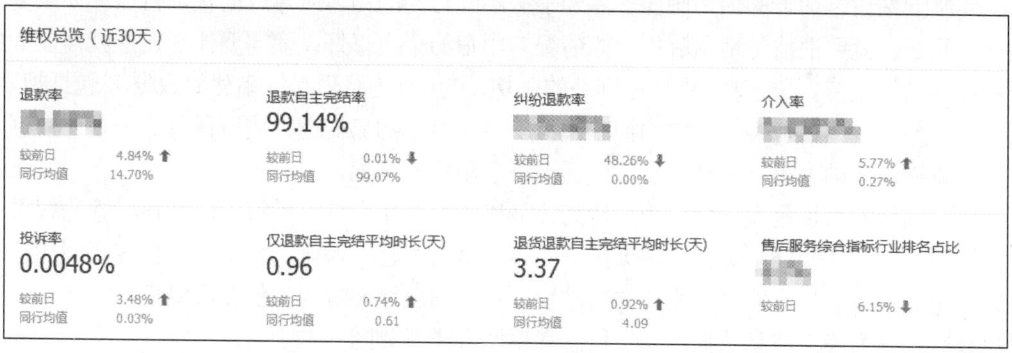

图 6-41　维权总览

三、任务实战

（一）绘制访客的用户画像

1．相关知识

用户画像，即用户信息标签化，网店通过收集与分析消费者的社会属性、生活习惯、消费行为等主要信息的数据，抽象出一个用户的商业全貌是网店应用大数据技术的基本方式。用户画像为网店提供了足够的基础信息，能够帮助网店快速找到精准用户群体以及用户需求等更为广泛的反馈信息。

随着淘宝市场竞争加剧，淘宝商家越来越觉得引流难度在加大。要获得流量，那应该先明白一个道理：淘宝的流量为什么要给你？一定是你能够创造最大的流量价值，也就是说，流量进到店铺后，转化率、客单价一定都是优秀的。淘宝一直在倡导的个性化——千人千面，一方面这样做确实有利于提升用户的购物体验，从另一个角度来说，对平台和卖家来讲都是有好处的，流量精准性的提高，带来了转化率的提高和客单价的提高。

淘宝的千人千面是依靠淘宝网庞大的数据库构建出的买家的兴趣模型。它能从细分类目中抓取那些特征与买家兴趣点匹配的推广宝贝，展现在目标客户浏览的网页上，帮助商家锁定潜在买家，实现精准营销。淘宝首先根据客户的特征以及浏览和购买行为为其打上标签，如年龄段标签：25~35岁，地域标签：杭州，偏好标签：喜欢设计艺术感，客单价标签：200~400元，等等；同时淘宝也会根据进店访客的特征以及访客浏览和购买行为为该店家打上标签，然后再设法将两者进行匹配。

所以商家要想在千人千面搜索规则下得到更多的展示机会，则要先知道自己的访客长什么样，然后根据访客的用户画像来优化网店经营的产品和营销策略，最后形成明确、独特的市场定位，这正是淘宝所希望看到的。

2. 任务要求

收集一家网店访客的特征及其浏览和购买行为数据，绘制访客的用户画像，具体包括客户的年龄、性别、地域、爱好、消费层级、访问深度、平均访问时长、新老占比、流量流转和热力图等。在此基础上，总结网店访客的主要特征。

3. 任务实施

（1）理论基础

绘制网站访客清晰的用户画像，需要了解不同行为的访客所对应的基础特征。如果要解决这个问题，就要很清楚地了解用户的情况，用户的个人喜好，他需要什么，这就需要大数据挖掘技术的支持。需要基于用户在网站的一切行为（行为背后是一系列的数据），包括搜索、浏览、点击、咨询、加关注、放购物车、下单、支付、物流配送、售后评价等一系列数据，在这些数据的基础上进行建模，然后概括出每个用户的情况。

用户画像的目标是通过分析用户行为，最终为每个用户打上标签，以及该标签的权重。如，红酒0.8、李宁0.6。标签表明某用户对该内容有兴趣、偏好、需求等。权重表明用户的兴趣、偏好指数，也可能表明用户的需求度，可以简单地理解为可信度或概率。网店访客的用户数据划分为静态信息数据、动态信息数据两大类，如图6-42所示。

① 静态信息数据

静态信息数据是指用户相对稳定的信息，主要包括人口属性、商业属性等方面数据。这类信息自成标签，如果商家有真实信息则无须过多建模预测，更多的是做好数据清洗工作。

② 动态信息数据

动态信息数据是指用户不断变化的行为信息。广义上讲，一个用户打开网页，买了一个杯子，与该用户傍晚溜了趟狗，白天取了一次钱，打了一个哈欠一样都是用户行为。当集中到电商层面进行分析时，用户行为就会聚焦很多，如浏览凡客首页、浏览休闲鞋单品页、搜索帆布鞋、发表关于鞋品质的微博、赞"'双十一'大促给力"的微博消息等，均可看作访客的用户行为。

网店访客的用户行为可以看作用户动态信息的唯一数据来源，如何对用户行为数据构建数据模型，分析出用户标签这是一个难点。

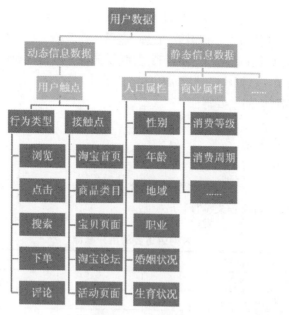

图 6-42　用户数据

（2）实施步骤

对于一个非技术型的运营人员，对访客的用户画像会偏向于通过数据简单整合、与用户多维度沟通等过程来实现，这个过程可以简单分解成三个步骤。

步骤1：用户维度筛选。

用户画像需要建立在真实有效的数据上，在做用户画像的过程中要对数据做筛选整合，首先并不是所有数据信息都有用，其次，数据还会有主与次、重要与非重要的区别。每一个公司的不同阶段，构成用户画像的数据维度会不一样。用户画像维度的筛选是为了指引营销、产品或者运营指标，不同职能人员对不同用户画像维度的看重程度是不一样的。以网店运营为例，客服销售关注的是用户的购物情况，产品运营关注的是页面的用户体验变化，渠道推广关注的是用户在流量上的表现。用户画像是一个动态的过程，分析的维度要视具体情况而定，要考虑数据汇集所需的时间。通常可以把用户的数据维度分成静态维度和动态维度，然后归类维度属性，接下来就开始进入数据信息收集的过程了。

步骤2：数据信息收集。

收集数据的方式方法会决定数据是不是有效的。线上运营比较常用的方法就是对用户进行"监控、跟踪"，淘宝网店的店主可以从生意参谋中获取大量自家店铺、行业和竞争对手的大量数据。当然除了数据跟踪，还可以结合用户调研的方式收集用户数据信息，如在网店运营过程中，除了跟踪用户购物下单等数据之外，还可以筛选出特定的用户做访谈调研。例如，横比产品的选择偏好，对于产品消费过程中的反馈等。

步骤3：数据建模分析。

数据是零散的或是表面的，用户画像要对收集到的数据做整理，比较常用的是通过数据建模的方式做归类创建。一些比较初级的用户画像，通过 Excel 工具就可以基本完成整合。而对于技术工具层面的数据建模，可以聘请专业技术人员来完成。在数据量不大、用户画像比较初级的情况下，通过筛选、归类、整合的过程对用户做属性归类，然后确定用户画像，这种方式可能有不到位的地方，但是在产品还没有推出或者数据量不大的情况下，运营还未进入深度精细化阶段，这种用户画像的初级处理，也能避免很多决策过于主观化。在数量比较多、用户画像精细化的情况下，就需要通过一些用户画像的工具做数据的整理了，通过对数据进行规整处理，然后做例如聚类、回归、关联及各种分类器等算法处理。关联性分析和RFM模型都是用户画像中数据建模分析常用的方式。

步骤4：总结网店访客的主要特征。

步骤5：撰写《××网店访客的用户画像》。

步骤6：做好汇报的准备。

（3）成果报告

××网店访客的用户画像

××网店访客的用户画像如表6-1所示。

表6-1   ××网店访客的用户画像

客户特征	特征数据	数据来源	数据说明
年龄	18 岁以下（5.81%）	生意参谋	0316～0322 年龄分布
	18～25 岁（14.47%）	生意参谋	
	26～30 岁（27.04%）	生意参谋	
	31～35 岁（19.48%）	生意参谋	
	36～40 岁（12.67%）	生意参谋	
	41～50 岁（13.27%）	生意参谋	
	51 岁以上（7.26%）	生意参谋	
性别	男（51.20%）	生意参谋	0316～0322 访客数性别区分
	女（33.92%）	生意参谋	
	未知（14.88%）	生意参谋	
地域	广东（3181）	生意参谋	0316～0322 访客人数分布前三
	河南（2420）	生意参谋	
	浙江（2137）	生意参谋	
爱好	聚划算、宝贝优惠券、搭配套餐、限时打折、包邮	生意参谋	0316～0322 偏好
消费层级	0～1 810 元（25 790 93.85%）	生意参谋	0316～0322 消费层级分布
	1 811～2 970 元（814 2.96%）	生意参谋	
	2 971～5 330 元（640 2.33%）	生意参谋	
	5 331～9 920 元（201 0.73%）	生意参谋	
	9 920～23 805 元（31 0.11%）	生意参谋	
	23 805 元以上（5 0.02%）		
访问深度	1.43 页/人		0316～0322 访问深度
平均访问时长	37 秒		0316～0322 平均访问时长
新老客户占比	老客户（8.80%）		0316～0322 新老客户占比
	新客户（91.20%）		
来源关键词	空调（950）		0316～0322 入店关键词访客人数分布
	格力空调（862）		
	洗衣机（169）		
	格力空调柜机（139）		
	空调柜机（135）		

客户特征	特征数据	数据来源	数据说明
浏览量分布	1页（17 233 62.54%）		0316～0322 浏览量人数分布
	2～3页（6 059 21.99%）		
	4～5页（1 649 5.98%）		
	6～10页（1 543 5.60%）		
	10页以上（1 073 3.89%）		
热力图	店招 点击人数：15 点击次数：23 点击率：6.67%		0316～0322 热力点分布
	导航 点击人数：44 点击次数：57 点击率：19.56%		
	首页图片 点击人数：79 点击次数：187 点击率：35.11%		

从表6-1汇集的网店访客的静态信息数据、动态信息数据来看，客户的年龄在18～50岁分布比较均匀，最主要年龄段为26～35岁，合计占比46.52%；客户的性别男性占多数；地域集中分布在东南部沿海经济发达地区及少数中西部人口较多的省份；客户爱好趋向于聚划算和宝贝优惠券等，对价格敏感；消费层级集中在0～1 810元区间，占比达到93.85%；访问深度1.43页/人；平均访问时长37秒；新老客户占比中新客户居多，老客户偏少；来源关键词为空调、格力空调、洗衣机等；浏览量集中分布在1～3页；从热力图来看，客户对首页图片比较感兴趣，点击率达到35.11%。

（二）基于 RFM 模型细分客户

1．相关知识

复购率是店主非常关心的一个问题，它直接反映了会员/客户的黏性。复购率=统计期内购买两次及以上的客户数/总购买客户数。复购率的统计周期通常以年、季、月、周来计算。要提升复购率，关键在做好客户关系管理（CRM）。

在众多的客户关系管理的分析模式中，RFM 模型是被广泛提到的。RFM 模型是衡量客户价值和客户创利能力的重要工具和手段。该模型通过一个客户的近期购买行为、购买的总体频率以及每次消费金额三项指标来描述该客户的价值状况。

RFM 模型较为动态地显示了一个客户的全部轮廓，这对个性化的沟通和服务提供了依据，同时，如果与该客户打交道的时间足够长，也能够较为精确地判断该客户的长期价值（甚至是终身价值），通过改善三项指标的状况，从而为更多的营销决策提供支持。一般的 CRM 模型着重在对于客户贡献度的分析，RFM 模型则强调以客户的行为来区分客户。

RFM 模型非常适用于生产多种商品的商家，而且这些商品单价相对不高，如消费品、化妆品、小家电等；它也适合在一个商家内只有少数耐久商品，但是该商品中有一部分属于消耗品，如复印机、打印机等消耗品；RFM 模型对于加油站、旅行社、保险公司、运输公司、快递公司、快餐店、KTV、移动电话公司、信用卡公司、证券公司等也很适合。

RFM 模型可以用来提高老客户的交易次数。商家用 R、F 的变化，可以推测客户消费的异动状况，根据客户流失的可能性，列出客户，再从 M（消费金额）的角度来分析，就可以把重点放在贡献度高且流失机会也高的客户上，对他们进行重点拜访或联系，以最有效的方式挽回更多的商机。

2. 任务要求

某网店的 12 位客户在最近一年的消费记录如表 6-2 所示，请以表中数据为例，基于 RFM 模型细分客户，判别这 12 位客户属于哪种类型。客户类型要求分成八类，即重要发展客户、重要价值客户、重要挽留客户、重要保持客户、一般发展客户、一般价值客户、一般挽留客户、一般保持客户。数据采集日期定在 12 月 31 日。

表 6-2 某网店客户交易数据

记录 ID	客户编号	收银时间	销售金额	销售类型
10010512	801251	1 月 5 日	55	正常
10022059	801257	2 月 20 日	43	正常
10031222	801262	3 月 12 日	125	促销
10041085	801251	4 月 10 日	87	正常
10042836	801253	4 月 28 日	40	正常
10050560	801260	5 月 5 日	99	促销
10051973	801255	5 月 19 日	132	促销
10061737	801252	6 月 17 日	207	正常
10062618	801259	6 月 26 日	63	正常
10071154	801256	7 月 11 日	178	促销
10073135	801261	7 月 31 日	112	促销
10080929	801254	8 月 9 日	77	正常
10082013	801258	8 月 20 日	184	正常
10091543	801255	9 月 15 日	82	促销
10092137	801256	9 月 21 日	90	促销
10100818	801262	10 月 8 日	54	正常
10101223	801253	10 月 12 日	100	正常
10101826	801258	10 月 18 日	72	促销
10102914	801262	10 月 29 日	136	正常
10110203	801261	11 月 2 日	148	正常
10111342	801253	11 月 13 日	220	正常
10112561	801257	11 月 25 日	45	正常
10121003	801259	12 月 10 日	79	正常
10123038	801256	12 月 30 日	152	正常

3. 任务实施

（1）理论基础

① RFM 模型介绍。

RFM 模型是一个简单的根据客户的活跃程度和交易金额贡献所做的分类。

近度 R（Recency）：R 代表客户最近的活跃时间与数据采集点的时间的距离。R 越大，表示客户越久未发生交易；R 越小，表示客户越近有交易发生。R 越大则客户越可能会"沉睡"，流失的可能性越大。在这部分客户中，可能有些优质客户，值得公司通过一定的营销手段进行激活。

频度 F（Frequency）：F 代表客户过去某段时间内的活跃频率。F 越大，表示客户与本公司的交易越频繁，不仅仅给公司带来人气，也带来稳定的现金流，是非常忠诚的客户；F 越小，表示客户不够活跃，且可能是竞争对手的常客。针对 F 较小且消费额较大的客户，需要推出一定的竞争策略，将这批客户从竞争对手手中争取过来。

额度 M（Monetary）：表示客户每次消费金额的多少，可以用最近一次消费金额表示，也可以用过去的平均消费金额表示。根据分析的目的不同，可以有不同的表示方法。一般来讲，单次交易金额较大的客户，支付能力强，价格敏感度低，是较为优质的客户；而每次交易金额很小的客户，可能在支付能力和支付意愿上较低。当然，这也不是绝对的。

RFM 模型的分析工具有很多，可以使用 SPSS 或者 SAS 进行建模分析，然后进行深度挖掘。IBM SPSS 还有个 Modeler，提供专门的 RFM 挖掘算法。

根据客户的规模，R、F 和 M 三个维度均可以按 2～5 个等级进行分组，细分后客户群体最少有 2×2×2=8（个）魔方，最多有 5×5×5=125（个）魔方。本例中 R、F 和 M 三个维度均可以按 4 个等级进行分组，即采用 4×4×4=64（个）魔方，再将 64 个魔方归类到八个类别，如图 6-43 所示，即分成重要发展客户、重要价值客户、重要挽留客户、重要保持客户、一般发展客户、一般价值客户、一般挽留客户、一般保持客户。

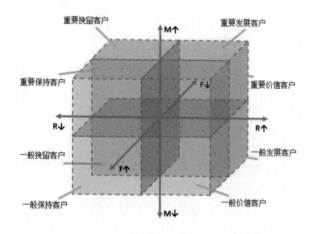

图 6-43　RFM 模型

② 根据 RFM 模型的分段指标分配权重，如表 6-3 所示。

R 值——根据客户生命周期分成四组：活跃客户、沉默客户、睡眠客户和流失客户，不同分组的客户赋予不同的权重值。

F 值——根据购买次数进行分组，购买 1 次为新客户，购买 2 次为老客户，购买 3 次为成熟客户，购买 3 次以上为忠诚客户，不同分组的客户赋予不同的权重值。

M 值——根据客户的客单价进行分组，1/2 客单价以下为低贡献客户，1/2 客单价～客单价为中贡献客户，客单价～2 倍客单价为中高贡献客户，2 倍客单价以上为高贡献客户，不同分组的客户赋予不同的权重值。

表 6-3　　　　　　　　　　　　　　　　RFM 分段指标

指标	客户分组	指标分段	权重值	营销策略
R 值	活跃客户	距离最近一次购买时间 0～90 天	10	密集推送营销信息
	沉默客户	距离最近一次购买时间 90～180 天	7	减少频率，加大优惠
	睡眠客户	距离最近一次购买时间 180～360 天	4	大型活动时推送
	流失客户	距离最近一次购买时间 360 天以上	2	停止营销信息推送

指标	客户分组	指标分段	权重值	营销策略
F 值	新客户	购买 1 次	10	传递促销信息
	老客户	购买 2 次	7	传递品牌信息
	成熟客户	购买 3 次	4	传递新品/活动信息
	忠诚客户	购买 3 次以上	2	传递会员权益信息
M 值	低贡献客户	1/2 倍客单价以下	10	促销商品/折扣活动
	中贡献客户	1/2～1 倍客单价	7	促销商品/折扣活动
	中高贡献客户	1～2 倍客单价	4	形象商品/品牌活动
	高贡献客户	2 倍客单价以上	2	形象商品/品牌活动

八类客户细分的指标特征如表 6-4 所示。

表 6-4　　　　　　　　　　　　　客户细分指标特征

客户细分	指标特征		
重要发展客户	R 值>5	F 值>5	M 值>5
重要价值客户	R 值>5	F 值<5	M 值>5
重要挽留客户	R 值<5	F 值>5	M 值>5
重要保持客户	R 值<5	F 值<5	M 值>5
一般发展客户	R 值>5	F 值>5	M 值<5
一般价值客户	R 值>5	F 值<5	M 值<5
一般挽留客户	R 值<5	F 值>5	M 值<5
一般保持客户	R 值<5	F 值<5	M 值<5

（2）实施步骤

步骤 1：数据处理，通过 Excel 的透视表计算 RFM 数据；

步骤 2：分配权重，即根据 RFM 分段指标分配权重；

步骤 3：识别客户类型，即根据客户细分指标特征将客户分成八类；

步骤 4：获取每一类型客户清单，为制定营销策略做准备；

步骤 5：撰写《基于 RFM 模型的客户细分》；

步骤 6：做好汇报的准备。

（3）分析结果基于 RFM 模型的客户细分

先获取某网店的销售记录数据（见表 6-5），然后基于 RFM 模型进行客户细分，具体步骤如下。

表 6-5　　　　　　　　　　　　　某网店的销售记录

记录 ID	客户编号	收银时间	销售金额	销售类型
10010512	801251	1 月 5 日	55	正常
10022059	801257	2 月 20 日	43	正常
10031222	801262	3 月 12 日	125	促销
10041085	801251	4 月 10 日	87	正常
10042836	801253	4 月 28 日	40	正常
10050560	801260	5 月 5 日	99	促销

记录 ID	客户编号	收银时间	销售金额	销售类型
10051973	801255	5 月 19 日	132	促销
10061737	801252	6 月 17 日	207	正常
10062618	801259	6 月 26 日	63	正常
10071154	801256	7 月 11 日	178	促销
10073135	801261	7 月 31 日	112	促销
10080929	801254	8 月 9 日	77	正常
10082013	801258	8 月 20 日	184	正常
10091543	801255	9 月 15 日	82	促销
10092137	801256	9 月 21 日	90	促销
10100818	801262	10 月 8 日	54	正常
10101223	801253	10 月 12 日	100	正常
10101826	801258	10 月 18 日	72	促销
10102914	801262	10 月 29 日	136	正常
10110203	801261	11 月 2 日	148	正常
10111342	801253	11 月 13 日	220	正常
10112561	801257	11 月 25 日	45	正常
10121003	801259	12 月 10 日	79	正常
10123038	801256	12 月 30 日	152	正常

1. 数据处理

根据分析需要，R 用客户最后成交时间跟数据采集点时间的时间差（天数）作为计量标准；F 根据数据集中每个会员客户的交易次数作为计量标准（1 年的交易次数）；M 以客户平均的交易额为计量标准。通过 Excel 的透视表即可计算以上 RFM 数据，如表 6-6 所示。

表 6-6   **客户交易的透视报表**

销售类型   （全部）

客户编号	最大值项：收银时间	计数项：记录 ID	平均值项：销售金额
801251	4/10	2	71
801252	6/17	1	207
801253	11/13	3	120
801254	8/9	1	77
801255	9/15	2	107
801256	12/30	3	140
801257	11/25	2	44
801258	10/18	2	128
801259	12/10	2	71
801260	5/5	1	99
801261	11/2	2	130
801262	10/29	3	105

任务六 客户数据分析——客户关系管理的基础

利用 Excel 进行如下操作：

（1）在菜单栏单击"插入"选项卡；

（2）在快捷按钮栏单击"数据透视表"；

（3）选择数据区域，确认所有的数据都被选择；

（4）选择在"新工作表"中插入数据，然后单击"确定"按钮；

（5）将"客户编号"拖入"行标签"栏；

（6）将"收银时间""记录 ID""交易金额"拖入数值计算栏；

（7）单击"收银时间"数值计算栏按钮，选择"值字段设置"；

（8）在"计算类型"中选择"最大值"；

（9）在对话框左下角，单击"数字格式"，设定时间格式为：yyyy-mm-dd，然后单击"确定"按钮；

（10）单击"销售金额"数值计算栏按钮，选择"值字段设置"；

（11）在"计算类型"中选择"平均值"，然后单击"确定"按钮；

（12）在"记录 ID"数值计算按钮栏，选择"值字段设置"；

（13）在"计算类型"中选择"计数"，然后单击"确定"按钮。

根据以上数据可以得到：

F 值：客户这 1 年共消费了多少次。

M 值：客户每次交易的平均消费金额。

但是，R 值还需要做些处理。目前 R 值只是客户最近一次消费日期，需要计算距离数据采集日期的天数。

本例将数据采集日期定在"12/31"，在 Excel 中将两个日期相减就能得到距离最近一次交易的时间，即"12/31"-"最大值项：收银时间"。

这样就获得了每个客户的 RFM 值，如表 6-7 所示。

表 6-7 客户的 RFM 值

客户编号	R	F	M
801251	265	2	71
801252	197	1	207
801253	48	3	120
801254	144	1	77
801255	107	2	107
801256	1	3	140
801257	36	2	44
801258	74	2	128
801259	21	2	71
801260	240	1	99
801261	59	2	130
801262	63	3	105

2. 分配权重

根据表 RFM 分段指标和每个客户的 RFM 值，进行权重的分配，如图 6-44 所示。

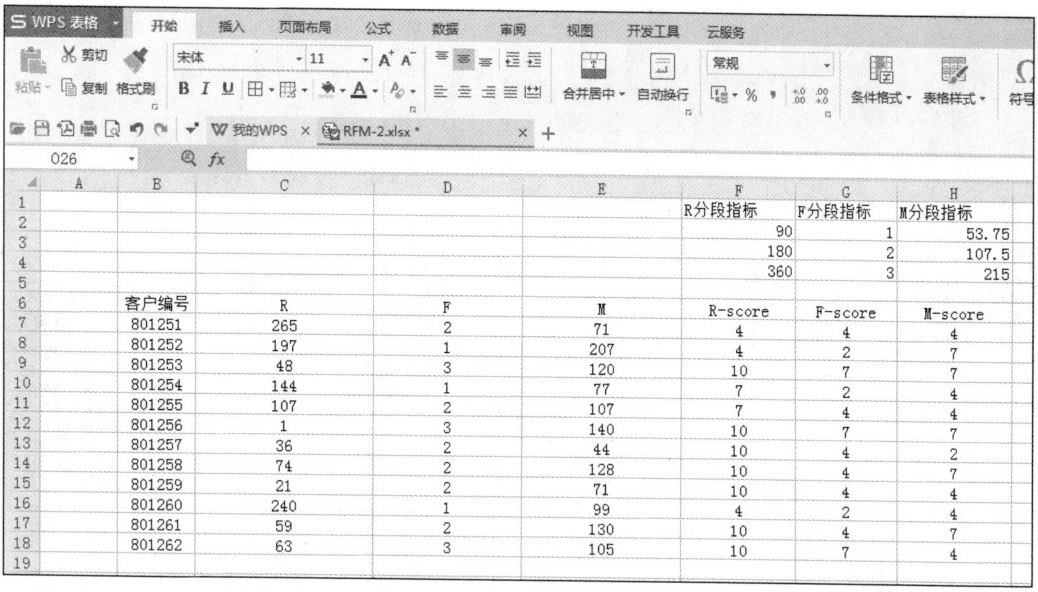

图 6-44　客户的 RFM 值

利用 Excel 进行如下操作：

（1）确定 RFM 分段指标，R 分段指标为 90，180，360；F 分段指标为 1，2，3；M 分段指标为 53.75，107.5（平均客单价），215；

（2）计算 R 的权重值 R-score；

F7=IF(C7<=$F$2,10,IF(C7<=$F$3,7,IF(C7<=$F$4,4,2)))，依次复制公式，即可获得所有客户的 R-score；

（3）计算 F 的权重值 F-score；

G7=IF(D7=$G$2,2,IF(D7=$G$3,4,IF(D7=$G$4,7,10)))，依次复制公式，即可获得所有客户的 F-score；

（4）计算 M 的权重值 M-score；

H7=IF(E7<=$H$2,2,IF(E7<=$H$3,4,IF(E7<=$H$4,7,10)))，依次复制公式，即可获得所有客户的 M-score；

例如，801251 客户的 R、F、M 权重值为 4、4、4，说明客户距离最近一次交易时间已经超过 180 天，交易次数为 2 次，客单价在 53.75～107.5 元，对应的营销策略是只在大型活动时推送信息，推送的信息以促销商品/折扣活动为主，宣传重在传递品牌信息。

3．识别客户类型

根据客户 R、F 和 M 三个维度的权重值将客户细分成八类，如图 6-45 所示。

利用 Excel 进行如下操作：

（1）I7==IF(H7>5,"重要","一般")&IF(AND(F7>5,G7>5),"发展客户",IF(AND(F7>5,G7<5),"价值客户",IF(AND(F7<5,G7>5),"挽留客户","保持客户")));

（2）依次复制公式，即可获得所有客户的细分类型；

4．获取每一类型客户清单

每位客户的细分类型已经确定，如果要针对"重要发展客户"制定一个营销方案，可以采用筛选的方法获得客户编号清单，如图 6-46 所示。

图 6-45 客户细分

客户编号	R	F	M	R-score	F-score	M-score	客户细分
801253	48	3	120	10	7	7	重要发展客户
801256	1	3	140	10	7	7	重要发展客户

图 6-46 客户筛选

四、拓展实训

实训1 SEM 营销中的受众分析

1. 实训背景

在 SEM 营销中，首先要对公司产品或者服务进行定位，然后了解自身产品或者服务针对的目标人群是哪些，其实简单来说就是做受众分析。

受众分析即企业以产品和服务来定位人群，生成人群画像，根据画像有针对性地投放广告。这是营销之前必做的工作之一，无论是搜索引擎推广、活动营销、抑或是微信营销，都离不开受众分析。那么受众分析一般有哪些流程呢？

第一步：定位人群——消费者人群画像。

无论是搜索引擎，抑或是网盟广告，都需要用人群画像来锁定目标人群，一般可从消费者年龄、性别、爱好、收入、职业等因素来进行划分，通过人群画像，消费者已然有专属标签，这将有利于后期有针对性地投放广告。

第二步：广告投放设置——消费者搜索习惯。

在做 SEM 搜索引擎营销的时候，通常都要对地域、时间段等进行选择，这些都是对消费者上网习惯的分析。通常分析的点有：平时活跃时间是什么时候，习惯移动端搜索还是 PC 端搜索……这些数据出来后，投放广告的时候就心中有数，能准确地有目的性地投放广告，节约广告成本。

第三步：定向设置——消费者属性标签。

消费者属性标签设置是在前两步的基础上进行的，它根据人群画像和上网行为来进行标注，一般多用于网盟的定向设置和关键词来源参考，如网盟设置的兴趣点：健美瘦身、母婴育儿等。

第四步：精准定向——消费者人群网站划分。

消费者人群网站划分，也是多用于网盟定向的网站选择，这类人群分析没有明确的数据统计，只有通过比较传统的方式进行调查，如问卷或者采访等方式；也可以根据自身的经验进行归类。

第五步：广告语定位——消费者消费特点。

消费者的消费特点，即消费关注的点，或能刺激消费购买的因素，这类分析有利于更好地撰写广告语。不同的产品或者服务，网民关注的点是不一样的，如电商类客户，网民可能关注的大多为打折、特价或者优惠；而装修类客户，网民关注的点可能多在于装修质量和效果上面。做好消费者的消费特点分析，能够撰写出有针对性的广告语，吸引网民点击。

这些是做消费者受众分析最基本的步骤，但其中也会存在一些难点，如数据来源有限制，大部分都缺少客观的数据分析；另外，定位也不可能达到百分之百的准确。

2. 实训要求

在确定 SEM 营销的商品后，针对这个商品展开受众分析，首先绘制人群画像锁定目标人群，然后分析消费者搜索习惯，再根据人群画像和消费者行为来标注消费者的属性标签，确定消费者人群网站，最后针对消费者消费特点设计广告语。SEM 营销结束后，再利用 UV 值、转化率、成交金额等指标来验证受众分析是否成功。

实训 2　退货客户数据分析

1. 实训背景

网店商品销售出去后却被退货，是商家最不希望看到的事情，所以减少网店损失首先要从减少退货量开始。当然要减少退货量，就得了解退货客户，再根据退货客户的特点制定相应的措施来减少退货量。

淘宝上客户可选择的退货原因有 7 天无理由退换货、尺寸拍错/不喜欢/效果不好、商品质量问题、材质与描述不符、做工粗糙/有瑕疵、颜色/款式/图案与商品描述不符、卖家发错货、假冒品牌、收到商品少件/破损/污渍等。

退货率是指产品售出后由于各种原因被退回的数量与同期售出的产品总数量之间的比率。退货率一般有两种计算方法：

$$退货率 = \frac{退货批次}{总出货批次} \times 100\%$$

$$退货率 = \frac{退货总数量}{出货总数量} \times 100\%$$

如果一个企业的退货率过高，会导致企业利润空间下降，更有甚者可能导致企业没有利润可言，甚至有可能造成企业的破产。

2. 实训要求

从生意参谋的交易明细中收集网店退货数据，经过清理和整理，建立客户退货数据表，然后分析退货客户的地域分布、年龄分布、性别分布，接着分析客户退货的商品数据和快递公司退货率，再分析客户退货的原因，最后筛选出客户退货的主要因素，并针对退货的主要因素制定相应的措施。在退货措施实施一段时间后，比较退货措施实施前后的退货率，检验退货客户数据分析的效果。

任务小结

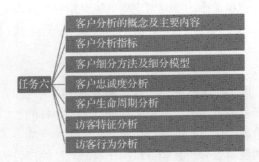

任务六
- 客户分析的概念及主要内容
- 客户分析指标
- 客户细分方法及细分模型
- 客户忠诚度分析
- 客户生命周期分析
- 访客特征分析
- 访客行为分析

同步习题

（一）判断题

1. 客户对产品首先需要有一个认知、熟悉的过程，然后试用，再决定是否继续消费使用，最后成为忠诚客户。（　　）

2. 一般随着时间周期的加长，客户活跃率会出现逐级下降的现象。（　　）

3. 重复购买率越高，则反映出消费者对品牌的忠诚度就越低，反之则越高。（　　）

4. 可以通过客户的消费频率，衡量出客户对商家的贡献程度。（　　）

5. 用户画像为网店提供了足够的信息基础，能够帮助网店快速找到精准用户群体以及用户需求等更为广泛的反馈信息。（　　）

（二）不定项选择题

1. 客户注意力分析就是指对客户的（　　）等进行分析。

    A. 意见情况   B. 咨询状况   C. 接触情况   D. 满意度

2. 对于网店来说，（　　）才是最有价值的客户。

    A. 潜在客户   B. 忠诚客户   C. 流失客户   D. 以上都不对

3. 根据客户价值金字塔模型设置客户价值等级的区段有（　　）。

    A. VIP 客户   B. 重要客户   C. 普通客户   D. 小客户

4. 客户价值矩阵将客户划分为（　　）。

    A. 优质客户   B. 消费型客户

    C. 经常客户   D. 不确定型的客户

5. 情感忠诚主要由（　　）构成。

    A. 客户满意度   B. 客户购买频率

    C. 竞争对手诱惑   D. 周围市场环境变化

（三）简答题

1. 根据客户关系管理的内容，客户分析包括哪些方面？

2. 简述 RFM 客户细分模型。

3. 客户关系生命周期划分成哪几个阶段？

4. 访客特征分析主要包含哪几个方面？

5. 访客行为分析主要包含哪几个方面？

任务七 商品数据分析
——撰写产品分析报告

学习目标

【知识目标】	1. 理解商品分析的概念，掌握商品分析的内容和重点；
	2. 熟悉商品销售分析；
	3. 理解和掌握商品价格分析；
	4. 熟悉商品功能组合分析；
	5. 熟悉用户体验分析；
	6. 熟悉商品生命周期分析；
	7. 理解和掌握商品毛利分析；
	8. 理解和掌握商品库存分析。
【技能目标】	1. 具备商品价格带分析的能力；
	2. 具备购物篮分析的能力；
	3. 具备撰写产品分析报告的能力；
	4. 具备用户需求分析的能力。
【基本素养】	1. 具有数据敏感性；
	2. 善于用数据思考和分析问题；
	3. 具备收集、整理和清洗数据的能力；
	4. 具有较好的逻辑分析能力。

一、任务导入

沃尔玛利用大数据提高商品销量

沃尔玛是世界上最大的零售商，如图7-1所示。沃尔玛在大数据还未在行业流行前就开始利用大数据进行数据分析，通过Hadoop集群迁移把10个不同的网站整合到一个网站上，这样所有生成的非结构化数据将被收集到一个新的Hadoop集群里。沃尔玛有一个庞大的大数据生态系统。沃尔玛的大数据生态系统每天处理多个TB级的新数据和PB级的历史数据，其分析涵盖了数以百万计的产品数据和不同来源的数亿客户。沃尔玛的分析系统每天分析接近1亿关键词，从而优化每个关键字的对应搜索结果。

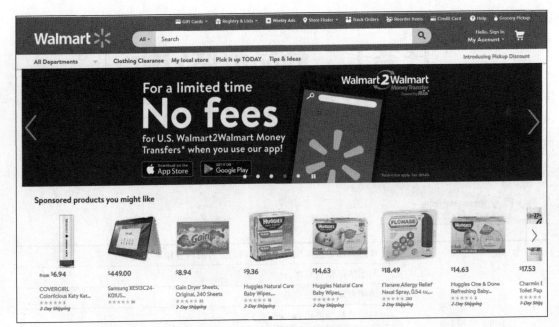

图 7-1　沃尔玛的官方网站

沃尔玛的地图应用程序利用Hadoop来维护全球1 000多家沃尔玛商店的最新地图，这些地图能够给出沃尔玛商店里一小块肥皂的精确位置。沃尔玛还利用Hadoop数据进行价格捕捉——只要周边竞争对手降低了客户已经购买的产品的价格，应用程序就会提醒客户并向客户发送一个礼券以补偿差价。

沃尔玛使用数据挖掘技术来向用户提供商品推荐，通过数据挖掘技术，沃尔玛可以掌握哪些产品需要一起购买的信息，沃尔玛会把这些商品信息推荐给用户。有效的数据挖掘大大增加了沃尔玛的客户转化率。

大数据在以下这些方面帮助沃尔玛提高了销售量。

1. 帮助推出新产品。沃尔玛利用社交媒体数据发现热门产品，这些热门产品会被引进到世界各地的沃尔玛商店。例如，沃尔玛通过分析社交媒体数据发现了热搜词"蛋糕棒棒糖"，便会迅速做出反应，蛋糕棒棒糖很快就在各个沃尔玛商店上架。

2. 利用预测分析技术，优化产品送货政策。沃尔玛利用预测分析，提高了在线订单免费送货的最低金额。最新的沃尔玛送货政策将免运费的最低金额从45美元调高到50美元，同时还增加了几个新产品以提升顾客的购物体验。

3. 提供个性化定制建议。该行为与谷歌相似，只是谷歌通过跟踪用户浏览行为来量身定制广告，而沃尔玛基于用户购买历史，通过大数据算法分析用户信用卡购买行为从而向其提供专业建议。

思考：

1. 说说沃尔玛是如何利用大数据的。
2. 谈谈大数据对沃尔玛提高销售量起到了哪些作用？

二、相关知识

（一）商品分析的概念、内容和重点

1. 商品分析的概念

商品分析通过对商品在流通运作中各项指标（销售额、毛利率、周转率、贡献度、交叉比率、动销率、增长率等）的统计和分析，来指导商品的结构调整、价格升降，决定各类商品的库存系数以及商品的引进和淘汰，它直接影响到店铺的经营效益，关系到采购、物流和运营等多个部门的有效运作。

2. 商品分析的内容

通过针对性的商品分析，有助于及时调整商品在各环节的运作，改善店铺的营运状况，而不是为分析而分析。商品分析的内容主要有以下几个方面。

（1）销售分析

销售分析是指对各类别商品的销售额、销售数量、平均销售额及其构成比情况等进行分析，使运营者了解营运现状，确定 A 类重点商品，并为调整商品的结构提供依据。

（2）价格分析

价格分析是指对重点及价格敏感商品的平均售价、进价、毛利与同行比较，或对它们的变动趋势等进行分析，使经营者了解商品的价位情况，对比其他数据调整价格制订策略和实施策略。

（3）商品功能组合分析

商品功能组合分析是指对商品各功能类别品项数、销售额、毛利额及其分布情况等进行分析，使经营者了解商品组合结构现状，并根据市场情况调整商品组合。

（4）用户体验分析

在体验为王的时代，如果能够把握好体验的力量，就可以从细微之处改善一个产品，可以创造出一个受欢迎的产品；从宏观角度讲，甚至能颠覆一个产业，改变一个格局。用户体验分析就是从用户出发，从用户体验的细节出发，从更多细微之处出发，对用户体验做出持续的改进。

（5）商品生命周期分析

商品生命周期是一个很重要的概念，它和企业制定营销策略有着直接的联系，企业可以根据产品在什么周期的哪个阶段的显著特征而采取适当的营销策略，以满足顾客需求，赢得长期利润。

（6）商品毛利分析

商品毛利分析是指对各类别商品实现的毛利额、毛利率及其分布情况等进行分析，使经营者可以对各类别商品实现的利润进行对比分析，掌握其获利情况，并为调整商品结构提供依据。

（7）商品库存分析

商品库存分析是指对各类商品的库存量、存销比、周转率、毛利率、交叉比率等进行分析，使经营者全面了解商品库存动态情况，及时调整各类商品库存系数，均衡商品库存比例，及时制订相应的经营政策。

网店商品营运分析，以商品流转的科学性和高效化为目的，追求最合理的商品组合及最大的商品贡献，决定商品和价格策略的变动，关系到采购、储运和网店各部门的运作成效，并直接影响到店铺的经营业绩。随着电商行业以资金为核心竞争力的"跑马圈地"时代的结束，商品的分析和管理能力已逐渐成为店铺新的核心竞争力之一，并将直接影响网上零售行业的竞争格局。

3. 商品分析的重点

进行有效的商品分析，首先必须确定重点商品。一家网店经营的商品品类数千甚至上万，以有限的人力很难兼顾，因此，应选择那些直接影响到店铺经营绩效的商品进行重点分析。

（1）商品 ABC 分类的 A 类商品。此类商品通常只占店铺经营品类的 20%，然而却为公司贡献 80%左右的销售额及利润。对此类商品应加强其在营运各阶段的综合销售及流转信息的收集、分析和评估。

（2）价格敏感商品。此类商品的价格高低直接影响店铺在消费者心目中的价格形象，应对此类商品进行重点关注，定期进行价格调整，以免在不知不觉中流失客户。

（3）代理或独家销售的高毛利商品。这类商品由于进价较低，毛利率相对较高，应定期检核其销售毛利贡献情况，鼓励网店积极促销，使此类商品的毛利在总毛利额中保持较高的比例。

（二）商品销售分析

销售计划完成情况分析的方法有以下几种：销售计划完成情况的一般分析、品类商品销售计划完成情况的具体分析、热销单品销售情况的具体分析等。

某网店销售计划完成情况如表 7-1 所示，具体分析如下。

表 7-1 　　　　　　　　　　　　　　×××× 年 7 月销售计划完成情况

商品类别	本年 7 月销售情况				本年 6 月销售额（万元）	去年 7 月销售额（万元）	环比增长%	同比增长%
	计划（万元）	实际（万元）	完成计划%	对总计划影响程度%				
空调	5 000	4 595	91.9	-6.8	3 800	4 230	20.9	8.6
平板电视	600	696	116	1.6	580	515	20.0	35.1
冰箱	200	219	109.5	0.3	175	166	25.1	31.9
洗衣机	150	105	70	-0.7	138	157	-23.9	-33.1
烟灶套装	50	55	110	0.1	50	35	10.0	57.1
合计	6 000	5 670	94.5	-5.5	4 743	5 103	19.5	11.1

1. 销售计划完成情况的一般分析

对销售总计划进行分析，即对销售计划完成情况的一般分析，以×××× 年 7 月销售计划完成情况表为例，该网店 7 月销售计划为 6 000 万元，实际为 5 670 万元，实际比计划少了 330 万元，只完成计划的 94.5%，这说明该网店未完成销售计划，需要做进一步分析。

2. 品类商品销售计划完成情况的具体分析

再来分析品类销售情况，7 月空调计划 5 000 万元，实际 4 595 万元，实际比计划少 405 万元，占计划的 91.9%；洗衣机计划 150 万元，实际为 105 万元，实际比计划少 45 万元，占计划的 70%，均未完成销售计划。平板电视、冰箱和烟灶套装的销售计划完成情况较好。其中空调对总计划影响最大，达到-6.8%，是造成总销售计划未完成的主要因素，对此要进一步查明未完成计划的原因，以便进一步采取措施，提高空调销售计划完成情况。

对比本年 6 月销售情况，空调环比增长 20.9%，平板电视环比增长 20.0%，冰箱环比增长 25.1%，洗衣机环比增长-23.9%，烟灶套装环比增长 10%，可见除了洗衣机其他品类都出现环比增长。

对比去年 7 月销售情况，空调同比增长 8.6%，平板电视同比增长 35.1%，冰箱同比增长 31.9%，洗衣机同比增长-33.1%，烟灶套装同比增长 57.1%，总体同比增长 11.1%，数据显示洗衣机同比下降幅度较大，与市场竞争加剧有关，其他品类同比都有一定幅度的增长。

当然，在分析销售计划完成情况时，不仅要看到计划完成的数字，还要具体问题具体分析，计划超额了，不等于没有问题；没有完成计划，不等于没有成绩，等等。

3. 热销单品销售情况的具体分析

接着分析 7 月份热销单品榜，以空调为例，如图 7-2 所示。销量排在前五位的是美的大 1.5 匹壁挂式空调、美的大 1 匹智能冷暖空调、美的大 1.5 匹智能静音空调、美的大 1 匹智能云变频空调和奥克斯大 1 匹冷暖型空调。

商品名称	当前状态	所有终端的商品访客数	所有终端的商品浏览量	所有终端的支付金额	所有终端的支付转化率	所有终端的支付件数	操作
Midea/美的 KFR-35GW/WCBA3@大1.5匹壁挂式 发布时间：2017-03-22	当前在线	325,564	934,428	12,093,884	1.08%	4,316	商品温度计 单品分析
Midea/美的 KFR-26GW/WCBD3@大1匹智能冷 发布时间：2017-03-22	当前在线	135,638	319,791	3,053,330	0.87%	1,570	商品温度计 单品分析
Midea/美的 KFR-35GW/WCBD3@大1.5匹智能静 发布时间：2017-03-22	当前在线	106,377	251,164	2,405,455	0.77%	1,045	商品温度计 单品分析
Midea/美的 KFR-26GW/WCBA3@大1匹智能云变 发布时间：2017-03-22	当前在线	59,598	152,893	2,161,702	1.27%	898	商品温度计 单品分析
AUX/奥克斯 KFR-26GW/BpNFI19+3大1匹冷暖型 发布时间：2016-11-03	当前在线	50,947	141,506	1,553,461	1.16%	739	商品温度计 单品分析

图 7-2 热销单品榜

对热销单品销售情况进行具体分析，以销量排名第一的美的大 1.5 匹壁挂式空调为例。

美的大 1.5 匹壁挂式空调 7 月计划为 1 500 万元，计划单价为 3 000 元/台，计划销售量为 5 000 台；7 月实际为 1 209 万元，实际单价为 2 802 元，实际销售量为 4 316 台。

用因素分析法计算如下：

计划：3 000 元/台×5 000 台=15 000 000 元　　　①

替换：3 000 元/台×4 316 台=12 948 000 元　　　②

实际：2 802 元/台×4 316 台=12 093 432 元　　　③

按上式计算：

① 由于销售数量减少，而使得销售额减少 2 052 000 元，（即①式减②式）；

② 由于单价变动而影响销售额减少 854 568 元，（即②式减③式）；

③ 以上两个因素共同作用的结果，使得美的大 1.5 匹壁挂式空调的实际销售额比计划销售额少 2 906 116 元，即：2 052 000+854 568=2 906 568（元）。

当然，如果对商店的每一种商品的销售情况都做这样的分析，工作量将是非常大的，因此，只需对那些主要的、关键的商品的销售情况进行分析即可。

知识链接：因素分析法

因素分析法是利用统计指数体系分析现象总变动中各个因素影响程度的一种统计分析方法，包括连环替代法、差额分析法、指标分解法等。因素分析法是现代统计学中一种重要而实用的方法，它是多元统计分析的一个分支。使用这种方法能够使研究者把一组反映事物性质、状态、特点等的变量简化为少数几个能够反映出事物内在联系的、固有的、决定事物本质特征的因素。

（三）商品价格分析

在经济学的语言中，价格是为获得所期望的某些东西而必须牺牲的货币量。价格存在的意义在于它能使社会资源得到有效配置，实现社会总体福利最大化，也就是说价格指导着社会资源该如何使用。价格就像只看不见的手影响着市场的供需。供过于求时，价格降低，在成本不变的情况下，利润降低，这将指导生产者转向其他产品的生产；供不应求时，价格提高，利润提高，这将刺激生产者进行更多的投资，引导更多的资源进入这个行业。此外，较高的价格也可能刺激技术革新和开发新技术的速率加快。因此降低价格可以刺激需求，限制供给，而提高价格具有相反的作用。

1. 影响定价的内部因素

（1）营销目标

要使企业价格战略卓有成效，企业必须建立切实可行的营销目标，以明确价格决策的方向。营销目标既是定价决策的主要内容，又在某种程度上决定了定价决策其他内容的选择。实践证明，营销目标正确与否关系到企业整个定价决策的成败。常见的营销目标有：以投资收益率最大化为目标，以利润最大化为目标，以市场份额最大化为目标，以稳定价格、适应和避免竞争为目标，以提高企业及产品品牌形象为目标。

（2）店铺商品定位

要做到合理为店铺商品定价，首先要对店铺的商品有一个清晰的定位。如果卖家连自己网店中的商品是高端商品还是低端商品都分不清，想要进行合理定价是不可能的。

店铺商品定位需要从商品本身的特点出发，研究清楚店铺商品究竟有什么优势值得买家购买。常见的店铺商品优势有低价优势、专业优势、特色优势和附加值优势。

低价优势是指店铺利用商品低价来吸引买家，薄利多销，靠销量来提升业绩。

专业优势可以体现在商品的专业做工上或专业设计上，一旦商品具备了某种专业优势，并被消费者认可，其商品价格就能高于同类普通商品。

特色优势是店铺商品异于普通商品而展示出来的优势，其具备了某种特色，如做工精致、体现民族风格等，其商品定价也会高于同类普通商品。

附加值优势是店铺通过附加值为商品加分，以获取消费者的信任，从而有利于抬高商品价格。店铺附加值包括店铺服务质量高、店铺具有多年的开店资质等。

（3）商品成本

成本决定了商品的底价。价格不仅应该能够弥补生产、分销及销售有关的直接成本和分配的间接成本，还应该包括因付出努力和承担风险而赢得的公平利润。对于新产品，相关成本是在未来的整个生命周期里的直接成本和分配的间接成本。基于商品成本的定价方法有成本加成定价法和安全定价法。

① 成本加成定价法

成本加成定价法是指按商品的单位成本加上一定比例的利润制定商品定价的方法。成本加成定价法的计算公式为：

商品定价=商品成本+商品成本×成本利润率

知识链接：成本加成定价法示例

假设某网店经销袋装大红枣，500 克/袋，进价 30 元，以 80%的成本利润率进行成本加成定价，则商品的最终定价为 54 元。

② 安全定价法

安全定价法是将商品的价格设置得比较适中，不高也不低，市场竞争程度相对较小，消费者能够承受，商家也有一定的利润。安全定价法也叫"满意价格策略"，主要针对网上售卖的商品，商家把商品本身的价格和确保消费者正常使用的费用计一个总价，这种定价法能降低消费者的消费风险，提升消费者的购物满意度与安全感。安全定价法的计算公式为：

商品成本+正常利润+快递费用=安全定价

知识链接：安全定价法示例

假设一款 T 恤的商品成本为 40 元，正常利润为 20 元，快递费用为 10 元，则这款 T 恤的安全定价为 70 元。

（4）商品类别

网店的商品按照其在销售中所起的作用可分为三种类型：引流商品、定位商品和利润商品。引流商品是给店铺带来流量的商品，这类商品通常以低价来吸引买家；定位商品的作用是将店铺的定位控制在一个范围内，不让店铺因打折的低价商品过多而渐渐失去品牌价值，这样的商品的定价就比较高；利润商品的作用是为店铺赚取利润，这部分商品的定价介于引流商品与定位商品之间。

这三类商品在网店的占比有着较为严格的标准，合理的比例为引流商品占 10%、定位商品占 20%和利润商品占 70%。引流商品定价低，这类商品太多会引起店铺品牌价值和营业额的下降。而定位商品定价高，销量小，如果占比多，也会造成店铺营业额的下降。由于商家开网店的目的是为了赚钱，所以利润商品占比最大。

图 7-3 所示是这三种类型的商品定价在成本价之上的涨幅，引流商品一般高于成本价 10%左右，利润商品一般高于成本价 30%左右，定位商品价格的上升幅度可至 45%。

2. 影响定价的外部因素

（1）消费人群

成熟的店铺都会有固定的消费人群，如果卖家的商品定价高于固定消费人群的消费能力，这部分消费者就会买不起；如果卖家的商品定价低于固定人群的消费能力，这部分消费者又会觉得商品这么便宜，可能存在质量问题，也不会购买。

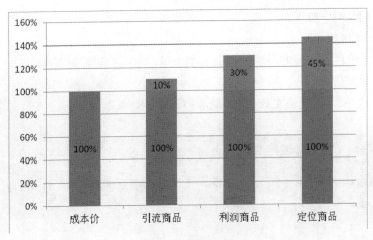

图 7-3　商品定价

　　消费人群消费能力的确认主要看这个人群的年龄和职业。商家可以从客户的人群画像里找到人群的年龄分布和职业分布，继而推断出他们的消费能力，并依此确定商品的大致价位。

　　图 7-4 所示为阿里指数中女装/女士精品类目下连衣裙的客户年龄段占比，小年轻、青年和青壮年是购买的主力。如果店铺将目标消费人群确定为小年轻和青年，这部分消费者的收入普遍不高，但又追求有品质的时尚生活，因此连衣裙的定价不能太高，也不能太低，中等价位比较合适。

图 7-4　客户年龄段占比

　　（2）市场和顾客需求

　　市场上的顾客需求为价格设立了上限，它取决于顾客对商品和服务的价值感受。企业在定价之前必须弄清商品价格与顾客需求之间的关系。当商品价格高于顾客的认可价值时，顾客就不会购买；只有在商品提供的使用价值至少等于其价格时，顾客才会购买。在传统商业中，企业判断顾客心目中的商品价值并非易事。在电子商务时代，转化率可以作为一个判断顾客心目中商品价值的参考指标，转化率高说明商品的价值被顾客认可的程度高，转化率低则说明商品的价值被顾客认可的程度低。

　　市场上的顾客需求量的大小对商品价格也有影响，当商品的供应量增加，需求减少，商家之间的竞争加剧，价格就会趋于下降，反之价格趋于上升。图 7-5 所示是童套装的 1688 阿里指数，淘宝采购指数越大表示淘宝市场需求越大，1688 采购指数越大，表示在阿里巴巴进货的人越多，间接表示淘宝市场的供货量越大。分析 6 月 1 日～8 月 30 日童套装的数据概况可以发现，淘宝采购指数与 1688 采购指数的变化趋势基本保持同步，市场供求均衡，可以判断不适合为童套装制定高于市场均价的价格。

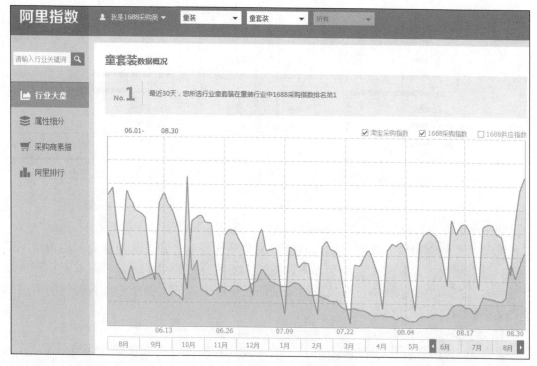

图 7-5　童套装 1688 阿里指数

（3）竞争对手价格

定价是一种挑战性行为，任何一次价格制定与调整都会引起竞争者的关注，并导致竞争者采取相应的对策，尤其是在产品的成长期和成熟期，竞争的结果往往会决定一个行业的标准和某企业产品的营销成败。竞争因素构成了对价格上限的最为基本的影响，迫使参与竞争的商家降低价格。

为了迎合消费者货比三家的心理，商家都会参考竞争商品的价格，在进行充分的对比后制定自己商品的价格，这样自己的商品才不会在竞争中处于劣势。但淘宝商家不要误认为商品的价格越低越受买家喜欢。而且商家还要注意，不是所有的同类商品都是自己的竞争对手，如商家销售的是 T 恤，则不必将淘宝网上所有 T 恤都作为竞品，这个范围太大，不利于做出精确判断。商家应该根据自己商品的品牌价值、买家偏好的价位精确地寻找竞争对手，最后确定商品价格。

顾客认知的商品品牌价值包括商品价值，即功能、特性、品质、品种与式样等所产生的价值；服务价值，即商品出售过程中顾客得到的服务所产生的价值；人员价值，即商品品牌企业员工的经营思想、知识水平、业务能力、工作效益与质量、经营作风、应变能力等所产生的价值；形象价值，即商品品牌在社会公众中形成的总体形象所产生的价值等。顾客对商品品牌价值认可度越高，越愿意花更多的钱来购买该品牌的商品。

买家对不同商品有不同的偏好价格，图 7-6 所示为"T 恤男"近 90 天支付金额，55～85元的搜索点击人气最高，搜索点击人数占比 47.12%。图 7-7 所示为"T 恤女"近 90 天支付金额，45～70 元的搜索点击人气最高，搜索点击人数占比 33.94%。男性顾客对 0～25 元的低价 T 恤不感兴趣，搜索点击人数占比只有 8.62%，而女性顾客对 0～25 元的低价 T 恤比较感兴趣，搜索点击人数占比达到 19.72%，性别不同对商品的价格偏好也不同，差异明显。

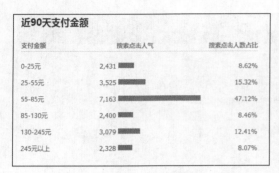

图 7-6 "T 恤男"近 90 天支付金额

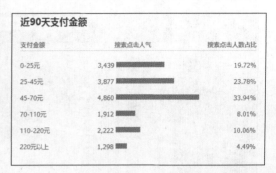

图 7-7 "T 恤女"近 90 天支付金额

（4）其他外部因素

除了考虑竞争和顾客需求外，还要考虑市场需求量和供应链、政府管制、经济状况、新技术等其他外部因素的影响。如政府管制通常导致成本上升，从而使商品的价格下限提高。经济状况，如繁荣或衰退、利率以及该国新增投资的水平，都将影响到生产成本以及顾客对产品价值的认知。新技术则通过降低生产成本或发明新的独具特色的高附加值产品来影响价格。

3. 常用的定价策略

定价策略是指为实现定价目标在定价方面采取的谋略和措施。激烈的市场竞争使企业越来越重视定价策略，恰当地运用各种定价策略，是企业发展壮大，提高自身竞争力，最终取得成功的重要策略。

（1）一般的定价策略

一般的定价策略包括撇脂定价法（Skimming Pricing）、渗透定价法（Penetration Pricing）和适中定价法（Neutral Pricing）三种。

撇脂定价法是指将刚进入市场的产品价格定得较高，以便从份额虽小但价格敏感性低的消费者细分中获得利润。该种方法通过牺牲销量、提高价格来获得较高的毛利，通常只有在价格敏感性低的细分市场上的销售利润比用低价销售给更大的市场所能获得的利润要大的情况下采用。

渗透定价法是指将价格定在较低水平，以便赢得较大的市场份额或销售量。该种方法牺牲高毛利以期获得高销量。同撇脂定价一样，这一策略也只在特定的环境下才是有利的。

适中定价法尽量降低价格在营销手段中的地位，重视其他更有力或有成本效率的手段。在以下两种情况下会采用该种方法，一是当不存在适合撇脂定价或渗透定价的环境时；二是为了保持产品线定价策略的一致性。与撇脂定价或渗透定价法相比，适中定价法缺乏主动攻击性。

（2）与商品生命周期有关的定价策略

商品生命周期是指一种商品从投入市场到被市场淘汰所经历的全过程。这个过程被划分为四个阶段：导入期、成长期、成熟期和衰退期。每个阶段的特点及采用的定价策略如表 7-2 所示。

表 7-2 商品生命周期各阶段的特点和定价策略

阶段	导入期	成长期	成熟期	衰退期
成本	最高	不断下降	最低	开始上升
价格敏感	低	提高	最高	—
竞争情况	没有或极少	竞争者进入市场	激烈	弱者退出
目标市场	革新者	早期购买者	大众	落伍者
销售量	低	迅速增长	达到最大开始下降	下降
利润	微利或亏损	迅速上升	达到最大开始下降	下降
市场策略	建立市场，培育顾客	扩大市场	产品差异，成本领先	紧缩/收割/巩固
定价策略	撇脂定价/渗透定价	视情况而定	适中定价	低价出清存货

（3）市场细分定价策略

市场细分是指将购买者分为不同的群体，针对每一个细分市场上的用户制定更有效的营销方案的营销策略。

① 根据购买者的类型细分：要实现按购买者类型细分，最关键的是获取购买者的信息，然后通过购买者的相关信息鉴别顾客的类型。这种方式需要商家迅速、准确地将价格不敏感的顾客从庞大的潜在消费群体中分离出来。

② 根据购买地点细分：根据购买地点细分常见的定价方式有国际定价、产地交货价格、卖主所在地交货价格、运费补贴价格、统一交货价格、分区定价和基点定价等。

③ 根据购买时间细分：根据购买时间细分常见的定价方式大致可分为旺季定价和淡季定价。对于那些服务成本随时间变化很大的行业来说，按时间细分是非常有效的，典型的例子如航空公司、船运公司和旅馆。

④ 根据购买数量细分：当顾客在不同的细分市场购买不同数量的商品时，可以使用数量折扣进行细分定价。数量折扣的类型有四种：总额折扣、订单折扣、分步折扣和两部分定价法。

⑤ 根据商品设计细分：根据商品设计细分是最有效的细分。它是指通过设计出不同档次的商品或服务，来满足不同顾客的需要，从而实现对市场的细分。使用这种策略的关键在于生产不同档次的商品，实际上不同档次的商品或服务成本并没有多少区别。

⑥ 根据商品捆绑细分：商品捆绑是细分定价常用的策略，被捆绑的商品在满足不同的购买者细分的需求时，彼此关联。此种定价方式大致可分为：选择性捆绑、增值捆绑等。

⑦ 通过搭卖和测量细分：搭卖和测量细分定价的策略在对商品进行定价时常常用到，这是因为购买者通常更看重常用的商品。这两种定价策略是根据顾客对商品的使用强度来细分购买者的。

（4）营销组合中的定价策略

定价策略不能同网店的其他营销策略分离。商品的价格可能会影响市场对这一商品的认识，也会影响与此商品一起出售的其他商品的市场情况，还会影响广告的效果和分销过程中人们对这个商品的注意程度。

① 定价策略与产品线：一个商品的销售对它的替代品和互补品的销售有很大影响。如果希望获取最大的利润，则对某种商品定价时必须考虑它对其他商品的影响。

② 定价策略与促销策略：促销是指企业为使消费者更好地了解自己的商品而采取的一些措施。

③ 把价格作为促销手段：有效的价格促销是指在"普通"价格的基础上再给予折扣，激发顾客的购买欲望，影响他们的消费行为，主要有如下形式：试销、免费试用、特别包装、优惠券、折扣、批发折扣等。

④ 定价策略与分销策略：一种商品的分销方式显然会影响这种商品的定价方式。通常，分销方式会影响该商品的同类商品、该商品在消费者心中的形象以及该商品的细分市场。

4. 竞品价格分析

这里还是以美的空调为例，美的 KFR-35GW/WCBA3 大 1.5 匹壁挂式冷暖智能变频空调是某网店的主打产品和引流产品，其竞争对手主要有美的官方旗舰店、美的空调旗舰店、苏宁易购官方旗舰店三家，该款空调价格由美的官方统一定为 2 799 元，竞争对手之间的差异在于促销优惠。苏宁易购官方旗舰店的促销活动是满 1 980 减 180，满 3 000 减 300，满 10 000 返 1 000，该款空调券后实际价格为 2 619 元，购买金额越高则优惠金额越多，如图 7-8 所示。该网店的促销活动是送高端台扇，相比较而言，苏宁易购的优惠幅度更大，对消费者更有吸引力，从销量上也能反映出来，因此该网店需要重新调整促销活动，以应对竞争。

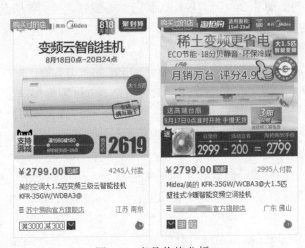

图 7-8　竞品价格分析

（四）商品功能组合分析

商品功能组合是指一家网店经营商品的功能结构，即各种商品线、商品项目和库存量的有机组成方式。商品组合一般由若干个商品系列组成。商品系列是指密切相关、功能各异的一组商品。此组商品能形成系列，有其一定的规定性，且能满足消费者的某种同类需求。

例如，某网店的"空调"类目根据功能差异分成 12 个商品系列，如图 7-9 所示，数据显示访客关注的是壁挂式空调和立柜式空调，以及适合 12～22 平方米的卧室空调、6～14 平方米的书房空调和 18～28 平方米的小客厅空调，对智能云空调、单冷空调、冷暖空调关注得很少。

（五）用户体验分析

用户体验是指人们对于针对使用或期望使用的商品或者服务的认知印象和回应。用户体验是一种在用户使用商品过程中建立起来的主观感受。但是对于一个界定明确的用户群体来讲，其用户体验的共性是能够经由良好设计实验来认识的。

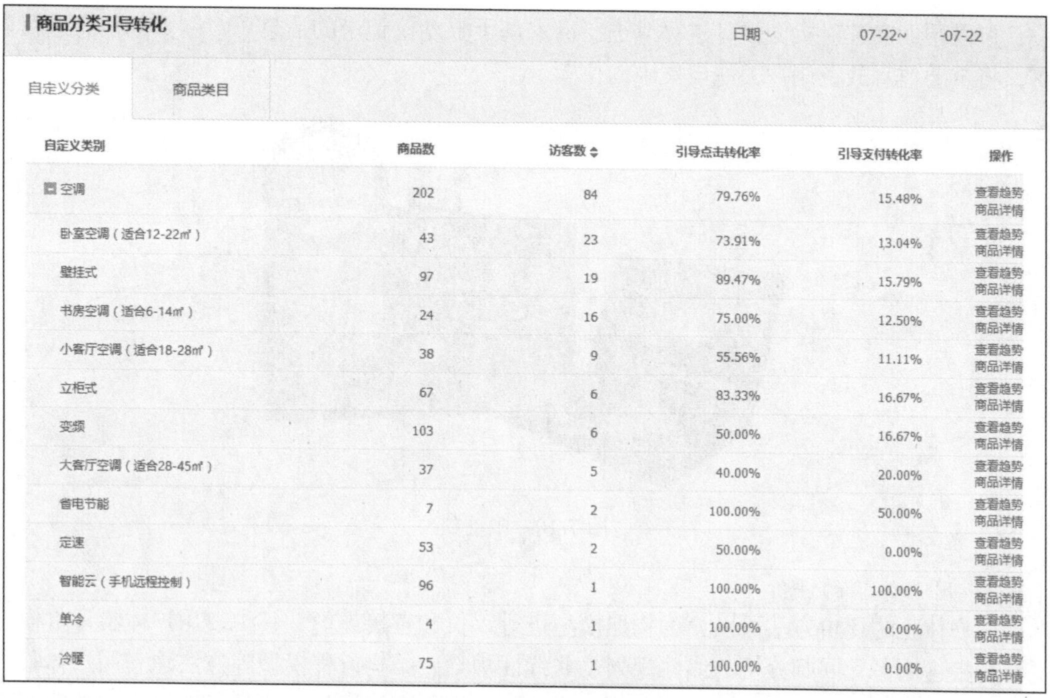

图 7-9　商品自定义分类

　　用户体验，即用户在使用一个商品或服务之前、使用期间和使用之后的全部感受，包括情感、信仰、喜好、认知印象、生理和心理反应、行为和成就等各个方面。影响用户体验的主要因素是系统、用户和使用环境。

　　1. 用户体验的层次

　　用户体验包含三个层次，即本能层、行为层、反思层。

　　本能层先于意识和思维，是外观要素和第一印象形成的基础。这个层次强调给人的第一印象，如商品的外观、触感、味道等。

　　行为层涉及商品的使用过程，如功能、性能和可用性。这个层次主要强调商品在性能上能满足用户的需求，在使用中能为用户带来乐趣。

　　反思层是指意识及更高级的感觉、情感等。这个层次是和体验者的思想以及情感相互交融的。反思层能够带给用户长期的回望和记忆，其中商品形象、记忆、个人满足等因素对于商品在用户体验中的作用影响深远，这就要求将商品设计的很多方面延伸到体验层面。

　　2. 用户体验的测量

　　用户体验研究的是用户交互过程中的所有反应和结果，具有很强的主观感觉特性，主观情感测量也是一种常用的测量方法。有关用户体验数据的测量有一些规范的情感测量量表，如 PAD 量表、PrEmo 量表以及实用性和享乐性量表等。用户在商品功能性上的体验一般采用可用性评价相关指标（量表）进行测量，目前可用性测量已经有很多较为成熟的量表，该类数据获取通常采取问卷调查的方式。另外，还可通过用户采访的方式获取用户体验的信息，这些方法获取的信息一般是定性的。为弥补主观测量方法的缺陷，通过实验手段获取客观数据的方法不断受到关注，如生理指标测量，面部表情识别，脑电、眼动数据测量等。这些方法为更加准确地衡量用户体验提供了可能。

　　图 7-10 为眼动仪，眼动仪可以测试出用户的视线在网页上移动的轨迹和关注的重点部

位，可以帮助商家对页面设计进行改进。商家基于眼动仪记录的信息可对网页的信息进行调整，将重要信息放在用户关注点集中的位置。

图 7-10　眼动仪

3. 用户体验的评价

用户体验的评价方法可以分为构建模型进行评价和直接评价。其中，用户体验评价模型主要是指运用多元回归分析、线性规划、非线性规划、结构方程模型等方法建立用户体验和构成要素之间的关系模型，以此来评价用户体验水平；直接评价方法是指根据用户体验调查问卷获取用户体验数据，进行数据处理后得出用户体验各构成因素得分及总体验得分，或者对测量用户的生理指标、行为指标数据进行处理后，按照一定的评价标准进行评价。

图 7-11 是商品效果明细，访客的平均访问深度、平均停留时长和详情页跳出率是生意参谋用来衡量用户体验的行为指标。

图 7-11　商品效果

（六）商品生命周期分析

商品生命周期是指商品从进入市场到退出市场所经历的全过程，分为导入期、成长期、成熟期和衰退期四个阶段。每个时期都反映出顾客、竞争者、经销商、利润状况等方面的不同特征。商品生命周期是受消费者需求偏好所支配的需求转移的过程。

1. 商品生命周期阶段特征

商品生命周期各阶段的划分以销售量和利润作为一定衡量依据，每个阶段有其明显特点。

（1）导入期

商品刚刚进入市场试销，还没有被顾客接受，商品的销售额增长缓慢；商品的生产批量小，试制费用很大，因而生产成本很高；用户对新商品不了解和不熟悉，需要采取多种促销手段，营销成本较高。因此，在这个阶段企业利润较少，甚至亏损。

企业在此阶段所面对的顾客主要是革新者和早期采用者，他们是愿意冒险的消费者，在商品推向市场后很快购买该商品。革新者比早期采用者更具有冒险精神，更年轻，社会地位更高，更都市化，所受教育更好；早期采用者喜欢拥有新商品所带来的声望和尊重，但是他们比革新者所冒的风险少，更注重群体规范和价值。

（2）成长期

成熟期的商品技术已成熟、工艺稳定，消费者对此商品较为熟悉，并已建立起了较稳固的销售渠道，利润迅速增长。此时大批后来者进入，竞争加剧。

进入商品增长期，企业更多地面对早期大众，早期大众的特点是采取行动前深思熟虑，他们要花更多的时间决定是否尝试新产品，并且向革新者和早期采用者征求意见，早期大众虽不能率先尝试新事物，却是积极的响应者。企业针对此类消费者应采取鼓励性促销措施，进行信任度较高的宣传使早期大众尽早地确定购买决策，更多地加入购买行列中来。

（3）成熟期

成熟期的商品市场需求趋于饱和，销售增长率开始下降，全行业出现过剩现象，市场竞争更加激烈。

购买者中增加了大量的晚期大众，晚期大众的特点是对新事物通常持有怀疑态度，相对于早期大众而言都市化程度更低，对变化的反应更慢。在成熟期后半期如何争取晚期大众对于企业保持利润率至关重要，因此，利用适合此类消费者特点的营销策略来保持其忠诚度和满意度是企业在这个阶段的主要任务。

（4）衰退期

商品逐渐被新产品代替，消费者兴趣开始转向其他商品，价格会下降至最低水平，大多企业已无法获得利润，被迫退出市场竞争。

大多数消费者在这一阶段纷纷撤出，转而注意新的替代品。这时只有少数落伍者成为商品的顾客。他们的特点是比较保守，心理年龄较大，收入和社会地位较低，易受传统束缚，对新变化不放心，只有一项革新慢慢变成传统之后才会接受。落伍者对商品的购买属于一种零星并且短期的购买，是商品先前投资的残留回收，企业可以顺其自然，适当采取少量优惠手段回馈这类消费群体，使衰退商品走出低谷。

2. 商品生命周期阶段营销策略

企业的目的是通过合适的策略来获取商品在各生命周期阶段的最大价值，同时尽可能地延长兴盛阶段。

（1）导入期的营销策略

导入期的营销目标是提高商品知名度和商品试用率，具有以下特点：商品销售量低且增长缓慢；由于销售量少同时促销费用较高，企业通常亏本，即使有利润但也很微薄；同类商品的竞争对手较少。如果以价格和促销为两个标准，企业有四种策略可供选择：快速撇脂策略、缓慢撇脂策略、快速渗透策略以及缓慢渗透策略。这里的"快速"与"缓慢"分别是指高促销水平和低促销水平，"撇脂"与"渗透"是指定价策略中高价和低价的区分。各种策略有不同的适用性，企业可根据商品本身特点和企业知名度做出选择。

（2）增长期的营销策略

增长期是市场对商品快速接受和利润快速提高的时期,增长期的特点是商品销售量剧增、利润增长，竞争对手开始增多，营销目标转为追求市场份额最大化。为了提高市场占有率、维持市场增长势头，企业应适当调整营销策略：①改进产品质量，扩大服务保证，增加产品特色和式样，寻找和进入新的细分市场；②以渗透市场定价法为主，降低价格以吸引下一层对价格敏感的购买者；③采用密集分销，扩大分销覆盖面并开拓新的分销渠道；④促销宣传上从提高知名度转为激发消费者对产品的兴趣、喜好和购买欲望，使之从对产品的了解转向产品偏好。

（3）成熟期的营销策略

从某种意义上来说赢得成熟期相当于赢得整个周期，很多企业因在成熟期被挤出市场而失败。成熟期的特点主要是产品销售量达到最大，利润高，竞争对手稳中有降。为达到保护市场份额和争取最大利润这一目标，企业必须学会创新。首先进行市场创新，可通过市场渗透或市场开发增加当前产品的消费量，即通过增加现有顾客产品使用量或通过寻找新的细分市场来实现。其次是产品创新，通过改变产品特征，如质量、特色或式样来吸引新的使用者。最后是营销组合创新，即通过改变一个或多个营销组合因素来改进销售，具体来说，就是采用多样化的品牌和型号，制定能够抗衡竞争对手的定价策略，建立更广泛更密集的分销网络，促销宣传强调品牌差异和利益。

（4）衰退期的营销策略

该阶段的特点体现为销售量急剧下降，利润跌落，竞争对手减少。营销目标转为压缩开支，榨取剩余品牌价值。企业有维持、收获和放弃三种策略可选择。维持策略是指采取积极的应对措施，可通过对品牌重新定位或寻找产品新功能回到商品生命周期的导入期或增长期；收获策略则是指通过减少各种成本从而获取短期利润；放弃策略是指从产品系列中逐步撤出。

3. 商品生命周期阶段促销方式

（1）导入期的促销组合策略

促销组合在导入期承担着重要的宣传功能，组合各要素在该阶段有各自的适用条件：广告和公共关系适合于建立较高的知名度；销售促进则能促进顾客尝试使用；人员推销的重要性处于次要地位，但可以通过人员推销来说服中间商更多地进货。所以该阶段的促销组合策略可采用以下方式：

① 增加广告预算等促销费用；

② 利用广告和公共关系方式大力宣传新品牌，让消费者了解和熟悉该产品；

③ 辅以销售促进手段促使消费者早期试用。

（2）增长期的促销组合策略

各种促销手段的作用在增长期都有所减弱，企业可适当减少整体促销费用，这是因为该阶段顾客对产品的需求保持自然增长的势头，导入期的宣传仍存在后期的延续影响。然而，增长阶段的促销重点有所转变：由对产品的一般介绍转为对产品特色的重点宣传；由消费者对产品的了解转为对产品的偏好；由品牌知名度的建立转为品牌美誉度的培育。因此，该阶段促销组合策略需进行转换：

① 广告仍然是重要的促销方式，企业在财力可以承受的前提下适当增加广告预算；

② 通过公益性的公共宣传活动增强品牌的辐射力；

③ 配合人员推销等手段以扩大销售。

（3）成熟期的促销组合策略

该阶段在制定促销组合策略时需注意三点：

① 由于消费者对产品已有足够了解，所以运用销售促进手段比单纯的广告宣传更为有效，该阶段企业应该增加销售促进费用，举办适时适量的销售促进活动；

② 适当的广告和公共宣传有长期造势的效果，广告宣传应强调品牌差异和产品提供的特殊利益；

③ 由于成熟期利润开始下降，所以促销组合的资源优化配置显得更为重要，企业需要计划使用好各种促销方式，既不能浪费促销预算费用做无谓牺牲，也不能降低促销组合的影响力。

（4）衰退期的促销组合策略

到了产品衰退期，应把促销规模降到最低限度，以保证足够的利润收入，可参考如下促销组合策略：

① 广告只需保持在提醒水平，运用少量广告保持老顾客的记忆；

② 公共关系已停止启用；

③ 销售人员给产品带来的注意力减小，人员推销减至最小规模；

④ 只有销售促进可能会继续有效，以收获短期利润为目的的小型销售促进活动可适当进行。

4. 商品生命周期分析

了解商品的生命周期，可以从生意参谋市场行情的行业大盘入手，因为行业大盘走势可以反映某个行业最近一年的访客数量变化，从访客数量变化趋势中可以推断出相关商品何时会进入热卖成熟期，何时又会进入衰退期。

图 7-12 是大家电类目下空调最近一年的大盘走势，从图中可以看出，空调在 6 月左右进入成长期，7 月左右进入成熟期，9 月左右进入衰退期。根据空调的生命周期曲线，商家就能选择在恰当的时间备货以及恰当的营销策略和促销方式，从而跟上市场的步伐。

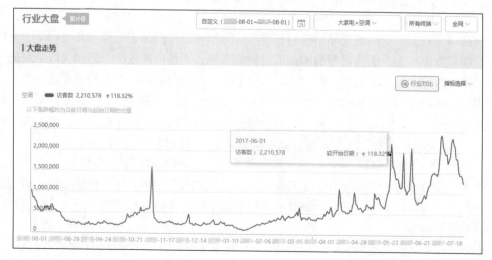

图 7-12　行业大盘

（七）商品毛利分析

影响商品销售毛利的是公式（1）中的三个因素即商品销售额、某类商品销售额在销售总额中所占的比重以及某类商品毛利率。

$$\begin{array}{l}\text{商家全部商品}\\\text{销售毛利总额}\end{array}=\sum\begin{array}{l}\text{商家全部}\\\text{商品销售总额}\end{array}\times\begin{array}{l}\text{某类商品销售额在全部}\\\text{商品销售额所占的比重}\end{array}\times\begin{array}{l}\text{某类商品}\\\text{的毛利率}\end{array}\qquad（1）$$

公式（1）中的商品销售额是商品销售数量与销售单价的乘积，某类商品销售额占全部销售额的比重称为销售结构，商品毛利率是毛利额与销售额的比并引申为销售单价与进货单价的差与销售单价的比，即毛利率=（售价-进价）/售价×100%。

显然最终影响销售毛利的因素本质上有三个部分：一是商品的进销价格；二是商品销售数量；三是商品销售结构。因此，对商品销售毛利的分析应从这三个方面展开。

1. 商品进销价格变化的影响

商业企业商品进销价格变化的原因，一般有下面几个。一是根据国家价格政策对商品价格进行调整；二是由于销售对象变动，供求关系发生变化而对价格进行调整；三是由于经营管理不善，造成商品的残损霉变而调整价格。总的来讲，价格的变化有这样两种情况：售价调高时使毛利增加，售价调低时毛利额减少，即售价的调整与商品销售毛利成正比关系；进价的调整则与商品销售毛利成反方向变化，即进销价调高毛利额减少，进销价调低则毛利额增加。

某网店某年度有下列资料：商品销售额计划为 85 000 万元，商品销售成本计划为 75 000 万元，全部商品销售毛利额预计为 10 000 万元；实际商品销售额为 92 000 万元，商品销售成本为 79 000 万元，实际全部商品销售毛利额为 13 000 万元，实际商品销售毛利额比预计商品销售毛利额增加了 3 000 万元，请分析是什么原因导致的。已知该网店商品分成甲、乙两类，本年度甲类商品的销售单价由原来的 2 300 元调整为 2 500 元，乙类商品的进价由原来的 1 500 元提高到 1 800 元，甲乙两类商品的实际销售数量分别为 300 000 件和 85 000 件。

商品进销价格变化对毛利额的影响分析如下：

甲类商品：（2 500-2 300）×300 000=60 000 000（元）

乙类商品：（1 800-1 500）×85 000=25 500 000（元）

即甲类商品销售价格上调使毛利增加 60 000 000 元，而乙类商品进价上调使得毛利减少 25 500 000 元，则进销价格变化使得毛利增加 34 500 000 元。

2. 商品销售数量变化的影响

商品销售数量的变化对商品销售毛利有直接的影响。在商品进销价格和毛利率不变的情况下，销售数量扩大，销售毛利增加；销售数量降低，销售毛利减少。商品销售毛利的多少与商品销售数量成正比例关系，扩大商品销售数量是增加商品销售毛利的主要途径。

为了确定商品销售数量变化对商品销售毛利总额变动的影响程度，不仅要假定毛利率不变，而且必须将实际的商品销售额调整为销售价格变动前的实际商品销售额，如公式（2）

$$\begin{array}{l}\text{商品销售数量}\\\text{变化影响的毛利额}\end{array}=\left(\begin{array}{l}\text{剔除价格变动影响后}\\\text{的实际商品销售额}\end{array}-\begin{array}{l}\text{计划商品}\\\text{销售额}\end{array}\right)\times\begin{array}{l}\text{计划综合}\\\text{毛利率}\end{array}\qquad（2）$$

公式（2）中"剔除价格变化影响后的实际商品销售额"是指剔除销售价格变化后的实际商品销售额，与进价无关，即由实际商品销售额加上销售价格调低额减去销售价格调高额而求得。根据前例数字：

剔除价格变化影响后的实际商品销售额=920 000 000-60 000 000=860 000 000（元）

将此数字代入公式（2）得：

商品销售数量变化影响的毛利额=（860 000 000-850 000 000）×11.76%=1 176 000（元）

即由于销售数量的扩大而增加的商品销售毛利额为1 176 000元。

3．商品销售结构变化的影响

商品销售结构是指不同类商品的销售额在全部商品销售额中的比重。由于商品货源、季节性和市场情况等原因，商品销售结构一般会发生变化。商品销售结构的变化，会引起商品销售毛利总额的变化。在这种情况下，企业的综合毛利率也必然会发生变化。正是由于这种原因，即在商品销售总额和各类商品的毛利率不变的情况下，综合毛利率变动能够反映出各类商品销售比重的变化，因而，如果想确定商品销售结构变化对商品销售毛利总额变动的影响程度，就可以在剔除价格变化的影响后，利用公式（3）计算。

$$\begin{matrix}\text{商品销售结构}\\\text{变化影响的毛利额}\end{matrix}=\begin{matrix}\text{剔除价格变动影响}\\\text{后的实际商品销售额}\end{matrix}\times\left(\begin{matrix}\text{剔除价格变动影响}\\\text{后的实际综合毛利率}\end{matrix}-\begin{matrix}\text{计划综合}\\\text{毛利率}\end{matrix}\right)\quad(3)$$

其中：

$$\begin{matrix}\text{剔除价格变动影响}\\\text{后的实际综合毛利率}\end{matrix}=\left(\begin{matrix}\text{剔除价格变动影响}\\\text{后的实际商品销售额}\end{matrix}-\begin{matrix}\text{剔除价格变动影响}\\\text{后的实际商品销售成本}\end{matrix}\right)\bigg/\begin{matrix}\text{剔除价格变动影响}\\\text{后的实际商品销售额}\end{matrix}\quad(4)$$

依据前例，可得到：

$$\text{剔除价格变动影响后的实际综合毛利率}=\frac{(920\,000\,000-60\,000\,000)-(790\,000\,000-25\,500\,000)}{920\,000\,000-60\,000\,000}$$

$$=11.1\%$$

商品销售结构变化影响的毛利额=860 000 000×（11.1%-11.76%）=-5 676 000（元）

即商品销售结构变化影响的毛利额为-5 676 000元。

（八）商品库存分析

在零售管理中，商家很关心各商品的库存量、周转率、周转天数、交叉率、存销比等商品库存管理指标。

1．商品周转率

商品周转率是指商品从入库到售出所经过的时间和效率，其计算公式如下：

商品周转率=日平均销售额（按月统计）/日平均库存（按月、按售价计算）×100%

商品周转指标一直是反映企业经营管理能力的一个重要依据，它表达了企业一段时间内的库存商品结构情况，因而，这是一个用于经营决策的指标。

2．商品周转天数

商品周转天数是指商家从取得存货/商品入库开始，至消耗、销售为止所经历的天数，其计算公式如下：

商品周转天数=1/商品周转率

它反映了如果按目前的销售情况，企业的库存商品要多长时间可以变现。这个指标是商品周转率的倒数，在实际运用中，它比周转率指标更易于让人理解。

3．交叉率

交叉率指的是库存投资回报率，其计算公式如下：

交叉率=商品毛利率×商品周转率

=日平均商品毛利额（按月计算）/当前库存售价额×100%

这个公式一般只针对单品。对于商品类别来说，可以将商品毛利率改为综合毛利率，计算出交叉率。交叉率是表现库存资金结构是否合理的一个很重要的指标。一种商品，如果其他条件相同，其毛利率越高投资收益就越好。同样，对于毛利一样的商品，哪个周转越快哪个就越挣钱。因而，交叉率体现了一个库存商品的赢利能力。简单地说，这个指标表现了企业的库存资金状况和每天的赢利能力。

4. 存销比

存销比是指在一个周期内，商品库存与之前一定时期内销量的比值，用来反映商品的即时库存状况的相对数，其计算公式如下：

$$存销比=月初库存金额/当月销售额（均按售价计算）$$

存销比的意义在于它揭示了一单位的销售额需要多少倍的库存来支持，反映的是资金使用效率的问题。存销比过高意味着库存总量或者结构不合理，资金效率低。存销比过低意味着库存不足，生意难以最大化。

5. 库存商品分析表

与商家库存管理相关的一些数据报表一般会被合并在同一张报表中，如表 7-3 所示，此报表分析的是某网店某月的库存商品经营情况，其销售统计时间段是一个月（30 天）。

表 7-3　　　　　　　　　　　某网店某月库存商品分析表（节选）

商品名称	单位	销售数量	零售单价	销售金额（万元）	商品进价	毛利率%	库存数量	周转率%	周转天数	交叉率%	存销比%
WCBA3 空调	台	7 500	2 800	2 100	2 300	17.9	5 000	5	20	0.9	66.7
WXAA2 空调	台	3 000	3 200	960	2 700	15.6	1 000	10	10	1.56	33.3
WCBD3 空调	台	1 200	2 000	240	1 600	20	2 000	2	50	0.4	167

三、任务实战

（一）商品价格带分析

1. 相关知识

价格带是指某种商品品种的出售价格从低到高形成的价格幅度。例如，各种牌号的洗发水，其中的最高价格为 36 元，最低价格为 10 元，那么就称这是一个价格带为 10～36 元的商品群。

零售商观察竞争对手网店的商品，不能只是看对方的商品陈列方式和陈列位置这种表面的事情，一定要更深层次地去了解堆放的商品构成和价格分布。只有看到隐藏的那部分，才会有获胜的机会。

商品的价格带是一种同类商品或一种商品类别中的最低价格和最高价格的差别序列。价格带的宽度决定了网店所面对的消费者的受众层次和数量。在进行竞争网店商品结构的对比分析时，商品价格带分析方法可为市场调查提供简单而明确的分析结果。

例如，竞争对手有 5 个规格的红葡萄酒，分别是 10 元、20 元、30 元、40 元、60 元共计 5 种价格，本店也有 5 个规格的红葡萄酒，分别是 8 元、10 元、15 元、20 元、30 元共计 5 种价格，经过价格带的对比后发现。

（1）竞争对手的价格带是 10 元～60 元，价格带宽度为 50 元；本店的价格带是 8 元～30

元，价格带宽度为 22 元，相比较而言，竞争对手的价格带比本店的宽。

（2）竞争对手的最低价格为 10 元，最高价格为 60 元，平均价格为 35 元；本店的最低价格为 8 元，最高价格为 30 元，平均价格为 19 元，相比较而言，竞争对手的红葡萄酒价格定位更高一些，本店的红葡萄酒价格更便宜一些。

（3）如果本店增加 60 元和 100 元规格的红葡萄酒，价格带变成 8 元～100 元，平均价格 54 元，本店红葡萄酒的价格定位立马变高了。

2. 任务要求

美的官方旗舰店 8 月做了一期聚划算，图 7-13 为空调展示区，共展示了 9 款空调，请以此为例分析本期聚划算美的空调产品的价格带，并确定价格点（Price Point，简称 PP 点。价格点是对于该网店或业态的某类商品而言，最容易被顾客接受的价格或价位）。

图 7-13　美的官方旗舰店聚划算空调展示区

3. 任务实施

（1）理论基础

价格点是决定顾客心目中品类定位的基点，而价格带是决定顾客购买空间的范围。卖场的管理目标是提升销售，促进顾客购物，价格带的管理与顾客的销售分析密切关联，一方面，品类的销售业绩会影响价格带的调整，另一方面，价格带的变更也会影响到该品类商品的单价水平，两者是相辅相成、相互影响的变量。当网店价格带调整后，需要调查现有的品类销售数据，了解品类的 PP 点是否实现了最初的销售计划和营销目的。

（2）实施步骤

首先根据聚划算上美的空调展示的数据，绘制商品价格带构成图：横轴为商品价格，纵轴为 SKU 数。然后计算相关的价格带数据：价格带、价格线、价格带宽度、价格带广度和价格带深度，最后确立价格点。

步骤 1：商家需要选择分析对象，其对象要求为网店商品的某一个小分类，本例是聚划算上的美的空调；

步骤 2：展开商品品类中的单品信息，罗列出其价格线（Price Line）；

步骤 3：归纳该品类中单品的最高价格和最低价格，进而确定品类目前的价格带（Price Zone）分布情况；

步骤 4：判断其价格区（Price Range）；

步骤 5：确定商品品类的价格点（Price Point），确定了 PP 点后，备齐在此 PP 点价位左右的商品，就会让顾客形成商品丰富、价格便宜的感觉和印象；

步骤 6：撰写《8 月份聚划算上美的空调价格带分析报告》；

步骤 7：做好汇报的准备。

（3）成果报告

《8月份聚划算上美的空调价格带分析报告》

商品价格带分析方法的关键在于确定品类的商品价格区域和价格点，确定品类价格点后便可以决定出品类的商品定位以及应当引入和删除哪些商品。

1. 绘制8月份聚划算上美的空调价格带构成图

8月份聚划算上美的空调价格带构成如图7-14所示，一共有9个SKU，8条价格线（不同价格为一条价格线），美的空调最低价格为1 599元，最高价格为5 999元，则价格带为1 599～5 999元。

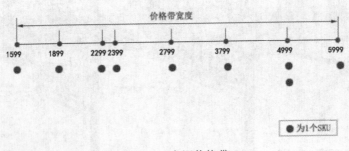

图 7-14　空调价格带

2. 计算价格带的三度

① 价格带的宽度是价格带中最高价与最低价的差值。

8月份聚划算上美的空调价格带的宽度=5 999-1 599=4 400。

② 价格带的广度是价格带中不重复销售价格的数量，每个不重复价格即为一条价格线。

8月份聚划算上美的空调价格带的广度=8。

③ 价格带的深度是价格带中的SKU数。

8月份聚划算上美的空调价格带的深度=9。

3. 确定价格区

价格区是指价格带中陈列量比较多且价格线比较集中的区域，8月份聚划算美的空调价格带上的价格区应该有两个，一个是低价区[2 299，2 399]，一个是高价区[4 999]。

4. 确定价格点

价格点是对于该网店或业态的某类商品而言，最容易被顾客接受的价格或价位。8月份聚划算美的空调价格带上的密集成交区在[1 899，2 799]，最高峰为2 399元，可以确定为价格点。

5. 价格带分析

8月份聚划算上美的空调价格带宽度达到4 400元，涵盖了低端、中端和高端空调产品；价格带的广度为8，客户在价格上有8个选择，2 000元范围内有2个SKU，2 000～3 000元范围内有3个SKU，3 000～4 000元范围内有1个SKU，4 000～5 000元范围内有2个SKU，5 000元以上有1个SKU，为每个消费层级的顾客都提供了可选择的产品；价格带的深度为9，这主要是因为聚划算上空调展示区位置有限，不可能摆放过多的产品，但通过这9个SKU详情页上的关联展示，能够把客户引导到更多的空调产品。空调的成交密集区在[1 899，2 799]，集中在低价区，高价区[4 999]成交偏少，与预期不符，需要做进一步分析。

（二）购物篮分析

1. 相关知识

作为商业领域最前沿、最具挑战性的问题之一，购物篮分析问题是许多企业重点研究的问题，它通过发现顾客在一次购买行为中放入购物篮中不同商品之间的联系，来分析顾客的购买行为并辅助电商企业制定营销策略。

消费者心理日趋成熟、需求的多样化以及市场竞争日趋激烈，使得充分分析并有效的了解顾客已成为企业成功必不可少的要素。虽然大多数电商企业已经充分意识到了这个问题并做了许多工作，如人口统计分析、计算机辅助销售、各种顾客登记分析等，但是依然收效甚微，他们并没有准确掌握顾客的购买行为。因此，购物篮分析的方法便应运而生，它有效地解决了这些问题并受到了不少电商企业的关注。所谓的购物篮分析就是通过购物篮所显示的交易信息来研究顾客的购买行为。顾客在购买过程中很少单独购买一种商品，他们往往购买多种商品，并且这些商品通常具有很强的相关性。因此他们的购买行为通常是一种整体性行为。一件商品的购买与否，都会直接影响其他商品的购买，进而会影响每个购物篮的利润。因此，必须挖掘隐含着重要而且有价值信息的消费者的购物篮。例如，企业可以通过购物篮分析来了解顾客的品牌忠诚度、产品偏好、消费习惯等。

2. 任务要求

某网店经营18种商品，从A到R，这18种商品某月共销售了57 900件，一共是14 604张订单（即14 604个购物篮），含指定商品的订单数量（即购物篮数量）和含指定商品订单的销售总数如表7-4所示。请对这18种商品做购物篮分析，包括计算每种商品的购物篮系数，每种商品的人气指数，确定人气王，并将这18种商品进行分类并制定相应的营销策略和促销策略。

表7-4   某网店某月商品销售数据

编号	商品	含指定商品的购物篮总数	含指定商品购物篮的销售总数
1	A	1 500	4 650
2	B	1 410	6 345

编号	商品	含指定商品的购物篮总数	含指定商品购物篮的销售总数
3	C	1 330	3 857
4	D	1 290	2 193
5	E	1 255	6 526
6	F	1 150	7 245
7	G	1 050	2 415
8	H	932	5 126
9	I	850	2 975
10	J	760	3 648
11	K	650	3 120
12	L	530	2 756
13	M	470	846
14	N	355	2 272
15	O	312	780
16	P	290	1 624
17	Q	260	1 144
18	R	210	378

3. 任务实施

（1）理论基础

网店进行购物篮分析就是通过对顾客的购物清单进行分析来洞悉消费者的购买行为。其中购物篮系数是网店用得最多的一个指标。它是一个综合指标，消费者购买力的高低、网店商品展示和页面设计、商品库存是否充足等都会影响到购物篮系数。购物篮系数是一个宏观指标，网店运营人员还需要关注微观的购物篮系数，即指定商品的购物篮系数。将每个商品的购物篮系数进行排行分析，就可以找到高连带销售的商品，即店铺的人气王。

购物篮系数是指顾客的平均购买数量，公式如下：

$$购物篮系数 = \frac{某段时间商品销售总数}{某段时间的购物篮总数}$$

指定商品购物篮系数是指包含顾客购买指定商品的订单的平均购买数量，公式如下：

$$指定商品购物篮系数 = \frac{某段时间含指定商品购物篮的销售总数}{某段时间含指定商品的购物篮总数}$$

指定商品人气指数是指指定商品给店铺带来的平均销售数量，公式如下：

$$指定商品人气指数 = \frac{某段时间含指定商品购物篮的销售总数}{某段时间的购物篮总数}$$

可以利用波士顿矩阵来展示购物篮数量与购物篮系数之间的对应关系，由此确定相应的营销策略和促销策略。

（2）实施步骤

步骤1：计算购物篮系数；

步骤2：计算指定商品的购物篮系数；

步骤3：计算指定商品的人气指数；

步骤4：绘制购物篮数量与购物篮系数的波士顿矩阵，并由此确定相应的营销策略和促销策略；

步骤5：撰写《某网店某月购物篮分析》；

步骤6：做好汇报的准备。

（3）成果报告

某网店某月购物篮分析

1. 计算购物篮系数

$$购物篮系数 = \frac{某段时间商品销售总数}{某段时间的购物篮总数} = \frac{57\ 900}{14\ 604} = 3.96$$

该网店某月的购物篮系数为3.96约等于4，即平均每位顾客一次性购买了4件商品。

2. 计算指定商品的购物篮系数

根据指定商品购物篮系数计算公式，18种商品的指定商品购物篮系数如表7-5所示。

表7-5　　　　　　　　　　　　含指定商品的购物篮系数

编号	商品	含指定商品的购物篮总数	含指定商品购物篮的销售总数	含指定商品的购物篮系数
1	A	1 500	4 650	3.1
2	B	1 410	6 345	4.5
3	C	1 330	3 857	2.9
4	D	1 290	2 193	1.7
5	E	1 255	6 526	5.2
6	F	1 150	7 245	6.3
7	G	1 050	2 415	2.3
8	H	932	5 126	5.5
9	I	850	2 975	3.5
10	J	760	3 648	4.8
11	K	650	3 120	4.8
12	L	530	2 756	5.2
13	M	470	846	1.8
14	N	355	2 272	6.4
15	O	312	780	2.5
16	P	290	1 624	5.6
17	Q	260	1 144	4.4
18	R	210	378	1.8

3. 计算指定商品的人气指数

根据指定商品人气指数计算公式，18种商品的指定商品人气指数如表7-6所示。

表7-6　　　　　　　　　　　　指定商品人气指数

编号	商品	含指定商品的购物篮总数	含指定商品购物篮的销售总数	指定商品人气指数
1	A	1 500	4 650	0.78
2	B	1 410	6 345	1.06
3	C	1 330	3 857	0.64
4	D	1 290	2 193	0.37
5	E	1 255	6 526	1.09
6	F	1 150	7 245	1.21

编号	商品	含指定商品的购物篮总数	含指定商品购物篮的销售总数	指定商品人气指数
7	G	1 050	2 415	0.40
8	H	932	5 126	0.85
9	I	850	2 975	0.50
10	J	760	3 648	0.61
11	K	650	3 120	0.52
12	L	530	2 756	0.46
13	M	470	846	0.14
14	N	355	2 272	0.38
15	O	312	780	0.13
16	P	290	1 624	0.27
17	Q	260	1 144	0.19
18	R	210	378	0.06

人气指数并不是指定商品的销售数量的比重,销售数量的比重只能判断该商品卖得好不好。人气指数高的商品本身不一定卖得最好,而是它能带来的销售量高。通过表中的人气指数排名可以发现,商品F是人气王。

4. 商品购物篮的波士顿矩阵分析

用波士顿矩阵来分析购物篮系数与购物篮数量之间的对应关系,如图7-15所示。

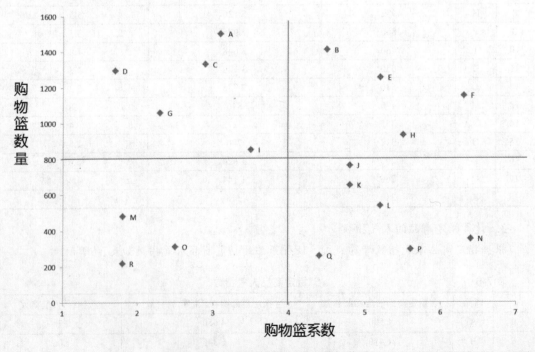

图 7-15 商品购物篮的波士顿矩阵

第一象限(右上)四件商品的订单数量和单均支付商品数都高于平均值,它们应该是网店人气和商品销量的主要来源,也是促销活动的重点考虑对象。

第二象限(左上)五件商品的订单数量不错,但单均支付商品数低于平均值,这部分商品需要解决的是如何提高它们的关联销售。

第三象限（左下）三件商品属于边缘商品，本身卖得不好，和其他商品的关联度也不高。

第四象限（右下）六件商品的单均支付商品数很高，单订单数量偏少，因此首要任务是促进它们产生更多的订单。

四、拓展实训

实训 1　撰写产品分析报告

1. 实训背景

作为互联网从业者，免不了要写产品分析报告，有些人在体验产品时，常会陷入一种"无目的"的状态，不知该如何思考，体验之后也总结不出什么，最终写出来的东西老板不满意，自己也觉得没深度。究其原因还是没有找到一条有效的思考路径，想要找到路径就要来解剖产品。首先将产品想象成是一块圆形蛋糕，将其切成两半：一半叫商业，一半叫产品。商业是"魂"，起到导向作用；产品是"形"，通过设计与视觉来体现商业理念。这就是思考路径——分离商业与产品。之后将产品先放一边，单看商业部分，商业是促成产品成型的根基部分，搞懂它能够帮助你更快地理解产品设计。一般情况下，产品的诞生都是先由一个有特征的人群，做出了某种行为，在行为过程中，遇到了让他们不舒服、受挫的体验，他们很希望这个不舒服的体验能得到改善，直到某个商业产品的出现，帮助他们解决了这个问题。这是个循环过程，产品基本会沿这条路径一直演变，那么当面对一个没接触过的产品时，就先试着用产品的诞生过程作为思考路径来思考如何撰写产品分析报告，然后尝试将这些信息逐个填满。

2. 实训要求

选择一家网店的一个引流商品作为分析对象，撰写产品分析报告，报告的基本内容包括：产品概况——背景、产品简介和产品定位，产品销售和盈利情况分析，产品用户画像分析，基于使用场景的核心产品层次分析——产品质量和性能分析，基于使用场景的有形产品层次分析——产品外观和品牌分析，基于使用场景的延伸产品层次分析，基于使用场景的期望产品层次分析——客户评价分析，基于使用场景的潜在产品层次分析，产品价格分析，产品库存分析，产品的生命周期分析，产品市场行情分析，竞品分析等。

实训 2　商品用户需求分析

1. 实训背景

需求是什么？简单地说，每当你想到，如果可以这样就好了，那就是一个需求。一个很形象的例子：饿了，想吃饭，这就是一个需求。

需求分析就是深度理解用户需求，挖掘用户的深层次需求。例如：用户想要找东西——找到更符合要求的东西——推荐给他所关注的东西——好东西推荐给好友。这就是用户需求逐步深入挖掘的典型案例，由最初的用户想找某一个东西，到最后把好东西共享给好友，让好友方便找东西，做到信息共享。当然用户在提出某一个需求想法的同时，也会提出自己认为正确的解决方案，但是这个方案并不一定就是可实现的产品原型。聆听用户需求，深度剖析用户底层需求要点，找准用户痛点，这就是需求分析的精髓。

一千个读者眼中有一千个哈姆莱特，用户需求会千奇百怪，而商品不可能大而全地满足所有用户的所有需求，找准自己的目标用户群就很关键。那么怎么来做用户需求分析，用户需求分析的要点又是什么呢？

（1）根据商品基本定位，明确用户分类；

（2）不同用户群体的特征：年龄、性别、教育程度、消费能力、城市、共性习惯等；

（3）不同用户群体想要什么；

（4）用户想要的商品是否能够满足。

认识了解用户后，下一步就该了解各用户群体的需求，通过多种途径收集用户需求。常用的需求收集方法有：文献调研、用户访谈、问卷调查、竞品分析、运营数据分析及用户模拟等。产品上线前一般要做用户调研和竞品分析，产品上线后一般要收集用户反馈和产品数据。利用好百度指数和淘宝指数，这也是了解用户特征的好方法。

2．实训要求

针对某个网店的某个商品做用户需求分析和判断之后，需要写一份报告文档，将需求的处理结果呈现出来，这和策划产品后要写一份策划方案是一样的，文档可以采用 PPT 形式，以大纲加上演说的方式表述。PPT 文档的大纲应当包括以下几点内容。

背景描述：为什么要做这个产品、市场行情、业务目标、产品定位等。

用户类型和特征：简单地描述目标用户情况或现有使用人群的情况。

产品整体概念：产品整体概念的 5 个层次。可以由设计师和产品经理配合完成，也可由产品经理独立完成，设计师做参考用。

需求详细说明：每一条需求的详细说明，包括但不限于场景说明、用户目标、商业价值、功能描述、优先级等。

任务小结

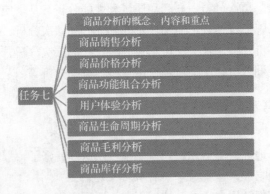

任务七
- 商品分析的概念、内容和重点
- 商品销售分析
- 商品价格分析
- 商品功能组合分析
- 用户体验分析
- 商品生命周期分析
- 商品毛利分析
- 商品库存分析

同步习题

（一）判断题

1．成本决定了商品的底价。（　　　）

2．如果卖家的商品定价低于固定人群的消费能力，这部分消费者会立即购买。（　　　）

3. 市场上的顾客需求为价格设立了上限，它取决于顾客对产品和服务的价值感受。（　　）

4. 渗透定价法是通过牺牲销量来获得较高的毛利的。（　　）

5. 影响用户体验的主要因素是系统、用户和使用环境。（　　）

（二）不定项选择题

1. 商品分析的重点是（　　）。

    A. 商品 ABC 分类的 A 类商品　　　　　B. 价格敏感商品

    C. 高毛利商品　　　　　　　　　　　　D. 以上都不对

2. 销售计划完成情况分析方法一般有（　　）。

    A. 销售计划完成情况的一般分析　　　　B. 品类商品销售情况的具体分析

    C. 热销单品定价情况具体分析　　　　　D. 热销单品销售情况具体分析

3. 在商品定位时，常见的店铺商品优势有（　　）。

    A. 低价优势　　　　B. 专业优势　　　　C. 特色优势　　　　D. 附加值优势

4. 网店的商品按照销售意义分为（　　）。

    A. 引流商品　　　　B. 普通商品　　　　C. 定位商品　　　　D. 利润商品

5. 一般的定价策略包括（　　）。

    A. 撇脂定价法　　　B. 渗透定价法　　　C. 适中定价法　　　D. 以上都不对

（三）简答题

1. 最终影响销售毛利的因素有哪些？

2. 简述商品生命周期各阶段的营销策略。

3. 什么是交叉率？其作用是什么？

4. 价格带的三度指的是什么？

5. 简述购物篮分析的步骤。

（四）分析题

淘宝上线"长辈模式"，改造主要由 3 个部分组成：信息简化、字体放大、上线语音助手，可以更加方便老年用户的互联网 App 使用体验。操作过程是：首先将淘宝 App 更新到最新版本，然后点击"我的淘宝"，再点击"设置"按钮，接着选择模式切换，切换为长辈模式，此时界面就会变成长辈模式。

作为电商运营，你认为哪些产品更适合在淘宝"长辈模式"下销售，适合采用哪种定价策略？

任务八　市场行情数据分析
——撰写市场调研报告

学习目标

【知识目标】	1. 了解市场行情；
	2. 理解供给规律，掌握供应指数；
	3. 理解需求规律，熟悉市场需求分析；
	4. 理解价格形成理论，熟悉价格带分布；
	5. 了解经济周期阶段，掌握经济周期分析方法；
	6. 理解生产要素理论，熟悉竞争要素分析。
【技能目标】	1. 具备电商市场品牌竞争力分析的能力；
	2. 具备利用百度指数分析市场行情的能力；
	3. 具备利用阿里指数分析市场行情的能力；
	4. 具备撰写市场调研报告的能力。
【基本素养】	1. 具有数据敏感性；
	2. 善于用数据思考和分析问题；
	3. 具备收集、整理和清洗数据的能力；
	4. 具有较好的逻辑分析能力。

一、任务导入

玩具电商行情

俗语说市场行情"金九银十"，这句话同样适用于9月的玩具电商行情。统观2014年9月的玩具电商销售榜单，上榜品牌种类繁多，而且不乏众多国外品牌。从具体产品上看，本期新登榜产品有丹妮奇特"小瑞森林乐园积木"、司马"三通道合金飞机"、爱亲亲"儿童益智百变大块积木"、汇乐新品"欢跃小赛马"和"EQ摇摆大黄鸭"、伟易达"变形恐龙"和"宝贝方向盘"、玛格丽特"卡通摇马"、愤怒的小鸟"红色木制陀螺"、DIGITUP的"考古恐龙"、万代"超航海王造型-艾斯人偶"、优迪玩具的"遥控飞碟"、猫贝乐的"水晶双面有声挂图"、雅得的"3.5通道陀螺仪遥控飞机"等。

细览榜单，我们会发现，遥控产品的身影充斥在各大电商平台，9月俨然像是遥控类玩具的主场，而遥控类飞机更是脱颖而出，乘势飞翔。

三大类遥控飞机流行

在市面上，主流的遥控飞机类玩具目前可分为滑翔机型、直升机型与飞碟机型三大种类。调查得知，直升机作为传统的机型，操作简单，销售领域宽，市场沉淀较久，款式也比较丰富，如今占据电商市场主流。飞碟作为比较新颖的产品，在功能上有很好的表现，室内、室外均可进行操作，可在空中进行360度翻转等特技表演，部分高端机型还配置了高清航拍、远距离遥控、定位返航等功能，受到广大航模爱好者的喜爱，网上销售呈直线上升趋势。而滑翔机型则对使用场地要求稍高，需要比较宽阔的地方才能够施展卓越的飞行功能，操作者也需要具备一定的飞行操控技巧。作为传统产品，滑翔机曾经风靡一时，但现在稍为逊色。

直升机类玩具作为遥控飞机产品的佼佼者，目前主要从功能型和外观型两大方向发展。如东莞银辉玩具公司最新力作冰兽直升机，造型别致，功能独特，兼具路上行走和空中飞行两种模式，如图8-1所示。

图8-1　冰兽直升机

汕头市澄海区海宝玩具厂首推的重力感应手柄遥控器直升机，融入了智能化、高仿真的设计理念，再加上与金鹰卡通合作的"爸爸去哪儿"动漫卡通授权系列产品，成为海宝玩具的拳头产品；作为电影《阿凡达》影片里飞行器项目的全球唯一授权生产商、销售商的广东雅得科技有限公司，推出航拍、合金、阿凡达、常规产品、四轴飞行器等5大系列遥控飞机；汕头市凯登玩具实业有限公司注重功能创新，生产出能在飞行过程中变形并增加了红外线对打功能及目标射击功能，有效增加了实操飞行的乐趣。

遥控飞机类玩具在国内玩具界已经有一定发展历史，其电商市场也显得较为成熟。为了取得更多的销售份额，部分企业积极针对遥控飞机在网络营销中的劣势，推出了免费维修活动。与一般兼售飞机零件的线上电商不同，海宝更希望能保障消费者的实际利益，而不是靠卖零件"曲线创收"。所以，公司开通了全国400条免费售后电话，由专业工程师为消费者提供免费的咨询及维修服务，并以此树立良好的品牌形象。

技术趋于成熟，玩家更易上手

遥控飞机类玩具未来走势多被业内人士看好。每年年底，市场的销售气氛都会比较活跃，这和国人的周期性消费习惯密不可分。市场有消费的刚需，自然会带动线上商品的热销。在具体的产品评价上，2014年的市场对三通道直升机的需求依然是主流，但四轴飞行器可能会有比较乐观的销售走势，因为现在飞行器的产品技术越来越成熟，操作技术的要求也不高，普通玩家一上手就会。飞行器的抗风、远距离飞行、航拍、空翻等多样化的功能，更能够满足消费者的娱乐需求。从长远来看，遥控飞机的发展趋势会向耐摔、易操控、远距离、抗风性强、航拍、与IT设备配套兼容的方向发展。整个产业会朝向由专业性到大众性、娱乐性的产品发展格局过渡。

消费者之声

电商平台消费者对部分遥控飞机类玩具有以下反馈：续航时间过短、容易损坏、飞行时发出大量杂音、漏发部分备用小零件、碰撞后机身掉漆。

思考：

1. 请分析遥控飞机类玩具的电商市场行情。
2. 请分析消费者对直升机类玩具的偏好。
3. 请分析热销的遥控飞机类玩具的特征。

二、相关知识

（一）市场行情认知

市场行情是指市场上商品流通和商业往来中有关商品供给、商品需求、流通渠道、商品购销和价格的实际状况、特征以及变动的情况、趋势和相关条件的信息。形成市场行情的信息来源是广泛的、多方面的。它不仅涉及整个流通领域，而且涉及整个社会再生产各方面。许多个别的、片面的市场行情的信息经过综合分析，能够形成对某类商品的供求状况和某个市场供求形势做出特征性判断的市场行情报告。

有市场和商业就有市场行情。无论是商人还是生产者，为了组织好生产和经营，必须自觉地依据和运用价值规律，掌握市场行情，密切注视市场供求的变化。商品生产者和经营者的经济活动成效，只能通过商品在市场中的表现来检验。为了在竞争中取得有利地位，必须对市场行情进行认真的调查研究，对供求和价格的变化及其原因进行认真分析，并对变化的趋势做出预测，从而总结出商品经营的经验。

在商品经济条件下，社会生产和社会消费的矛盾必然要在市场上通过供求矛盾反映出来，社会再生产的运行过程必然要通过市场行情反映出来。市场行情实质上是社会再生产内在发展过程在市场上的外部表现。

 知识链接：价值规律

商品的价值量由社会必要劳动时间决定，商品交换要以价值量为基础，实行等价交换。在商品生产和交换过程中，因商品生产技术的对比，实现优胜劣汰，以此促进生产力的不断发展。其表现形式是市场供求影响商品价格，商品价格以价值为中心上下波动。

（二）市场供给分析

商品供给是指在一定时期内、一定市场上，某种类商品的所有生产者提供给或者能够提供给市场的商品总量。影响供给的因素有商品价格、生产成本、相关商品生产数量及价格的变化、生产者对未来价格的预期、技术进步及引起的成本变化、政策性因素等。供给者希望价格越高越好，价格越高，供给者利润越高。

1. 供给规律

供给的基本规律：对于一般商品而言，价格（P）与供给量（Q）呈正相关，即在价格高于成本的情况下，价格越高，供给量就越大；反之亦然。当某种商品的价格上涨时，生产者就愿意多生产该商品，供给量随之上升；反之，当某种商品的价格下跌时，在成本不变的情况下，生产商会尽量减少这种商品的生产，供给量随之减少，如图 8-2 所示。

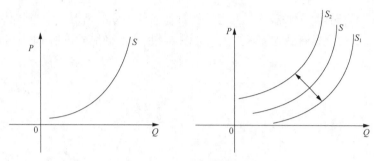

图 8-2　供给的基本规律

供给曲线（S）的斜率大小和位置的变动受很多因素的影响，例如，科技进步会增加商品的供给量，供给曲线（S_1）向右下方平行移动，市场价格随之下降；而一些突发性因素则会造成商品供给减少，供给曲线（S_2）向左上方平行移动，商品价格上涨。

2. 供应指数

1688 供应指数是指根据在 1688 市场里所在行业已上网供应产品数计算而成的一个综合数值，指数越高表示 1688 市场的供应产品越多。1688 采购指数是指根据在 1688 市场里所在行业的搜索频繁程度计算而成的一个综合数值，指数越高表示在 1688 市场的采购量越多。

图 8-3 是空调行业最近一年的 1688 供应指数和 1688 采购指数，采购指数从上年的 8 月开始到本年的 1 月逐级下降，又从本年的 1 月开始逐级上升，在本年 7 月达到最高峰，8 月又呈现明显的下降趋势；供应指数在上年的 10 月份出现过一次断崖式下跌，之后逐渐恢复，但在恢复之后，本年的供应指数要明显低于上年同期，本年的供应指数高峰也出现在 7 月；从本年 2 月份开始，供应指数与采购指数的变动在整体趋势上基本保持一致，不过本年 8 月的采购指数下降幅度明显要高于供应指数下降幅度，有可能出现供过于求。

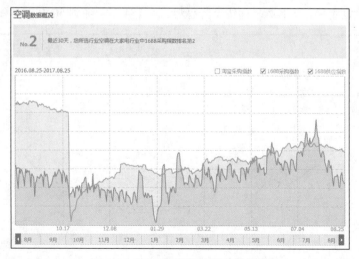

图 8-3　1688 供应指数和采购指数

（三）市场需求分析

商品需求是指在一定的时期内，一定的市场上，购买者对某种类的商品有货币支付能力的需求总量。影响需求的因素有商品价格、购买者收入、消费者偏好、消费者对商品价格的预期以及相关商品的价格。需求者希望价格越低越好，价格越低，需求者利益越大。

1. 需求规律

需求的基本规律：对于一般商品而言，在其他条件不变的情况下，当商品价格上涨时，商品的需求减少；反之，商品的需求加大。如图 8-4 所示，商品的价格（P）与其需求量（Q）呈负相关。

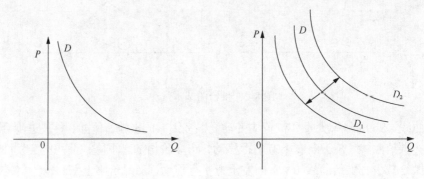

图 8-4　需求的基本规律

需求曲线的位置会随着相关因素的变化而发生变动。例如，在经济周期的不同阶段，消费者的收入不同，在经济处于高涨时，消费者的收入相应增加，在商品价格不变的情况下，消费者对该商品的消费量会增加，需求曲线向右上方移动，市场价格上升。如果此种商品的替代品的价格下降，消费者对其替代商品需求则会增加，对该商品的需求将减少，需求曲线向左下方移动，其市场价格下降。

2. 市场需求分析

（1）需求量变化趋势

对任何商家而言，细致认真的市场需求分析都是少不了的，因此，开办网店的第一步就是搞好市场需求分析，了解市场需求量变化趋势。图 8-5 为 7 月 26 日～8 月 24 日（最近 30 天）空调访客数的大盘走势，访客数呈逐级下降趋势，从 184 万下降到 50 万，下降幅度达到 73%。

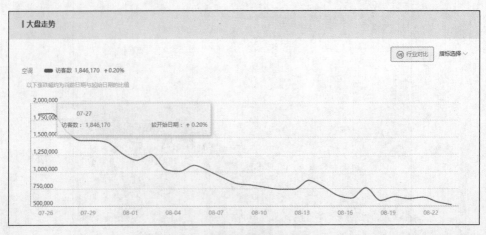

图 8-5　空调访客数的大盘走势

图 8-6 为 7 月 26 日～8 月 24 日（最近 30 天）空调交易指数的大盘走势，交易指数也呈现逐级下降趋势，从 347 万下降到 115 万，较最高点下降幅度达到 67%。

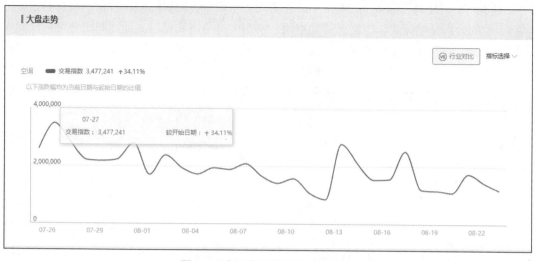

图 8-6　空调交易指数的大盘走势

（2）品牌偏好

品牌偏好是品牌力的重要组成部分，它是指某一市场中消费者对该品牌的喜好程度，是消费者对品牌的选择意愿。消费者在采取购买行动之前，心中就已有了既定的品位及偏好，只有极少数的消费者会临时起意产生冲动性购买。整体而言，就算消费者的购买是无计划性的、无预期性的，仍将受到心中既有的品位与偏好的影响。

图 8-7 为 8 月 18 日～8 月 24 日（最近 7 天）空调的热销品牌榜，交易指数排在前五位的品牌是美的、格力、奥克斯、海尔、TCL，其中奥克斯品牌的转化率最高。

热销排名	品牌名称	交易指数	交易增长幅度	支付商品数	支付转化率	操作
1	Midea/美的	2,214,339	↓0.61%	2,301	1.47%	热销商品榜 热销店铺榜
2	Gree/格力	1,881,686	↓42.11%	1,872	0.89%	热销商品榜 热销店铺榜
3	AUX/奥克斯	1,749,587	↓12.27%	1,921	1.73%	热销商品榜 热销店铺榜
4	Haier/海尔	859,068	↓33.99%	1,245	0.70%	热销商品榜 热销店铺榜
5	TCL	830,017	↓13.18%	1,346	1.07%	热销商品榜 热销店铺榜

图 8-7　空调的热销品牌榜

（3）属性偏好

消费者在选择空调时，主要考虑的因素有品牌、种类、工作方式、功率、适用面积。

图 8-8 为 8 月 18 日～8 月 24 日（最近 7 天）空调种类的属性值排行榜，按交易指数排名前五位的分别是壁挂式、柜机、移动空调、家用中央空调和窗机。通过同比分析可以发现柜机需求量增幅较大，值得商家重点关注。还有通过搜索词查询可以发现“移动空调”搜索量最大，说明消费者对移动空调有明确的需求。

空调种类 ∨　　请输入属性值名称关键字 ×

排名	属性值	交易指数 ⇕	支付件数 ⇕	操作
1	壁挂式	3,491,376	68,846	热销商品榜 热销店铺榜 本店支付商品榜
2	柜机	2,269,189	14,258	热销商品榜 热销店铺榜 本店支付商品榜
3	移动空调	600,791	4,652	热销商品榜 热销店铺榜 本店支付商品榜
4	家用中央空调	196,393	204	热销商品榜 热销店铺榜 本店支付商品榜
5	窗机	167,222	373	热销商品榜 热销店铺榜 本店支付商品榜

图 8-8　空调种类的属性值排行榜

图 8-9 为 8 月 18 日～8 月 24 日（最近 7 天）空调工作方式的属性值排行榜，按交易指数排名前三位分别是定速、变频和定频。利用搜索词查询做进一步分析却发现直接搜“定速”的消费者很少，而搜“变频”的消费者要比它多好几倍，这说明“定速”不是消费者关注的属性，购买定速空调的消费者比较多只是因为其价格较变频空调便宜。

热销属性榜　热销组合属性榜

工作方式 ∨　　请输入属性值名称关键字 ×

排名	属性值	交易指数 ⇕	支付件数 ⇕	操作
1	定速	3,182,446	56,839	热销商品榜 热销店铺榜 本店支付商品榜
2	变频	2,848,391	32,875	热销商品榜 热销店铺榜 本店支付商品榜
3	定频	364,496	1,444	热销商品榜 热销店铺榜 本店支付商品榜

图 8-9　空调工作方式的属性值排行榜

图 8-10 为 8 月 18 日～8 月 24 日（最近 7 天）空调功率的属性值排行榜，按交易指数排名前五位分别是大 1.5 匹、大 1 匹、3 匹、大 2 匹和 1.5 匹。

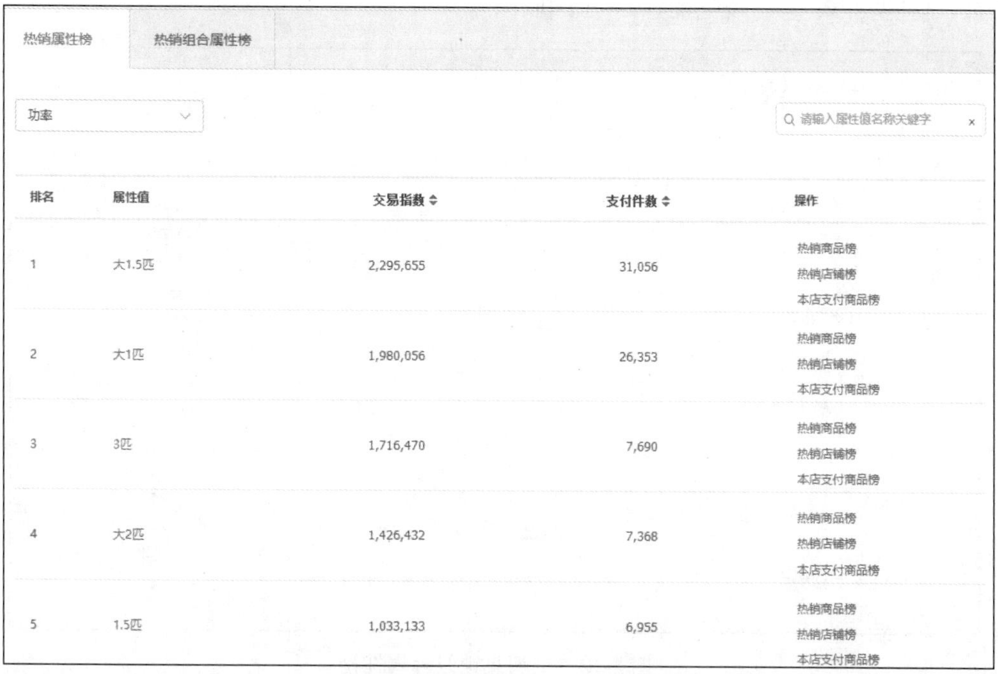

热销属性榜	热销组合属性榜			

功率

排名	属性值	交易指数 ⇕	支付件数 ⇕	操作
1	大1.5匹	2,295,655	31,056	热销商品榜 热销店铺榜 本店支付商品榜
2	大1匹	1,980,056	26,353	热销商品榜 热销店铺榜 本店支付商品榜
3	3匹	1,716,470	7,690	热销商品榜 热销店铺榜 本店支付商品榜
4	大2匹	1,426,432	7,368	热销商品榜 热销店铺榜 本店支付商品榜
5	1.5匹	1,033,133	6,955	热销商品榜 热销店铺榜 本店支付商品榜

图 8-10　空调功率的属性值排行榜

图 8-11 为 8 月 18 日～8 月 24 日（最近 7 天）空调适用面积的属性值排行榜，按交易指数排名前五位分别是 $10m^2$～$16m^2$、$11m^2$～$20m^2$、$10m^2$～$15m^2$、$11m^2$～$17m^2$ 和 $31m^2$～$40m^2$。

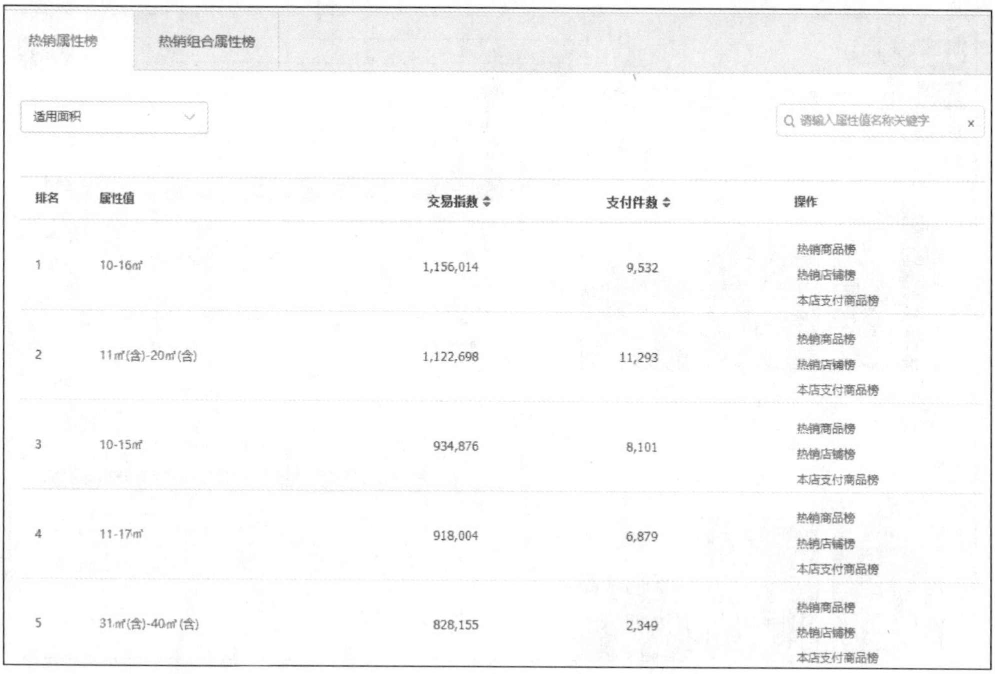

热销属性榜	热销组合属性榜			

适用面积

排名	属性值	交易指数 ⇕	支付件数 ⇕	操作
1	10-16㎡	1,156,014	9,532	热销商品榜 热销店铺榜 本店支付商品榜
2	11㎡(含)-20㎡(含)	1,122,698	11,293	热销商品榜 热销店铺榜 本店支付商品榜
3	10-15㎡	934,876	8,101	热销商品榜 热销店铺榜 本店支付商品榜
4	11-17㎡	918,004	6,879	热销商品榜 热销店铺榜 本店支付商品榜
5	31㎡(含)-40㎡(含)	828,155	2,349	热销商品榜 热销店铺榜 本店支付商品榜

图 8-11　空调适用面积的属性值排行榜

图 8-12 为 8 月 18 日～8 月 24 日（最近 7 天）空调热销组合属性榜，按交易指数排名前五位分别是"冷暖电辅"+"三级""同城上门安装"+"全国联保""壁挂式"+"冷暖电辅""三级"+"壁挂式""冷暖电辅"+"全国联保"。

排名	属性值	交易指数 ⇕	支付件数 ⇕	操作
1	冷暖电辅 + 三级	2,962,620	45,729	热销商品榜 热销店铺榜 本店支付商品榜
2	同城上门安装 + 全国联保	2,899,306	39,637	热销商品榜 热销店铺榜 本店支付商品榜
3	壁挂式 + 冷暖电辅	2,895,548	48,432	热销商品榜 热销店铺榜 本店支付商品榜
4	三级 + 壁挂式	2,841,318	51,054	热销商品榜 热销店铺榜 本店支付商品榜
5	冷暖电辅 + 全国联保	2,751,464	35,818	热销商品榜 热销店铺榜 本店支付商品榜

图 8-12　空调热销组合属性榜

（4）搜索偏好

淘宝网排行榜是指由淘宝网官方提供的买家每日在淘宝搜索和天猫搜索使用的查询关键词汇总统计生成的排行数据，包括"今日关注上升榜"和"一周关注热门榜"，如图 8-13 所示。

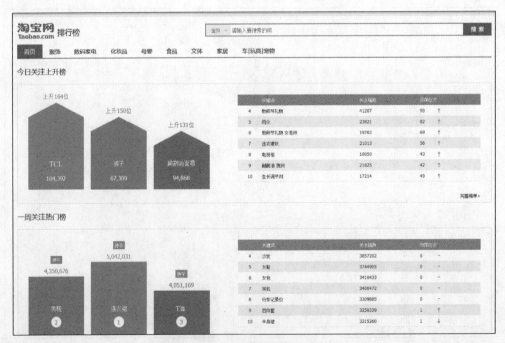

图 8-13　淘宝排行榜

"今日关注上升榜"包含所有类目每天搜索次数上升最快的关键词，反映的是当前消费者需求变化最快的热点。图中显示"TCL""裤子""鸸鹋油面霜""教师节礼物""雨伞"上升最快。

"一周关注热门榜"包含所有类目在一个星期内的搜索量排行，展示的当下最畅销的商品是什么。图中显示"连衣裙""男鞋""T恤""沙发""女鞋"排名前五。

（四）市场价格分析

1. 价格形成理论

价格也称之为市场价格，它是商品价值的货币表现，通常是指某种商品在市场上，一定时期内客观形成的具有代表性的实际成交价格。价格基本上是自发形成的，是由商品价值、货币价值、供求和竞争、商品成本、消费习惯、成交数量、付款条件、地理位置、产品质量、自然因素（季节性因素、气候因素）、技术进步、政治经济形势、经济周期、战争等因素决定的。

商品的价值是商品价格的基础，只要商品的价值不变，商品价格就会在其他因素的影响下围绕其价值来回波动。

市场供求是形成市场价格的重要参数，价格是在需求与供给的矛盾与平衡中产生，在讨价与还价中形成的。当市场需求扩大时，产品价格趋涨，价格高于价值；当需求萎缩时，产品价格趋跌，价格低于价值；供求平衡时，价格相对稳定，价格与价值相符。出现生产过剩或供应过多，卖方急于出售，产品价格趋跌；当产品供给减少时，产品价格趋涨。当需求扩大，同时供给发生缩减时，产品价格会急剧上升；当需求下降而供给却不断增加时，产品价格会急剧下跌。时间因素在价格形成中的作用：在短时间内需求对价格的形成起主导作用，在长时间内供给对价格的形成起主导作用，正常时间内是供求的均衡在起作用。

宏观经济的运行状况也会影响商品市场价格，当经济上行时，商品市场价格会上涨；当经济下行时，商品市场价格会随着下降。

此外，垄断的程度、竞争的激烈程度、科学技术的发展、自然条件的变化、政治环境、战争等突发事件都是影响商品市场价格的因素。又由于市场价格的构成包括生产成本、流通费用、税金及利润等，所以生产成本的变化、流通费用的增减以及缴纳税收的多少都会导致商品市场价格发生这样或那样的变化。

2. 价格带分布

商家制定价格策略时，一个很重要的依据就是消费者的消费层次和价格承受能力，商家可以此为标准来制定相应的价格带。买家采购时，也应在相应的价格带当中寻找产品。

图8-14为1688采购批发市场上基于浏览量的商品价格带分布和基于交易量的商品带价格分布。最近30天，1688市场的空调行业，买家浏览最多的商品价格带为[2 401元，5 533元]，价格区间[1 190元，13 252元]的浏览量合计占比较大；采购最多的商品价格带为[1 190元，2 401元]，价格区间[0，2 401元]的浏览量合计占比较大。从交易量的商品价格带分布图中可以看出买家采购空调的价格集中在低价区。

（五）经济周期分析

经济周期（Business Cycle）是从国外引进的概念，可以被称作商业周期，也可以被称作景气循环。总的来说，经济周期是指国民收入和经济活动的周期性波动，它以大多数经济部门的扩张或收缩为标志，是市场经济的一个重要特征。

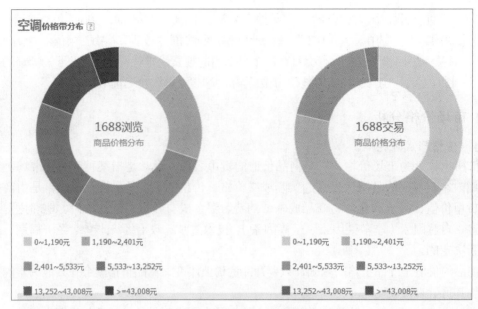

图 8-14　空调价格带分布

1. 经济周期阶段

经济在运行的过程中，时而处于经济繁荣时期，经济发展蒸蒸日上，时而处于经济发展的萧条期，此时，经济不景气，经济发展速度就会放慢，甚至出现负增长。并且，这样时而繁荣、时而萧条的经济现象是交替出现、不断循环往复的。经济周期分为繁荣、衰退、萧条和复苏四个阶段，表现在图形上则叫衰退、谷底、扩张和顶峰，这两种说法都被世人所熟知。

经济周期的不同阶段，商品的生产规模和需求规模会随之扩张和收缩，从而导致商品市场价格的上涨和下降。当经济处于衰退和萧条阶段时，商品生产萎缩，需求减少，商品市场价格呈下跌趋势；当经济处于复苏和繁荣阶段时，商品生产扩张，需求增加，商品市场价格上涨。

2. 经济周期形成原因

对经济周期形成原因的解释有不同的理论，主要有农业收获说（太阳黑子说、太阳热力说和雨量说）、心理说、消费不足说、货币决定论、货币投资过度论、"创新"经济周期理论、"加速原理"理论、凯恩斯经济周期波动理论、理性预期的经济周期理论、实际经济周期理论和政治经济周期理论等。

经济周期的形成是多种因素共同作用的结果，从影响经济周期产生的根源可将这些因素分为内生因素和外生因素。所谓内生因素是指由经济体系本身的、内在的原因产生的，如制度因素、投资因素、消费因素、财政货币因素等。外生因素则是由经济体系之外的原因产生的，如自然因素（气候的变化等）、人口因素、政策因素、技术创新、心理因素、政治动荡等。内生因素是形成经济周期波动的内在的结构基础和传导机制。外生因素则是形成经济周期波动的外在冲击和外在条件。经济周期的波动大多是由内生因素和外生因素共同作用而产生的。

根据对经济周期生成所起的主次作用，经济周期成因又可分为基本因素与影响因素。基本因素是指对经济周期的生成具有根本作用的原因或条件，如"按资分配""货币职能进化""市场机制""私有制""人类自身特性"等。它们对经济周期生成的作用关系可简示如下："人类自身特性→私有制→市场机制→按资分配、货币职能进化→经济周期"。影响因素是指对经济周期生成具有影响作用的原因或条件，如各类天灾人祸、科技重大进步、政策人为干预等。基本因素对周期生成起不可或缺的根本作用，影响因素对周期生成起重要的影响作用。经济周期的生成是诸多因素共同作用的结果；众多成因之间存在错综复杂的交互影响；在不同的社会条件下，众因素之间会产生不同的组合与作用，故周期的具体进程多有不同；经济周期的具体进程对成因亦有重要影响。

经济周期的变化制约着行情的变化。经济周期变化的阶段性也决定了行情具有阶段性。行情作为再生产的具体发展过程，其趋势和主流与周期的变化、运动是一致的。虽然经济周期制约着行情的变化，但行情作为一个具体的现象，比经济周期的变化还要复杂得多、丰富得多。行情不仅受经济周期的制约，而且还受到非周期性因素（政治因素、科学技术、经济结构、财政货币政策、季节性因素和其他偶然性因素等）的影响。

3. 我国经济周期分析

在分析和预测经济波动的指标体系中，社会消费品零售总额属于同步指标。图8-15为国家统计局提供的近5年中国社会消费品零售总额，数据显示我国社会消费品零售总额正不断增长，说明我国处于繁荣的经济周期，但社会消费品零售总额年均增长幅度在不断缩小，需要持续关注。

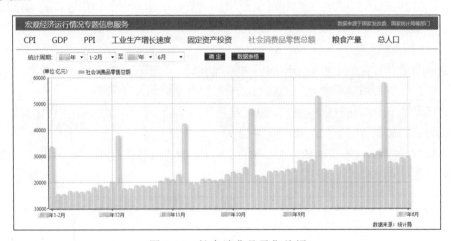

图 8-15　社会消费品零售总额

（六）生产要素分析

西方经济学认为生产是需要投入一定的要素并生产出产品的过程。在生产中投放的各种资源就是生产要素。生产要素指的是广义的生产。生产包含五要素：生产/生产力（供给）、流通、市场（需求）、价格（成本与利润）、竞争（胜败与双赢）。

1. 生产要素理论

生产要素理论是西方经济学这门学科建立的前提和基础，主要有生产要素二元论（劳动者、劳动资料）、生产要素三元论（劳动者、劳动资料和资本）、生产要素四元论（劳动者、劳动资料、资本和企业家才能）、生产要素五元论（劳动者、劳动资料、资本、企业家才能、技术）和"权力分配论"。在现代社会，随着工业的发展和科学技术的进步，需要的专业知识越来越复杂，甚至专业知识已经成为决定企业成败的决定性生产要素。除了上述关于生产要素的说法外，还有人将信息、技术、管理、教育资源、知识型劳动力、金融、创新能力、核心技术、制度、政府行为、经济政策甚至宏观经济管理等都当作了生产要素。

知识链接：亚当·斯密

亚当·斯密（公元 1723～1790）是经济学的主要创立者，其代表作有《道德情操论》和《国家财富的性质和原因的研究》（简称《国富论》）。《国富论》解释了商品价格的构成，以及提出了影响商品生产和价格的因素，让经济学第一次成为一门系统的完整的学科，因此世人尊称亚当·斯密为"现代经济学之父"。

亚当·斯密将资本列为生产要素之一，并在《国富论》中提出"无论在什么社会，商品的价格归根结底都分解成为这三个部分（即劳动、资本和土地）"，形成了"生产要素三元论"。

2. 竞争要素分析

竞争要素是指为企业提供竞争优势的要素。竞争要素的构成包括竞争者、竞争目标、竞争规则、竞争策略和竞争场。

竞争者即竞争的参与者，是竞争主体。任何一种竞争都是在竞争的参与者之间进行的，必须要两方或两方以上才能构成竞争。

竞争目标是竞争行为所要达到的预期结果，是满足竞争需要的对象，是诱发竞争动机的外部条件。目标在竞争中具有导向和激励作用，竞争者以此来调节和指导自己的行为。

竞争规则是在竞争中形成的基本的道德伦理、传统习惯和必须遵守的法律、法规，例如公平原则、诚信原则。

竞争策略是针对竞争中可能出现的各种情况所制定的相应对策，是竞争者实现竞争目标的总的原则，竞争者想要取得竞争的胜利，一定要有正确的竞争策略。

竞争场是竞争者展开较量的舞台，也就是竞争活动的空间和场所，如体育比赛的运动场、战争的战场、商品竞争的市场、政治竞争的官场。

图 8-16 为淘宝市场的卖家数分布，8 月 25 日空调子类目共有 44 568 个卖家，这意味着每个卖家要面对 44 567 个竞争者。

卖家数分布					
子类目	卖家数 ⇕	占比 ⇕	被支付卖家数 ⇕	支付笔数较父类目占比 ⇕	TOP卖家支付笔数本类目内占比 ⇕
空调	44,568	100%	5,527	100.00%	60.98%

图 8-16　卖家数分布

图 8-17 为淘宝市场卖家星级分布，8 月 25 日空调子类目卖家中天猫卖家为 5 665 家，被支付卖家数为 1 961 家，支付笔数本类目内占比为 84.44%，这意味着 65.4%的天猫卖家没有成交，以及 38 903 个非天猫卖家支付笔数类目内占比只有 15.56%，可见淘宝市场空调子类目竞争相对激烈。

图 8-18 为淘宝市场空调行业 TOP500 店铺和 TOP100 商品。8 月 25 日 TOP500 店铺排在前 5 位的是苏宁易购官方旗舰店、奥克斯旗舰店、美的官方旗舰店、海尔官方旗舰店和美的空调旗舰店。8 月 25 日 TOP100 商品排在前 5 位的是美的 KFR-26GW/大 1 匹静音空调、奥克斯空调 1 匹定速空调、奥克斯空调大 1.5 匹定速空调、奥克斯 KFR-35GW/大 1.5 匹定频空调、樱花空调。

卖家星级分布

信用等级	卖家数	占比	被支付卖家数	支付笔数本类目内占比
天猫 TMALL.COM	5,665	12.71%	1,961	84.44%
♥-♥♥♥♥♥	22,462	50.40%	1,012	2.57%
♦	3,400	7.63%	385	1.39%
♦♦	3,611	8.10%	498	2.72%
♦♦♦	3,216	7.22%	546	1.82%
♦♦♦♦	3,096	6.95%	481	2.06%
♦♦♦♦♦	1,627	3.65%	310	1.68%
♛	929	2.08%	207	1.35%
♛♛	387	0.87%	89	1.15%
♛♛♛	175	0.39%	31	0.82%

图 8-17 卖家星级分布

行业TOP500店铺

你的店铺排行 ，恭喜榜上有名！

排名	卖家名称	交易指数	操作
1	苏宁易购官方旗舰店	201,022	♡关注
2	奥克斯旗舰店	144,082	♡关注
3	美的官方旗舰店	127,831	♡关注
4	海尔官方旗舰店	122,599	♡关注
5	美的空调旗舰店	95,855	♡关注

行业TOP100商品

我的TOP50商品 >

你的商品未上榜，再接再厉！

排名	商品名称	今日支付子订单数	昨日支付子订单数	操作
1	Midea/美的 KFR-26GW/... 店铺：美的官方旗舰店	54	97	♡关注
2	奥克斯空调 1匹定速... 店铺：苏宁易购官方旗...	47	76	♡关注
3	奥克斯空调 大1.5匹定... 店铺：苏宁易购官方旗...	45	96	♡关注
4	AUX/奥克斯 KFR-35GW/... 店铺：奥克斯旗舰店	42	74	♡关注
5	樱花空调小1p大一匹单... 店铺：名望电商	30	34	♡关注

图 8-18 空调行业 TOP500 店铺和 TOP100 商品

三、任务实施

（一）电商市场品牌竞争力分析

1．相关知识

在市场竞争的大环境中，品牌已成为企业的部分或全部象征。企业为谋求长远发展和品牌成长，必须通过有效配置内部及外部资源，使其产品或服务能为企业提供超值利润。从市场作用的结果看，品牌竞争力就等同于企业竞争力。品牌竞争力是品牌的核心指标，一个品牌没有了竞争力，就没有了存在的价值，所以品牌竞争力既是品牌资产的反映，又是企业竞争力的反映。

品牌竞争力是指企业利用其占有、配置资源的差异，通过产品或服务品牌竞争的形式表现出来的区别或领先于其他竞争对手的综合能力。这种独特能力使企业某品牌的产品或服务能够更好地满足消费者的需求，从而扩大该产品或服务的市场份额，获得、保持并扩大其竞争优势。实质上而言，品牌竞争力是一种以企业生产能力、技术创新能力、市场营销与开拓能力等为基础的比较能力。

品牌竞争力的内部因素是指一切能造就品牌竞争优势的资源性要素，如产品或服务的质量、技术、具有明显行业特征的品牌文化等。品牌竞争力的内部因素是构成品牌竞争优势的原动力，反映出企业品牌竞争力的基础和为保持市场份额、获取竞争优势而投入各种资源的具体状况。主要包括品牌产品或服务质量、品牌生产技术、品牌资源支撑。

品牌竞争力的外部因素是指品牌在市场竞争中所反映出来的优势或劣势，如市场份额、超值利润、发展潜力等。品牌竞争力的高低、强弱都是企业整合、运用内部各种资源要素的市场表现，是内部因素发展水平在市场竞争过程中的外在的、显性的衡量标准。品牌竞争力的外部因素是品牌竞争的结果，体现品牌的市场地位和竞争状况，主要包括品牌市场占有情况、品牌营销创利情况、品牌形象拓展情况等。

2. 任务要求

选择一个商品类目，针对一个或多个电商市场做品牌竞争力分析，包括居民消费结构、居民价格指数、市场规模、品牌地位、品牌定位、消费人群、产品分类、市场占有率、销售趋势、成长率分析、竞品对比、市场地位、消费者地位、产品质量等。

3. 任务实施

（1）理论基础

面对产品和服务爆炸式的增长，品牌成为消费者在选择产品和服务时的简单标准和依据。本任务是针对一个或多个电商市场做某种商品的品牌竞争力分析，为网店经营的商品选择合适的品牌。根据数据获取的条件，确定针对天猫市场展开分析，商品选择的是大家电类目下的空调子类目，分析的内容包括居民消费结构、居民消费价格指数、市场规模和变动趋势、天猫市场上空调品牌的概况、主要品牌的市场地位，再将排名前三品牌的对比分析，对比分析项目分成影响品牌竞争力的内部因素和外部因素。

居民消费结构、居民消费价格指数相关数据取自国家统计局，市场规模和变动趋势相关数据源自生意参谋/市场行情/行业大盘，天猫市场上空调品牌的概况、主要品牌的市场地位相关数据源自生意参谋/市场行情/品牌分析，天猫市场上前三名品牌对比分析数据源自生意参谋/市场行情/商品店铺榜/品牌粒度。

品牌对比分析的项目包括品牌定位、消费人群、产品分类、市场占有率、销售趋势、成长率分析、竞品对比、消费者地位（品牌喜好度）、产品质量等。

（2）实施步骤

步骤1：获取并分析居民消费结构、居民消费价格指数；

步骤2：获取并分析市场规模和变动趋势；

步骤3：调查和分析空调品牌的概况、主要品牌的市场地位；

步骤4：将天猫市场上前三名品牌做对比分析；

步骤5：撰写《天猫市场空调品牌分析报告》；

步骤6：做好汇报的准备。

（3）成果报告

天猫市场空调品牌分析报告

根据××××年中国B2C网络购物交易份额占比可知天猫占比57.7%，京东25.4%，唯品会占比3.7%，苏宁易购占比3.30%，其他都不足2%，如图8-19所示。可见天猫在中国B2C市场占据优势垄断地位，因此选择天猫市场做空调产品的品牌分析。

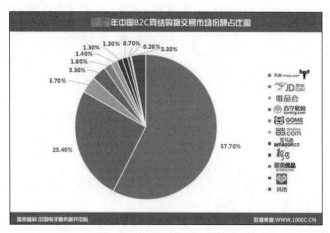

图 8-19　中国 B2C 网络购物交易份额占比

1. 居民消费结构

国家统计局发布了本年一季度居民消费支出构成情况：一季度，全国居民人均食品烟酒消费支出1 535元，增长4.6%，占人均消费支出的比重为32.0%；人均居住消费支出978元，增长8.9%，占人均消费支出的比重为20.4%；人均衣着消费支出403元，降低0.5%，占人均消费支出的比重为8.4%；人均生活用品及服务消费支出277元，增长3.7%，占人均消费支出的比重为5.8%；人均交通通信消费支出645元，增长12.3%，占人均消费支出的比重为13.4%；人均教育文化娱乐消费支出480元，增长13.5%，占人均消费支出的比重为10.0%；人均医疗保健消费支出352元，增长15.8%，占人均消费支出的比重为7.3%；人均其他用品和服务消费支出127元，增长10.7%，占人均消费支出的比重为2.6%，如图8-20所示。一季度，全国居民人均消费支出4 796元，比上年同期名义增长7.7%，扣除价格因素，实际增长6.2%。

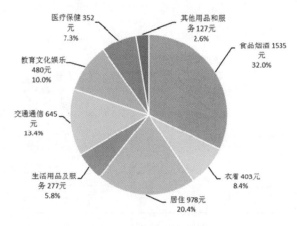

图 8-20　居民消费支出构成情况

人均生活用品及服务消费支出增长3.7%，说明居民在包括空调在内的生活用品上的消费金额的增长幅度是最小的，也低于全国居民人均消费支出的同比增长率7.7%，这意味着未来包括空调在内的生活用品的市场规模增长有限，品牌之间的竞争将加剧。

2. 居民消费价格指数

国家统计局公布的价格指数如图8-21所示，数据显示本年3～7月间生活用品及服务类居民消费价格指数有一定幅度的增长，从100.7到101.1，这说明包括空调在内的生活用品的价格比去年要高一些，但在3～7月间其增长幅度0.4%略低于居民消费价格指数的增长幅度0.5%。

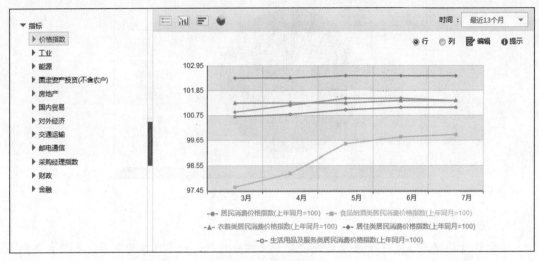

图 8-21　价格指数

3. 市场规模和变动趋势

天猫市场空调行业报表如图8-22所示。本年6月份空调支付件数为1 378 364件，5月份为665 063件，4月份为500 121件，2季度支付件数为2 543 548件，与上年同期1 349 326件相比，同比增长88.5%，与本年1季度578 363件相比，环比增长339.8%，天猫市场的空调销售规模处于扩张之中。

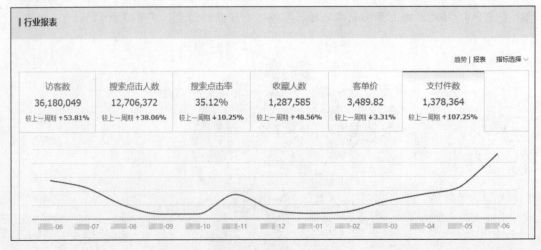

图 8-22　空调行业报表

4. 空调品牌的概况

天猫市场空调品牌排行如图8-23所示，数据显示空调品牌数量一共有163个，本年6月份热销商品榜排名第一的格力空调交易指数8 224 927，支付商品数14 190，支付件数为235 980件，占比为17.12%；排名前三的格力、美的和奥克斯合计支付件数为762 690件，合计占比55.33%；排名前十的格力、美的、奥克斯、海尔、TCL、科龙、志高、海信、CHEBLO、长虹合计支付件数为1 187 850件，合计占比为86.18%。这说明空调品牌处于多头垄断的竞争状况中。

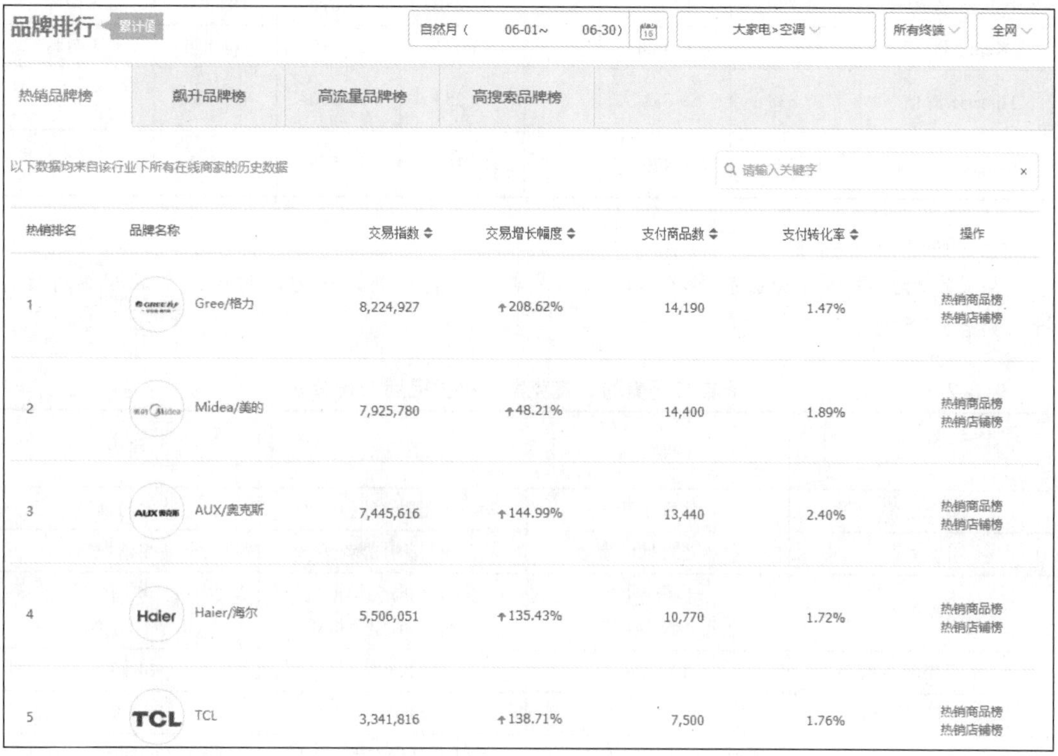

图 8-23　空调品牌排行

5. 主要品牌的市场地位

天猫市场上年7月至本年6月份空调市场占有率如表8-1所示。12个月空调总的交易量为4 888 167件。美的市场占有率19.62%，排名第一；奥克斯市场占有率18.60%，排名第二；格力市场占有率14.99%，排名第三；海尔市场占有率8.71%，排名第四；TCL市场占有率6.27%，排名第五；CHEBLO市场占有率4.31%，排名第六；志高市场占有率3.77%，排名第七；科龙市场占有率3.41%，排名第八；海信市场占有率2.74%，排名第九；长虹市场占有率1.98%，排名第十。

表 8-1　　　　　　　　　　上年 7 月至本年 6 月空调市场占有率

品牌名称	支付件数					市场占有率
	上年 7 月	上年 8 月	…	本年 5 月	本年 6 月	合计	
Midea/美的	67 704	35 030	…	178 777	269 310	958 963	19.62%
AUX/奥克斯	134 354	50 964	…	101 556	257 400	908 997	18.60%

品牌名称	支付件数						市场占有率
	上年 7 月	上年 8 月	...	本年 5 月	本年 6 月	合计	
Gree/格力	62 713	27 187	...	74 958	235 980	732 652	14.99%
Haier/海尔	42 594	23 188	...	59 861	141 150	425 671	8.71%
TCL	72 757	25 110	...	29 853	73 200	306 395	6.27%
CHEBLO	31 496	12 679	...	45 043	58 350	210 492	4.31%
Chigo/志高	20 739	10 106	...	27 280	47 670	184 394	3.77%
Kelon/科龙	35 061	12 028	...	13 671	44 910	166 871	3.41%
Hisense/海信	27 838	9 331	...	11 253	33 330	133 989	2.74%
Changhong/长虹	12 276	6 479	...	18 166	26 550	96 651	1.98%

6. 品牌做对比分析

天猫市场上品牌市场占有率排名前三的是美的、奥克斯、格力，对这三个品牌做对比分析，如表8-2所示。

表 8-2　　　　　　　　　　天猫市场美的、奥克斯、格力品牌对比分析

项目 ＼ 品牌	美的	奥克斯	格力
品牌定位	美好生活	健康空调	技术与质量
消费人群	中端及女性消费者	低端消费者	高端消费者
产品分类	壁挂式/立柜式 中央空调/移动空调	变频挂机/变频柜机 定速挂机/定速柜机	挂机/柜机 艺术定制
12 个月市场占有率	19.62%	18.60%	14.99%
本年 7 月同比增长率	99.67%	138.93%	282.20%
最近 7 天热销品分析	KFR-26GW/WCBD3@ 1 999 元，订单 2 172	KFR-25GW/NFI19+3 1 699 元，订单 966	KFR-26GW/FNAc-A3 2 899 元，订单 356
本年 7 月访客数	6 514 929	6 701 983	8 323 283
本年 7 月搜索点击数	3 128 365	2 170 031	4 950 886
本年 7 月支付件数	14 322	10 323	17 608
本年 7 月交易指数	3 677 259	4 983 889	3 632 096
本年 7 月交易增长率	−39.35%	4.67%	−26.98%
本年 7 月支付转化率	0.88%	1.69%	0.62%
本年 7 月支付商品数	134 354	67 704	62 713
官方旗舰店动态评分	宝贝与描述相符：4.8 卖家的服务态度：4.8 物流服务的质量：4.8 5 分好评率：90.48%	宝贝与描述相符：4.8 卖家的服务态度：4.8 物流服务的质量：4.8 5 分好评率：91.69%	宝贝与描述相符：4.8 卖家的服务态度：4.7 物流服务的质量：4.7 5 分好评率：92.09%

表8-2中数据显示：本年7月格力的访客数和搜索点击数最多，说明格力品牌影响力最大；上年7月至本年6月的市场占有率美的最高，说明美的品牌最能被天猫消费者接受；本年7

月同比增长率格力最大，说明格力品牌的发展趋势看好，也说明空调的高端消费市场处于扩张周期；美的KFR-26GW/WCBD3空调最近7天热销，订单数最多，说明美的品牌在产品开发方面有优势；本年7月交易指数和支付转化率奥克斯最高，说明奥克斯品牌的产品更符合天猫市场的需求；三个品牌的官方旗舰店动态评分相比较，奥克斯的5分好评率优于美的，卖家的服务态度和物流服务的质量评分优于格力，综合顾客评价最高，说明奥克斯品牌美誉度高。

（二）利用百度指数分析市场行情

1. 相关知识

百度指数是以百度海量网民行为数据为基础的数据分享平台，它研究关键词搜索趋势，洞察网民需求变化，监测媒体舆情趋势，定位数字消费者特征，还可以从行业的角度分析市场特点，如图 8-24 所示。

图 8-24　百度指数

百度指数主要模块有指数探索、品牌表现、数说专题、我的指数。

（1）指数探索

① 趋势研究

指数概况：提供关键词搜索指数在最近 7 天和最近 30 天的平均值，以及其同比、环比变化趋势；可按搜索来源分开查看整体/移动端趋势。

指数趋势：根据自定义时间段和自定义地域，查询关键词搜索指数和媒体指数；搜索指数可按搜索来源分开查看整体/移动端趋势，媒体指数不做来源区分。

② 需求图谱

需求分布：提供中心词搜索需求分布信息，帮助商家了解网民对信息的聚焦点和产品服务的痛点。如"化妆"的热门需求词包括"方法""产品""眼妆"等，这说明网民在搜索化妆相关商品的相关关注点主要体现在这些方面。

③ 舆情洞察

新闻监测：根据自定义时间段，查询关键词媒体指数，同时可查看该时段内的 TOP10 热门新闻。采用新闻标题包含关键词的统计标准，提供新闻原文地址跳转。

百度知道：根据自定义时间段，查询关键词相关百度知道热门问题。采用问题标题包含关键词的统计标准，百度知道问题的热门程度由问题浏览量决定。提供百度知道问题原文地址跳转。

④ 人群画像

地域分布：提供关键词访问人群在各省市的分布情况。帮助商家了解关键词的地域分布情况，根据特定地域用户偏好可进行针对性的运营和推广。

人群属性：提供关键词访问人群的性别、年龄分布情况。

（2）品牌表现

数据来源：百度指数专业版。

作用说明：总体盘点指定行业中所有品牌的搜索热度的变化。

算法说明：将指定行业内各个品牌相关检索词汇总并综合计算各品牌汇总词的总体搜索指数及其变化率，并以此排名（注：所有品牌的搜索指数均为基于品牌检索词汇总后的综合搜索指数，不可与单一检索词搜索指数进行比较）。

（3）数说专题

基于搜索指数相关数据，按照专题筛选出与某个行业或者话题相关的关键词进行聚类分析，给出更为详细的行业或者话题数据，如行业搜索趋势、行业细分市场、行业人群属性、该类话题搜索热点等。

（4）我的指数

① 我收藏的指数

将经常查看的关键词放入"我收藏的指数"，供商家随时查看趋势。最多可以收藏 50 个关键词。

② 我创建的新词

可以将百度指数未收录的关键词加入百度指数，加词后第二天系统将更新数据。关键词一经添加，即被视为消费完毕，无法删除或更改。关键词服务到期后，需再次添加。

③ 我的购买记录

在我的购买记录中可以查看创建新词服务购买情况。请商家在创建新词权限有效期内新增关键词，过期无效。

2. 任务要求

在网店选择一个商品类目，利用百度指数分析该商品类目的市场行情，并撰写《××商品类目百度市场行情分析报告》。

3. 任务实施

（1）理论基础

本任务要求利用百度指数分析商品类目的市场行情，经考虑选择大家电类目下的空调子类目作为分析对象，分析的内容包括搜索指数概况、指数趋势、需求图谱、来源检索词、去向检索词、关键词搜索指数、媒体指数以及人群画像。

本任务所需数据取自百度指数的趋势研究模块，涉及趋势研究、需求图谱、舆情洞察、人群画像四个栏目。

"趋势研究"栏目的搜索指数概况反映的是关键词最近一周或一个月的总体搜索指数表现，指标有整体搜索指数、移动搜索指数，以及同比增长率和环比增长率；指数趋势显示了互联网用户对关键词搜索的关注程度及持续变化情况，以网民在百度的搜索量为数据基础，以关键词为统计对象，科学分析并计算出各个关键词在百度网页搜索中搜索频次的加权。根据数据来源的不同，搜索指数分为 PC 搜索指数和移动搜索指数。

"需求图谱"栏目的需求图谱是依据用户在搜索该词前后的搜索行为变化中表现出来的相

关检索词需求，通过综合计算关键词与相关词的相关程度，以及相关词自身的搜索需求大小得出的，相关词距圆心的距离表示相关词与中心检索词的相关性强度，相关词自身大小表示相关词自身搜索指数的大小，红色代表搜索指数上升，绿色代表搜索指数下降；相关词分类是通过用户搜索行为来细分搜索中心词的相关需求，并从中分辨哪些是来源词、去向词、最热门词及上升最快词，其算法是将所有与中心检索词相关的需求按不同的衡量标准排序。

"舆情洞察"栏目的新闻监测是指观测互联网媒体对特定关键词的关注、报道程度及持续变化情况；媒体指数是指各大互联网媒体报道的新闻中与关键词相关的且被百度新闻频道收录的新闻的数量，媒体指数采用新闻标题包含关键词的统计标准，其数据来源和计算方法与搜索指数无直接关系；百度知道反映了该关键词在百度知道上的相关提问内容，获取百度知道提问中包含该关键字的问题，可以发现与该关键词相关的一部分热门问题。

"人群画像"栏目的地域分布关注该关键词的用户来自哪些地域，根据百度用户搜索数据，采用数据挖掘的方法，对关键词的人群属性进行聚类分析，给出用户所属的省份、城市及城市级别的分布和排名；人群属性关注该关键词的用户性别、年龄分布，根据百度用户搜索数据，采用数据挖掘的方法，对关键词的人群属性进行聚类分析，给出用户所属的年龄及性别的分布和排名。

（2）实施步骤

步骤1：登录百度指数；

步骤2：获取趋势研究栏目的相关数据，分析空调搜索指数概况和指数趋势；

步骤3：获取需求图谱栏目的相关数据，分析空调搜索的需求图谱和相关词分类；

步骤4：获取舆情洞察栏目的相关数据，分析空调搜索的新闻监测和百度知道；

步骤5：获取人群画像栏目的相关数据，分析空调搜索的地域分布和人群属性；

步骤6：撰写《空调百度市场行情分析报告》；

步骤7：做好汇报的准备。

（3）成果报告

空调百度市场行情分析报告

针对国内空调市场，分析空调行业处于一个怎样的发展阶段和未来的发展趋势，消费者有什么样的需求，社会上对空调行业有什么议论和看法，搜索空调的人群有什么特征等。

1. 空调百度搜索指数概况和指数趋势

最近30天（7.29～8.27）空调百度指数概况如图8-25所示，空调关键词整体搜索指数为10.226，同比增长-1%，环比增长-62%，整体搜索指数同比下降可能意味着空调需求在下降；移动搜索指数8.986，同比增长6%，环比增长-63%。

图8-25　百度空调指数概况

3～8月的最近半年空调百度指数趋势如图8-26所示，空调搜索指数的高峰出现在7月份，3月份空调搜索指数最低，之后逐渐升高，6月份搜索指数出现明显上升，在7月份达到最高点，然后又开始下降，可以看出该指数与天气变化密切相关。

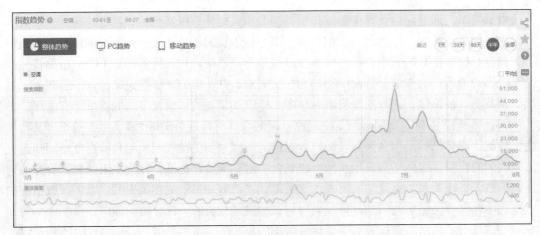

图 8-26　空调百度指数趋势

2. 空调百度搜索的需求图谱和相关词分类

8月14~20日的百度搜索需求图谱如图8-27所示，消费者关注的空调品牌有格力、美的、海尔、奥克斯、志高、大金、日立、三菱；消费者关注的空调类型有变频空调、中央空调、太阳能空调；消费者关注的空调属性有制冷、家用；消费者关注的服务有维修、售后、清洗、服务。

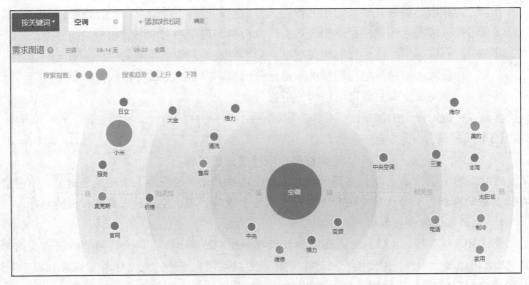

图 8-27　百度搜索需求图谱

8月14~20日的百度搜索相关词分类如图8-28所示。通过分析百度搜索相关词分类，可以得出来源检索词相关度前五位的是格力、售后、维修、变频、清洗；去向检索词相关度前五位是格力、中央、中央空调、格力空调和价格；空调相关词中搜索指数热门的关键词排名前十位的是日历、小米、酒店电视藏摄像头、奥克斯空调、西安、美的空调、美的、海尔、三菱、中央空调；空调相关词中搜索指数上升最快的关键词排名前十位的是酒店电视藏摄像头、美的空调、太阳能空调价格、奥克斯空调、滴水、空调质量排名、小型空调、奥克斯、太阳、空调牌子排名。相关词分类数据提示商家应该关注太阳能空调产品，这可能是空调行业未来的一个新兴领域；还有就是消费者对空调排名非常重视，包括质量排名和品牌排名。

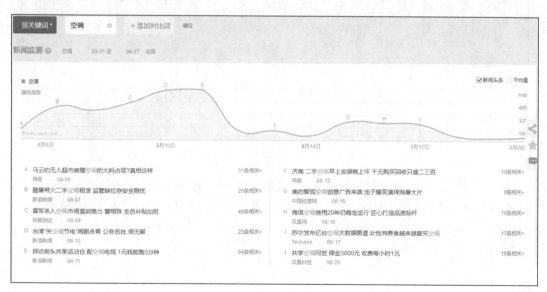

（表格内容）

相关词分类 ❓ 空调 08-14至 08-20 全国			
来源检索词　去向检索词	相关度	搜索指数　上升最快	搜索指数
1. 格力	▇▇▇▇▇▇▇▇	1. 日历	632560
2. 售后	▇▇▇▇▇▇	2. 小米	313393
3. 维修	▇▇▇▇▇	3. 酒店电视藏摄像头	270637
4. 变频	▇▇▇▇	4. 奥克斯空调	57766
5. 清洗	▇▇▇▇	5. 西安	27146
6. 电话	▇▇▇	6. 美的空调	22022
7. 家用	▇▇▇	7. 美的	11847
8. 大金	▇▇▇	8. 海尔	10854
9. 三菱	▇▇▇	9. 三菱	9594
10. 价格	▇▇▇	10. 中央空调	8864
11. 太阳	▇▇▇	11. 酒店	8199
12. 制冷	▇▇▇	12. 格力空调	8049
13. 海尔	▇▇▇	13. 格力	7403
14. 日立	▇▇▇	14. 松下	7179
15. 官网	▇▇▇	15. 太阳	7150

图 8-28　百度搜索相关词分类

3. 空调百度搜索的新闻监测和百度知道

最近7天（8月21日～8月27日）的百度搜索新闻监测如图8-29所示，空调的媒体指数正在下降，当前关注的话题是大妈蹭空调、空调租赁、小米空调即将出世、关空调节点、共享运动仓配空调、二手空调、美的智弧空调广告、海信空调、空调大数据、共享空调，这些热点可以被商家利用做事件营销。

图 8-29　百度搜索新闻监测

最近7天（8月21日～8月27日）的百度知道如图8-30所示，消费者关注的热点是美的一晚一度电、空调遥控器的符号、格力空调、变频空调与定频空调的区别、空调品牌排行榜。可见美的空调广告语"一晚一度电"已经成为社会关注的焦点，说明广告是成功，它符合消费者的期望。

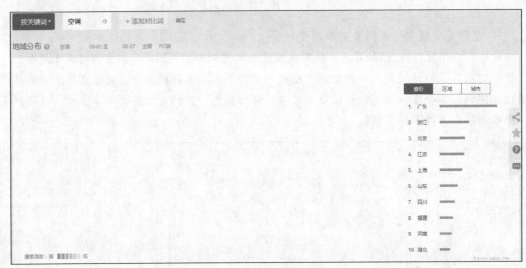

图 8-30　百度知道

4. 空调百度搜索的地域分布和人群属性

最近7天（8月21日～8月27日）的空调百度搜索地域分布如图8-31所示。从该结果可得出广东省排名第一，浙江省排名第二，北京市排名第三；区域排名前三位的是华东、华南和华北；城市排名前三位的是北京、上海和深圳，是中国经济最发达的三个一线城市。

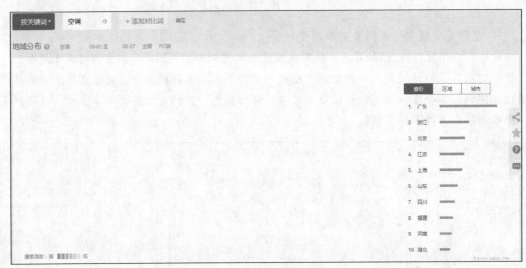

图 8-31　空调百度搜索地域分布

最近7天（8月21日～8月27日）的空调百度搜索的人群属性如图8-32所示，年龄分布集中在30～49岁，性别分布为男性67%，女性33%，因此商家要重点关注30～49岁男性消费者的需求。

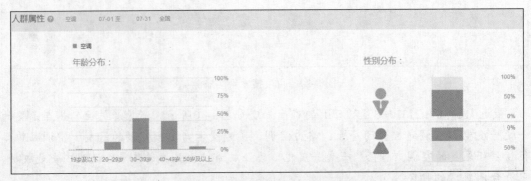

图 8-32　空调百度搜索的人群属性

四、拓展实训

实训 1　利用阿里指数分析市场行情

1．实训背景

对行业数据进行分析，是为了把握整个市场行情，降低网店风险，同时对同行店铺的经营状况进行了解，以检验自己店铺存在的不足。监控行业数据常用的工具是淘宝的阿里指数。

阿里指数是阿里巴巴出品的基于大数据研究的社会化数据展示平台，媒体、市场研究员以及其他希望了解阿里巴巴大数据的人可以从这里获取以阿里电商数据为核心的分析报告及相关地区与市场的信息。基于阿里大数据，阿里指数向媒体、机构和社会大众提供地域和行业角度指数化的数据分析、数字新闻说明、社会热点专题，以作为市场及行业研究的参考和社会热点的了解渠道，如图 8-33 所示。

图 8-33　阿里指数

阿里指数现在分为区域指数和行业指数两个模块。

（1）区域指数：从地区角度解读交易发展、贸易往来、商品概况、人群画像。通过区域指数可以了解一个地方的交易概况，发现它与其他地区之间贸易往来的热度及热门交易类目，找到当地人群关注的商品类目或者关键词，探索交易的人群特征。

（2）行业指数：从行业角度解读交易发展、地区发展、商品概况、人群特征。通过行业指数可以了解一个行业的现状，获悉它在特定地区的发展态势，发现热门商品，知晓该行业卖家及买家的群体概况。

2．实训要求

以女装类目的连衣裙子类目为例，利用阿里指数分析该商品类目的市场行情，并撰写《连衣裙淘宝市场行情分析报告》。

实训 2　撰写市场调研报告

1．实训背景

市场调研是市场调查与市场研究的统称，它是个人或组织根据特定的决策而系统地设计、搜集、记录、整理、分析及研究市场各类信息资料、报告调研结果的工作过程。

市场调研报告是指经过对某一商品客观实际情况的调查了解，将调查了解到的全部情况和材料进行分析研究，揭示出本质，寻找出规律，总结出经验，最后以书面形式陈述出来。调研报告必须实事求是地反映和分析客观事实，主要包括两个部分：一是调查，二是研究。调查，应该深入实际，详细地占有材料，准确地反映客观事实，按事物的本来面目了解事物，不凭主观想象。研究，即在掌握客观事实的基础上，认真分析，透彻地揭示事物的本质。调研报告中可以提出一些对于所研究的事物的看法。

市场调研报告有明确的主题、清晰的条理和简捷的表现形式。报告的结构体系应包括调研目的、调研方法、调研范围以及数据分析在内的一系列内容。这种体系基本上在每个同类型的报告中都适用，因此，此处不做更详细的说明，以下主要介绍数据分析结论的表现方法。数据分析的结论通常情况下是采用图表表示的。图表是最行之有效的表现手法，它能非常直观地将研究成果表示出来。在将调研的分析结果变成令人信服的图表之前，首先要谨记，它只是一种传递和表达信息的工具，使用它的重要原则是"简单、直接、清晰、明了"。每个图表只包含一个信息，图表越复杂，传递信息的效果就越差。最常用的图表形式是柱状图表、条形图表、饼形图表、线形图表。使用图表的目的在于将复杂的数据变成简单、清晰的图表，让人能够一目了然地了解数据所表达的含义。

一份合格而优秀的报告，应该有明确、清晰的构架，简洁、清晰的数据分析结果。一份合格的报告不应该仅仅是简单的看图说话，还应该结合项目本身特性及项目所处大环境对数据表现出的现象进行一定的分析和判断，当然报告写作者一定要保持中立的态度，不要加入自己的主观意见。另外，通常的市场调研报告都会有一个固定的模式，我们应该根据不同项目的不同需要，对报告的形式、风格加以调整，使市场调研报告能够有更丰富的内涵。

2. 实训要求

对网店的主营商品类目展开市场调研，包括以下内容：一是调研概况，包括调研目的、调研方法、调研范围；二是行业环境分析，包括我国 GDP 分析、居民消费结构、居民价格指数、恩格尔系数分析、我国宏观经济发展预测；三是主营商品类目的市场概述，包括商品类目的定义，市场特点、发展周期；四是市场行情，包括市场规模、盈利情况、增长态势；五是同行业的细分分析，分析每个细分领域的成长空间以及市场成熟度；六是热销产品分析，包括流量和人均 PV 及停留时间等硬性指标、增长态势、产品的核心优劣势等；七是未来新的发展机会；八是行业风险。

任务小结

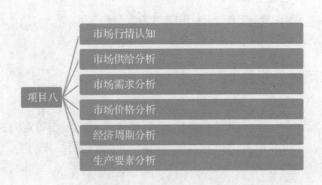

同步习题

（一）判断题

1. 市场行情实质上是社会再生产内在发展过程在市场上的外部表现。（　　　）

2. 对于一般商品而言，价格与供给量呈负相关，价格越高，供给量就越小。（　　　）

3. 从市场作用的结果看，品牌竞争力就等同于企业竞争力。（　　　）

4. 如果消费者的购买是无计划性的、无预期性的，则不受到品牌影响。（　　　）

5. 商品的价值是商品价格的基础，只要商品的价值不变，商品价格就会在其他因素的影响下围绕其价值来回波动。（　　　）

（二）不定项选择题

1. 商家制定价格策略时，重要依据有（　　　）。

    A. 消费者的消费层次　　　　　　　　　　B. 消费者的个人偏好

    C. 消费者的价格承受能力　　　　　　　　D. 以上都不对

2. 生产要素包括（　　　）。

    A. 劳动者　　　　　B. 劳动资料　　　　　C. 资本　　　　　　D. 技术

3. 竞争要素是指为企业提供竞争优势的要素，其构成包括（　　　）。

    A. 竞争者　　　　　　　　　　　　　　　B. 竞争目标

    C. 竞争规则　　　　　　　　　　　　　　D. 竞争策略和竞争场

4. 品牌竞争力的外部因素是指品牌在市场竞争中所反映出来的优势或劣势，包括（　　　）。

    A. 市场供应量　　　B. 市场份额　　　　C. 超值利润　　　　D. 发展潜力

5. 百度指数是以百度海量网民行为数据为基础的数据分享平台，其作用有（　　　）。

    A. 研究关键词搜索趋势　　　　　　　　　B. 监测媒体舆情趋势

    C. 监测媒体舆情趋势　　　　　　　　　　D. 定位数字消费者特征

（三）简答题

1. 简述市场供给的基本规律。

2. 简述市场需求的基本规律。

3. 简述价格形成理论。

4. 经济周期分成哪几个阶段？其形成原因是什么？

5. 市场调研报告的结构体系应包括哪些内容？

（四）分析题

增量市场是指市场饱和度较低，连续两年环比增幅超过 15% 的市场。存量市场是指市场饱和度较高，近两年环比增幅没有都大于 15% 的市场。国家统计局网站数据显示：批发和零售业电子商务销售额，2020 年为 97 859.2 亿元，2019 年为 84 183.4 亿元，2018 年为 68 984.7 亿元。

请判断批发和零售业属于增量市场还是存量市场。

任务九　竞争对手数据分析
——制定企业竞争战略

学习目标

【知识目标】	1. 理解竞争对手概念和重要性；
	2. 熟悉竞争对手分析的步骤；
	3. 了解和掌握竞争对手分析的层次和内容；
	4. 熟悉竞争对手识别方法；
	5. 掌握竞争对手分析方法；
	6. 熟悉竞争对手数据收集渠道；
	7. 理解竞争对手跟踪与监测内涵，掌握竞争对手跟踪与监测模型。
【技能目标】	1. 具备竞品分析的能力；
	2. 具备顾客流失分析的能力；
	3. 具备竞店分析的能力；
	4. 具备店铺标杆管理的能力。
【基本素养】	1. 具有数据敏感性；
	2. 善于用数据思考和分析问题；
	3. 具备收集、整理和清洗数据的能力；
	4. 具有较好的逻辑分析能力。

一、任务导入

美孚成功的"秘诀"——标杆管理

2000年，埃克森美孚公司全年销售额为2 320亿美元，位居全球500强第一，如图9-1所示。埃克森1997年以828亿美元收购美孚石油公司，使埃克森美孚成为全球最大的石油天然气公司。此前美孚石油就因为其卓越的管理成为石油行业的佼佼者，1992年美孚石油实行的标杆管理措施无疑给美孚以至今天的埃克森美孚注入强大的活力。

1992年，美孚石油是一个每年有670亿美元收入的公司，年初的一个调查让公司决定对自身的服务进行变革。当时美孚公司询问了服务站的4 000位顾客什么对他们是重要的，结果得到了一个令人震惊的数据，仅有20%的被调查者认为价格是最重要的。其余的80%想要三件同样的东西：能提供帮助的友好的员工、快捷的服务和对他们的消费忠诚予以一些认可。

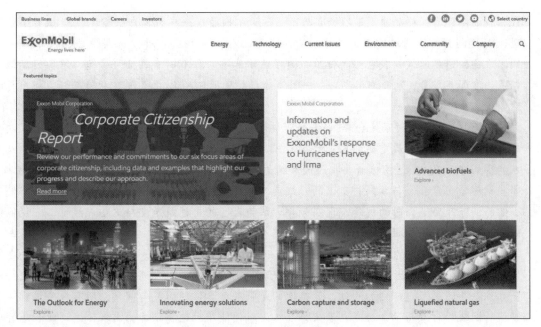

图 9-1　埃克森美孚官网

根据这一发现，美孚公司开始考虑如何改造其遍布全美的 8 000 个加油站，讨论的结果是实施标杆管理。公司由不同部门人员组建了 3 个团队，分别以速度（经营）、微笑（客户服务）、安抚（顾客忠诚度）命名，以通过对最佳实践进行研究作为公司的标杆，努力使客户体会到加油也是愉快的体验。微笑团队将以提供优异的客户服务著称的公司为标杆；速度团队将以提供快速传递著称的公司为标杆；安抚团队将以致力于客户忠诚著称的公司为标杆。

速度小组找到了 Penske（潘世奇），它在印地（Indy）500 强中以快捷方便的加油站服务而闻名。你可以想象得到，在 Indy 500 强比赛中看到的景象，驾驶员偶尔需要停靠，他需要尽可能快地上下车。速度小组仔细观察了 Penske 在比赛中如何为通过快速通道的赛车加油：这个团队身着统一的制服，分工细致，配合默契。美孚的速度小组还了解到，Penske 的成功部分归于电子头套耳机的使用，它使每个小组成员能及时地与同事联系。速度小组提出了几个有效的改革措施，首先是在加油站的外线上修建他们的停靠点，设立快速通道，供紧急加油使用；将加油站员工佩带耳机，形成一个团队，安全岛与便利店可以保持沟通，及时为顾客提供诸如汽水一类的商品；服务人员穿着统一的制服，给顾客一个专业加油站的印象。"他们总把我们误认为是管理人员，因为我们看上去非常专业。"服务员阿尔比·达第茨说。

微笑小组考察了丽嘉—卡尔顿宾馆的各个服务环节，以找出该饭店是如何获得不寻常的顾客满意度的。丽嘉—卡尔顿宾馆对所有新员工进行了广泛的指导和培训。员工们深深地铭记：自己的使命就是照顾客人，使客人舒适。他们希望尽可能地提供最好的个人服务。观察一天之后，小组的斯威尼说："丽嘉的确独一无二，因为我们在现场学习过程中实际上都变成了其中的一部分。在休息时，我准备帮助某位入住旅客提包。我实际上活在他们的信条中。这就是我们真正要应用到自己的业务中的东西——那种在公司里，你能很好地服务你的客户而带来的自豪。那就是丽嘉真正给我们的魅力。在我们的服务站，没有任何理由可以解释为什么我们不能有同样的自豪，不能有与丽嘉—卡尔顿酒店一样的客户服务现象。"微笑小组发现，Mobil同样可以通过建立员工导向的价值观，以及进行各种培训，来实现自己的目标。"在顾客准备驶进的时候，我已经为他准备好了汽水和薯片，有时我在油泵旁边，准备好高级无铅汽油在那儿等着，他们都很高兴——因为你记住了他们的名字。"现在身为友好服务人员的达第茨说。

安抚小组最后到"家庭仓库"，去查明该店为何有如此多的回头客。美孚的格顿从家庭仓库公司学到，公司中最重要的人是直接与客户打交道的人。没有致力于工作的员工，你就不可能得到终身客户。这意味着要把时间和精力投入到如何雇佣和训练员工上。而在美孚公司，那些销售公司产品、与客户打交道的一线员工传统上被认为是公司里最无足轻重的人。安抚小组的调查改变了公司的观念，现在领导者认为自己的角色就是支持这些一线员工，使他们能够把出色的服务和微笑传递给公司的客户，传递到公司以外。

美孚提炼了他们的研究结果，并形成了一个新的加油站概念——"友好服务"。美孚在佛罗里达的80个服务站开展了这一试验。"友好服务"与其传统的服务模式大不相同。希望得到全方位服务的顾客，一到加油站，迎接他的是服务员真诚的微笑与问候。所有服务员都穿着整洁的制服，打着领带，配有电子头套耳机，以便能及时地将顾客的需求传递到便利店的出纳那里。希望得到快速服务的顾客可以开进站外的特设通道中，只需要几分钟，就可以完成洗车和收费的全部流程。

美孚公司由总部人员和一线人员组成了叫作SWAT的实施团队，花了9个月的时间来建构和测试维持友好服务的系统。"友好服务"的初期回报是令人振奋的，加油站的平均年收入增长了10%。"友好服务"很快扩展到他们所有的服务站。

思考：
1. 请谈谈美孚的速度小组是如何做对标的，以及如何利用对标结果改进自己的服务。
2. 请谈谈美孚的微笑小组是如何做对标的，以及如何利用对标结果改进自己的服务。
3. 请谈谈美孚的安抚小组是如何做对标的，以及如何利用对标结果改进自己的服务。
4. 从美孚成功的"秘诀"中您有什么收获？

二、相关知识

竞争对手是企业经营行为最直接的影响者和被影响者，这种直接的互动关系决定了竞争对手在外部环境分析中的重要性。竞争是任何在市场经济中生存的企业都无法回避的永恒主题，企业为了生存，必须了解其竞争对手，以便制定更有效、更有针对性的竞争战略。一个企业的产品能否在市场上取得成功，除了取决于自身产品的质量、价格等因素外，还取决于竞争对手产品的因素。自己的产品虽然很好，如果竞争对手的产品更好，则自己的产品还是不会有市场。因此，研究和分析竞争对手对企业非常重要。

分析竞争对手最重要的目的是预测竞争对手行为，包括竞争对手对未来机会和威胁可能的反应，竞争对手对企业的战略行动可能的反应，竞争对手未来的动向等。企业需要预期竞争对手的反应，以避免企业采取的战略行动被竞争对手的行动抵消。企业也需要了解竞争对手未来的动向，以预测未来的竞争优势。

（一）竞争对手认知

一般而言,竞争对手是指那些生产经营与本企业提供的产品相似或可以互相替代的产品,以同一类顾客为目标市场的其他企业,也即产品功能相似、目标市场相同的企业。

当今企业处在一个竞争激烈的环境中,新的竞争对手不断地进入,行业内整合不断地加剧。在这样一个瞬息万变的市场环境中,谁能及时把握竞争对手的动态,谁能掌握市场的先机,谁就在竞争中掌握了主动。所以对企业的竞争对手进行分析就显得尤为重要。

对竞争对手进行分析的重要性在于:

一是能充当企业预警系统,跟踪本行业技术变化和跟踪市场需求变化,以及现有竞争对手的行动并发现潜在竞争对手;

二是可以支持企业的领导决策,为企业的市场竞争策略、生产决策、进入新领域开发新市场和技术开发决策提供有益的帮助。

知识链接：竞争对手分析与评估

在竞争对手分析与评估过程中,通常要回答下列问题:
- 什么驱使着竞争对手参与竞争?
- 竞争对手在做什么和能做什么?
- 竞争对手的 R&D(研究与开发)活动的重点是什么?
- 竞争对手的扩展能力有多大?
- 竞争对手是靠什么来吸引顾客或供应商的?
- 竞争对手对其自身和产业的各种假设是什么?
- 竞争对手的强项和弱项在哪里?
- 竞争对手是如何扬长避短、不断开拓新的商业机会的?
- 竞争对手对其目前的地位是否满意?
- 相对于兼并、收购、整合、跨产业延伸等行为,竞争对手是如何做出反应的?
- 什么将激起竞争对手最强烈和最有效的报复?

（二）竞争对手分析的步骤

企业进行竞争对手分析,一般要遵循以下程序。

1. 确定竞争对手是谁

确认竞争对手是竞争对手分析的首要工作,一般而言,企业可将生产相同产品或替代产品的企业视为竞争对手。此外,由于企业间竞争的范围越来越广,所以企业在进行竞争对手分析时,应尽量把视野放得开阔一些,同时要密切关注行业的变化,尤其是来自潜在产品的替代者的威胁。

2. 确定竞争对手的目标是什么

竞争对手的市场定位是什么?竞争对手的利润目标是什么?竞争对手在市场里找寻什么?竞争对手行为的驱动力是什么?竞争对手的目的是什么?这些是竞争对手分析的重点。

所有的竞争者都要为追求最大利润而选择适当的行动方案。但是,各个企业对短期利润和长期利润重视的程度各不相同,目标不同,相应的策略也会不同,所以在进行竞争对手分析时,要了解竞争对手的目标及目标组合,这样就可知道竞争对手是否满足其目前状况,以及对不同的竞争行动的反应如何。企业还必须注意竞争对手对不同产品/市场细分区域攻击的目标。

3. 确定竞争对手的战略

在多数行业里，竞争对手可以分成几个追求不同策略的群体，我们称之为战略性群体。战略性群体即在某一行业里采取相同或类似策略的一群企业。确认竞争对手所属的战略性群体将影响企业某些重要认识和决策。竞争对手的战略直接影响其运作市场的手段、方式及相关的各种决策。

4. 确定竞争对手的优势和劣势

竞争者的优势必将影响并最终决定竞争者是否能实施其策略并完成其目标，因此了解竞争对手的优势可使本企业做好充分的应对准备。在寻找竞争对手的劣势时，要注意发现竞争对手对市场或策略估计上的错误。如果发现竞争对手的主要经营思想有某种不符合实际的错误观念，企业就可以利用这一点，出其不意，攻其不备。

5. 确定竞争对手对市场变化的应对方式

了解和确定竞争对手应对市场变化的方式，如产品降价、新产品推出、出现替代品等一系列问题的应对方式。另外，竞争对手的企业文化、经营哲学、经营理念等也会影响各企业对市场变化的应对方式。如果企业能够了解竞争对手对市场变化的应对方式，那么就能很容易地预测竞争对手的行动。

6. 确定本企业的竞争策略

进行竞争对手分析的目的就是为了制定本企业的竞争战略。根据竞争对手的强弱、竞争对手反应方式等，企业可最终确定自己的竞争战略。

（三）竞争对手分析的层次和内容

当今时代的竞争已经发展成国际化程度很高的全方位市场竞争，因此，企业在做竞争对手分析的时候一定要明确是在哪一个层级上进行竞争分析，避免分析的盲目性和局限性。分清竞争对手分析的层次，能有效地提高竞争对手分析的准确性，最大限度地为本企业的竞争战略决策提供参考。

战略分为企业战略、经营战略、职能战略，在做竞争对手分析时，也相应地分为企业决策层竞争对手战略分析、企业经营层竞争对手战略分析、企业职能竞争对手战略分析。

1. 企业决策层竞争对手战略分析

企业决策层的竞争对手战略分析的内容主要有分析竞争对手总资产、销售额的增长情况、开展的业务、产品种类等方面。具体包括竞争对手的企业使命和目标、竞争对手的核心竞争力、竞争对手纵向整合的程度、竞争对手的目标市场、竞争对手的市场占有率等。

分析总体的市场占有率是为了明确本企业和竞争对手相比在市场中处在什么位置，是市场的领导者、跟随者还是市场的参与者？

本层次的竞争对手战略分析使企业决策者了解竞争对手的经营领域、市场地位、竞争对手的财务状况和组织结构等企业战略问题，为本企业制定战略决策提供参照与支持。

2. 企业经营层竞争对手战略分析

企业经营层的竞争对手战略分析主要是分析竞争对手的产品或服务在市场上的竞争地位、发展趋势、竞争策略、财务指标等一系列决定其竞争地位的关键指标。具体包括竞争对手产品或服务的范围情况，包括相对质量和价格、竞争对手产品或服务的竞争战略（差异化、成本领先、集中战略）、竞争对手新产品或服务开发的趋势及方向、竞争对手组织、业务单位结构的详细情况、竞争对手按客户和地区细分市场的占有率等。

本层次的竞争对手战略分析可以通过竞争对手的定价策略、销售策略、产品线策略、广告策略、促销策略、服务策略等方面加以分析。

 知识链接：竞争对手基本的战略

按照波特的分析，竞争对手基本的战略有三种：

一是低成本战略，企业要想获得更多的利润，就必须在行业中保持成本优势，低成本的企业可以以比其竞争对手更低的价格销售产品，并保持较高的利润；

二是差异化战略，企业选择生产特殊的商品或者提供特殊的服务，使其获得较高的市场占有率，从而实现较高的利润；

三是集中一点战略，即企业将产品或服务限定在特定的顾客群或者目标市场，在该目标市场获得较高的市场占有率，获得高额利润。

竞争对手可能追求三种战略中的一种或两种，但不可能同时追求三种。

3. 企业职能层竞争对手战略分析

企业职能层的竞争对手战略分析主要是通过对竞争对手职能部门的管理策略、管理手段及管理措施的分析，明确竞争对手在市场中的现状，并预测竞争对手的行动计划。企业职能层管理者基于以上的分析，给本企业带来竞争优势，制定相应的战略战术。

销售部门应了解竞争对手的产品价格跟踪系统（含竞争对手产品定价），竞争对手销售队伍构成情况、业务能力，竞争对手销售人员薪酬待遇和服务等情况。

市场营销部门应了解竞争对手品牌定位、市场份额，竞争对手的产品幅度和深度，竞争对手的广告商及媒体选择、广告开支，竞争对手的顾客忠诚度估计、市场形象等情况。

生产运作部门应了解竞争对手制造基地的成本地位，竞争对手的规模经济情况，竞争对手的供应链管理情况等。

研发部门应了解竞争对手的技术路线、关键技术，竞争对手的专利及技术创新能力，竞争对手推出新产品的速度等情况。

人力资源部门应了解竞争对手组织的人员组成、奖惩政策，竞争对手的薪酬状况，竞争对手决策者、执行层及关键人员的背景等详细情况。

财务部门应了解竞争对手的收益性指标，如毛利率、资产报酬率、所有者权益报酬率等反映竞争对手一定时期的收益和获利能力，比较竞争对手与本企业的收益性指标，并与行业的平均收益率比较，判断本企业的盈利水平处在什么样的位置上，同时要对收益率的构成进行分析；竞争对手的安全性指标，如资产报酬率、所有者权益报酬率、资产负债率等；竞争对手流动性指标，如总资产周转率、固定资产周转率、流动资产周转率、应收账款周转率、存货周转率等；竞争对手成长性指标，如销售收入增长率、税前利润增长率、固定资产增长率、人员增长率、产品成本降低率等，同时对产销量的增长率和利润的增长率做出比较分析，对比两者增长的关系，是利润的增长率快于产销量的增长率，还是产销量的增长率快于利润的增长率，一般说来利润的增长率快于产销量增长率，说明企业有较好的成长性；竞争对手生产性指标，如人均销售收入、人均净利润、人均资产总额等；竞争对手的创新能力指标，如推出新产品的速度，这是检验企业科研能力的一个重要的指标，科研经费占销售收入的百分比，这体现出企业对技术创新的重视程度，销售渠道的创新主要看竞争对手对销售渠道的整合程度，以及管理创新。

从三个层次分析与评估竞争对手的实力是企业竞争对手分析的重要内容。这里所说的实力不是简单地泛指竞争对手某一方面的能力，而是指竞争对手在竞争活动过程中可以或有可能显示出来的一切对本企业构成威胁、限制或影响本企业发展的综合竞争实力。

（四）竞争对手识别

竞争对手是指对本企业的发展可能造成威胁的任何企业与组织，它可通过与本企业争夺人才、市场、原料、技术、资金等资源，也可通过破坏行业竞争规则、改变产业方向等手段赢得利润，直至阻碍本企业的发展。对竞争对手进行识别分析，是制定企业发展战略、应对市场竞争的第一步。

竞争对手的识别是企业制定及执行战略的关键任务。企业要想在市场中占有一席之地并获得快速发展，要分清企业自身在市场中的位置，首先必须确认谁是主要竞争者、谁是一般竞争者、谁是次要的竞争者。由于企业的资源有限，企业需要识别竞争对手，并将之进行分类，在众多的竞争者中确定重点跟踪对象，避免因竞争对手跟踪范围过大，而影响跟踪效率和加大企业监测环境的成本，也不会因跟踪范围过小，而使企业丧失应对来自未监测到的竞争对手攻击的主动权。

1. 竞争对手分类

竞争对手通常认为是与本企业生产销售同类产品或代用品的企业以及在建的相关企业，依据竞争事实的形成与否，竞争对手可分为行业竞争对手、目标市场竞争对手和潜在竞争对手。

（1）行业竞争对手

行业竞争对手可以分为行业内竞争对手和行业外竞争对手。行业内竞争对手是指与本企业处于同一行业并且实力相当、市场相同的企业。行业外竞争对手是指那些与本企业不处于同一行业，但其目标市场和所提供的服务与本企业相同、会影响到本企业活动的企业，例如，A 企业和 B 企业都是汽车制造商，他们两个在同一行业内互为竞争对手，C 企业是摩托车制造商，因为汽车和摩托车在满足人们的需要方面是相似的，所以 C 企业也可能成为 A、B 企业的竞争对手，即行业外竞争对手。

（2）目标市场竞争对手

在同一个目标市场内从事相同或者相似业务的企业形成了同一目标市场的竞争对手，它们必定会在原料市场、顾客资源、目标市场地位等方面展开竞争。

（3）潜在竞争对手

按照迈克尔·波特观点，潜在的竞争对手可以分为：

① 不在本产业但可以随意克服壁垒进入本产业的企业；

② 进入本产业可以产生明显协同效应的企业；

③ 其战略的延伸必将导致进入本产业竞争的企业；

④ 可能向前整合或向后整合的客户或供应商；

⑤ 预测可能发生兼并或收购的企业。

企业的竞争对手众多，企业不可能也没有必要收集所有竞争对手的信息。正确选择需要进行分析的竞争对手是进行竞争对手分析前必须做出的判断。如果竞争对手范围过大，就会导致企业信息收集监测成本较高；如果竞争对手范围过小，则可能因信息的片面性而使企业无法应付来自未监测到的竞争对手的攻击。因此，在做出企业战略决策之前，需要根据行业的竞争态势和本企业的地位、能力，准确识别和界定竞争对手。

需要注意的是，一方面竞争者随着条件的变化，他们的竞争力也许随之变化，过去的潜在竞争对手或间接竞争对手也可能成为企业的直接竞争对手；另一方面，由于一个企业的资源是有限的，企业不可能对所有的竞争对手都进行分析研究，因此，只能选择其中少数的、与自己的生存关系重大的关键竞争对手进行分析研究。

知识链接：竞争对手其他分类

依据市场占有率的大小，竞争对手还可以划分为当前竞争对手和潜在竞争对手（主要指产品的市场占有率低或正在开发相同功能产品的企业）。

依据本企业与竞争对手的关联程度，可以把竞争对手划分为直接竞争对手和间接竞争对手。直接竞争对手指同行业企业，表现为全方位的正面竞争态势；间接竞争对手指与本企业产品有关的新兴行业、老产品的替代行业等，这类竞争对手容易被人忽视，因而更具威胁性。

2. 竞争对手识别方法

确定竞争对手简便易行的方法是利用现有资料进行判断，这种方法只能判断直接竞争对手，间接竞争对手可采取替代产品技术可行性评价法来确定。对某个具体品牌的产品来说，可通过经理人员判断法、消费者评价法和辨识标准识别法等。

（1）经理人员判断法

经理人员是企业的中间管理层，他们依据其经验、销售人员的电话及报告、中间商的信息及其他信息等对企业现有和未来竞争对手有较高的判断能力。其判断思路如表 9-1 所示。

表 9-1　　　　　　　　　　　　　确定竞争对手的经理人员判断法

产品或服务 ＼ 市场	相同	不同
相同	A	B
不同	C	D

表 9-1 中 A 区代表直接竞争对手，即相同产品或服务、针对相同顾客群；B 区代表潜在的竞争对手，即目前以相同的产品或服务供应不同的顾客，但将来可能转化为 A 区；C 区代表不同产品在相同市场上参与竞争的企业；D 区代表在不同市场上销售不同产品或服务的企业，目前他们与本企业并不构成竞争关系，但他们也有可能围绕各自的核心技术开展多样化经营而成为本企业的竞争对手。

（2）消费者评价法

消费者评价法是基于市场需求的视角来识别竞争对手。它是在企业所服务的目标市场和客户的基础上，通过考察顾客对于相应企业的态度和行为来识别企业的竞争对手。如果客户感觉到不同企业提供的产品或者服务具有相似性或者替代性，则这样的企业被视为竞争对手。这种方法适用于经常性购买的非耐用品。该方法需对以下几个方面的信息进行分析。

① 购买周期分析。若对某一品牌产品进行重复购买的时间间隔的期望值与从该产品转换到另一产品的时间间隔的期望值相等，则说明这两种产品形成完全竞争。

② 品牌转换信息分析。品牌转换的可能性越高，说明竞争越激烈。

③ 需求的交叉弹性分析。需求交叉弹性是指某产品的销售量因另一种产品价格的变化而引起变化的反应程度。需求交叉弹性系数为正，则说明两种产品为竞争产品。

④ 产品删除信息分析。若一组产品中某个产品品牌缺货时，消费者更愿意购买这一组中其他的产品品牌，则这个产品组中的产品为竞争产品。

（3）辨识标准识别法

采用科学的辨识标准对竞争对手进行分类并排序来识别竞争对手是基本的方法。辨识标准识别法是从竞争企业的基本特征入手来识别竞争对手。如果不同的企业提供相似的产品，拥有相似的市场策略、生产技术、企业规模以及其他相似的基本标识，那么这些企业将被视为是竞争对手。

同一行业里有很多企业，可以将行业标准作为辨识标准来划分和识别竞争对手：从行业标准划分和识别，即在一组提供一种或一类彼此类同或密切相关的产品的企业群中寻找竞争对手。企业进而根据自身和对手在本行业中的地位来判别主要竞争对手。对竞争对手进行分组的影响因素一般包括企业所处行业、企业规模、企业客户群、企业所处地区、企业提供的产品和服务、企业战略、企业财务状况、企业形象、管理质量、创新、人力资源和领导素质等。

（五）竞争对手分析方法

正确运用竞争对手分析方法，是做好竞争对手分析的关键，客观、正确地使用以下竞争对手分析方法，可以确保企业得出有关竞争对手的准确资料，帮助企业制定和实施本企业的竞争战略。

1. 组合矩阵分析法

组合矩阵分析的目的是让企业了解其所有业务活动，各业务之间的关系，帮助企业决定投资于哪些业务，哪些业务是金牛型，哪些业务是需要出售，哪些需要关闭，如图所示。

图 9-2 是组合矩阵分析法示意图，图中 1、2、3、4、5 分别代表该项业务及其收入规模。可以看出，业务 2 市场占有率高，市场前景不好，目前是企业的现金来源，因此企业要投入足够的资金来维持其正常运行，以赚取尽可能多的现金。业务 1 市场前景差而且占有率低，应考虑放弃此项业务。业务 5 市场占有率高且很有市场前景，但它需要大量资金使其成为市场领先者并能尽快获得回报。业务 4 虽有很好的市场前景，但市场占有率很低。这时，决策者应尽快决定是继续该项业务还是放弃。因为要获得较高的市场占有率，企业必须承诺相应资金投入。否则，当市场领先者获得更多的市场份额后，企业的这项业务在市场上就会处在劣势地位。矩阵图中的其他位置代表某项业务在市场竞争中不同程度的市场份额和市场前景。

		差	一般	好
市场占有率	低	1		4
	中		3	
	高	2		5

市场前景

图 9-2　组合矩阵分析法示意

利用组合矩阵分析法进行竞争对手分析，首先确定每个竞争对手在矩阵图中的位置，并与本企业的位置加以比较，以发现哪些竞争对手在全国或全球竞争中处在优势的地位。正确运用组合矩阵分析法，不仅可以帮助企业在业务选择时进行决策，同时还帮助企业确定战略实施的时机。

2. 价值链分析法

根据迈克尔·波特的研究，企业可以通过确定竞争对手在特定行业竞争中的价值链，来确定竞争对手的竞争优势。波特指出，企业的经营活动可划分为 5 类，即内部物流、生产运作、外部物流、市场开发和销售以及服务，如图 9-3 所示。这 5 方面的工作都会给顾客提供各自的价值，从而帮助企业建立竞争优势。

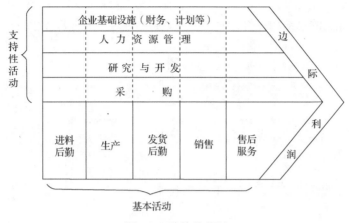

图 9-3 波特价值链

进行竞争对手的价值链分析，首先要确认竞争对手在内部物流、生产运作、外部物流、市场开发和销售以及服务 5 个方面的工作流程，然后确定成本发生在哪里，什么能为顾客创造价值，什么能真正把价值带给顾客，进而确定竞争对手的竞争优势及其来源。做竞争对手分析时，深入理解竞争对手的价值链，是企业制定竞争战略的一个有益和有效的方法。

3. 标杆法（Benchmarking）

标杆法是指企业将竞争对手中的优秀者确定为标杆企业，通过对竞争对手产品、服务及工作流程的系统而严格地分析，识别出竞争对手的高明之处，然后与本企业进行比较分析，从而发现其运营系统是如何有效的运作的，以及其带给竞争对手各方面的竞争优势是什么，并对本企业做相应的改进，最终达到改进与提高的目的。

定标比超通过将本企业各方面的状况与竞争对手进行对照分析，来评价自身企业和分析竞争对手，将外部企业的成就业绩作为自身企业的内部发展目标并将外界的最佳做法移植到本企业。企业实施定标比超，有助于确定和比较有关竞争对手经营和管理战略的各组成要素，通过对这些要素的深入分析，可以挖掘出许多对评价竞争对手竞争态势有重要参考价值的信息；可以从竞争对手那里获取有价值的信息，以用于改进本企业的经营管理，使之再上新台阶；可以深刻认识和掌握用户的信息需求，使本企业的竞争战略能够贴近目标市场和用户；可以鼓励和引导本企业的员工"从干中学"和"从用中学"，形成"比、学、赶、超"的创新热潮。标杆管理过程如图 9-4 所示。

图 9-4 标杆管理过程

将标杆法应用于竞争对手分析，侧重于研究企业运作流程层面，此法将别人好的解决方案和经验借鉴到本企业的经营管理环节中来并加以改善，其最终目的是进一步强化本企业的竞争优势。

4. SWOT 分析法

SWOT 分析法是由美国旧金山大学韦里克（H.Weihrieh）教授于 20 世纪 80 年代初首先提出来的，它用于识别企业和竞争对手的优势（Strength）、劣势（Weakness）、机会（Opportunity）和威胁（Threat），找出影响成功的关键因素，提供可选择的战略，如图 9-5 所示。优势和劣势是对企业内部能力的总结和评价，而机会和威胁则是对企业外部竞争环境的综合和概括。

图 9-5　SWOT 分析法

SWOT 分析法将与研究对象密切相关的各种主要的内部优势因素、弱点因素和外部机会因素、威胁因素，通过调查分析并依照一定的次序按矩阵形式排列起来，然后运用系统分析的方法，把各种因素相互匹配起来加以分析，从中得出一系列相应的结论。对企业进行 SWOT 分析，总的目的是为了发挥内部优势因素、利用外部机会因素、克服内部弱点因素和化解外部威胁因素，通过扬长避短，争取获得最好的发展机会。

SWOT 分析是企业竞争信息研究的重要工具。企业通过使用这一工具，可获得大量有关内部优势和弱点以及外部机会和威胁的信息，对这些信息进行系统、综合的分析，有助于对企业自身及所处外部环境的有利和不利因素进行比较透彻的把握，有助于制定成功地达到企业发展战略目标的战略决策和规划。

知识链接：星巴克 SWOT 分析

内部因素 外部因素		优势—S 星巴克的盈利能力很强	劣势—W 星巴克产品线不够稳定
机会—O	中国区咖啡 销量上升	SO 战略 加大在中国的投资，拓展中国区星巴克门店数量	WO 战略 针对中国消费者的口味研发新产品，新产品推出的时间间隔拉长，更多地收集中国消费者对新产品的反馈
威胁—T	咖啡和奶制品成本上升	ST 战略 做好成本管理，挖掘潜力，控制成本上升幅度	WT 战略 开发低成本的咖啡产品，形成咖啡价格梯次

5. 博弈论的方法

博弈论是研究决策各方在相互作用时如何进行决策以及这种决策如何达到均衡的理论。博弈论认为，在激烈竞争的形势下，企业与企业之间存在密切的互动关系。企业不存在独立的最佳战略选择，最佳选择取决于其他企业的行动，自己企业的行动会导致其他企业改变行动。反过来，其他企业的行动也会改变自己企业的行动。因此企业必须在充分考虑竞争对手反应的情况下做决策。

知识链接：智猪博弈

假设猪圈里有一头大猪、一头小猪。猪圈的一端有猪食槽（两猪均在食槽端），另一端安装着控制猪食供应的按钮，按一下按钮会有 10 个单位的猪食进槽，但是在从食槽到按钮的路上会有一个单位猪食的体能消耗。如果小猪按按钮而大猪在槽边等，大小猪吃到食物的收益比是 9：1；同时行动（两猪同时去按按钮），收益比是 7：3；如果大猪去按按钮而小猪在槽边等，收益比是 6：4。那么，在两头猪都有智慧的前提下，最终结果是小猪选择等待。

"智猪博弈"由纳什于 1950 年提出，其博弈矩阵如表 9-2 所示。实际上小猪选择等待，让大猪去按控制按钮，而自己选择"坐船"（或称为搭便车）的原因很简单：在大猪选择行动的前提下，小猪选择等待的话，小猪可得到 4 个单位的纯收益，而小猪行动的话，则仅仅可以获得大猪吃剩的 1 个单位的纯收益，所以等待优于行动；在大猪选择等待的前提下，小猪如果行动的话，小猪的收入将不抵成本，纯收益为-1 单位，如果大猪也选择等待的话，那么小猪的收益为零，成本也为零，总之，等待还是要优于行动。

表 9-2　　　　　　　　　　　　　智猪博弈矩阵

策略	策略	小猪	
		行动	等待
大猪	行动	5, 1	4, 4
	等待	9, -1	0, 0

6. "意图—能力"分析模型

英美信息部门分析对手主要采用"意图—能力"分析模型。意图指敌方的目的、计划、承诺或行动方案，能力则指一个国家整体的军事、政治、经济、科技、方法和生产力等。英美信息部门早在 20 世纪 40 年代就开始使用该方法，如英国联席信息委员会 1948 年的信息报告题目是《苏联的利益、意图与能力》，美国中央信息局 1950 年的国家信息评估第 3 号（NIE3）标题是：《苏联的能力与意图》。

但在理论界最早提出该模型并产生较大影响的是辛格，他在 1958 年的一篇论文中提出了分析敌方威胁的模型：

威胁感知=估计的能力×估计的意图

按该模型，威胁=能力×意图，如果其中一个是 0，威胁也就是 0。该模型一直在实践中被广泛运用。

英美的"意图—能力"模型对企业界的竞争信息分析有很大的借鉴作用。首先，国家信息部门几乎每天都在做分析，他们几十年的实践充分检验了该模型的实用价值。其次，企业竞争信息和国家信息在大的方面有很多相似之处，因此很多分析方法双方可以互相借鉴。现有的企业竞争信息的理论和方法很多都来自国家信息部门就是证明。

该模型注重对手的威胁，而企业竞争对手分析涉及的领域不仅包括竞争对手的威胁，竞争对手不带威胁的行动也需要掌握，例如竞争对手的研发动向、竞争对手的先进实践（标杆比较）等。

7. 波特的竞争对手分析模型

企业竞争信息领域采用的竞争对手分析方法主要是波特提出的"竞争对手分析模型"，如图 9-6 所示。

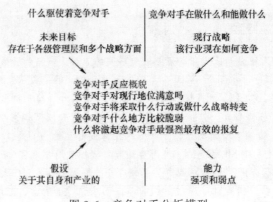

图 9-6　竞争对手分析模型

波特的分析模型通过分析竞争对手的目标、假设、战略和能力这 4 个方面的情况来预测竞争对手下一步的行动。波特的竞争对手分析模型中直接影响竞争对手未来行为的因素主要还是意图和能力。

（六）竞争对手数据收集

商场如战场，企业要想在激烈的市场竞争中赢得优势就必须全面了解对手，知己知彼，方能百战百胜。只有充分了解竞争环境、竞争对手，企业才能扬其所长、避其所短、抓住机遇、规避风险。企业要对竞争对手进行全面而深层次的分析，需要持续地获取大量有用的信息，并能及时地进行信息的组织、加工与分析，涉及如何识别确认竞争对手，如何识别竞争对手的战略，以及应针对哪些方面搜集竞争对手的信息等相关问题。

互联网的普及为企业收集和分析竞争对手的信息提供了方便快捷的条件。常见的竞争对手数据收集渠道有以下几种。

1. 竞争对手的网站

要想了解竞争对手的情况，最好从竞争对手的网站入手，通过对手的网站可能获得更多、更详细的信息。企业网站的信息资源直接产生于企业内部的生产、销售、服务、管理的各部门和各环节，网站也成为了解竞争对手的最有价值的第一手信息源。企业网站除了提供该企业的基本情况外，还会提供企业的最新动态、企业文化、企业现有产品的性能、新产品的研究开发重点、技术优势、企业服务特色等。

只要在百度、Google 等搜索引擎上输入竞争对手的名称，一般都能找到它们在互联网上的"地址"，就可对它们进行访问。首先，应该注意网站上的新闻。在"新闻"中，往往会给出最新的产品和企业的新动向，有时候甚至为了引起顾客的注意，企业会将其正在研制的产品和正在策划的活动公布出来。其次，还应该注意到，很多企业网站上都有企业主要领导人的简介，这是与竞争对手打交道时很有用的信息。再次，企业网站上有很多的产品和服务信息，这是在浏览竞争对手网页的过程中不可忽视的信息。在浏览过程中搜索到的重要信息，就应该把它下载下来，因为网页是动态的，企业可能会因为种种原因而将网页做出改动或删除。

2. 政府及行业网站

政府机构是信息资源的最大拥有者，能以其机构的权威性为企业提供准确可靠的信息。随着政府网上办公步伐的加快，目前有许多政府机构通过网站发布对经济发展具有宏观指导意义的市场指令性信息、产供销计划信息、行业发展总体规划、国家政策法规等信息，这些信息一般包括政府部门机构、职能介绍和联系方式、政府办事程序、政府公告、法律和法规、本地概况、本地近期新闻、本地资源数据库、本地企业、事业单位介绍、本地招商引资环境和项目等。

现在几乎每个行业都有自己的行业网站，如中国建筑业在线、中国企业信息网、中电贸易网、国际商务信息网等。这些行业网站有的是政府相关部门设立的，有的是行业协会设立的，甚至有些是专门的企业设立的。从这些网站中我们可以获得的信息有行业政策、行业新闻、行业发展情况、行业内著名企业情况、资源调配等。行业网站中往往会有一些竞争对手的相关资料，这些资料可能由于某种原因并没有在竞争对手自己的网站中出现。

3. 竞争信息网站

目前，国内外竞争信息网站的数量并不多，其中具有权威性的竞争信息网站是美国竞争信息从业者协会（SCIP）在因特网上建立的网站，这个网站主要提供海外商业信息。通过该站点可以链接到全球各地区网站，还可以很容易访问相关站点而得到证券交易信息、企业名录、政府信息等资源；以及 CEOE-xpress 网站，该网站拥有丰富的商业信息，是一个获取网上商业信息的好向导。该网站对商业信息资源进行了分类和整理，信息资源包括新闻、商业和技术杂志、政府站点、国际商务资源和企业研究站点等，该网站也是进行竞争信息研究不可多得的门户网站之一。

我国竞争信息方面的网站极少，主要有中国经济信息网、中国中小企业信息网、中国产业信息网和中国产业竞争情报网。

如图 9-7 所示，中国经济信息网是国家信息中心控股的有限责任公司，成立于 1996 年 6 月，其秉承国家信息中心丰富的信息资源和信息分析经验，利用自主开发的数据分析和网络化平台，为政府部门、金融机构、高等院校、企业集团、研究机构及海外投资者提供宏观经济、行业经济、区域经济、法律法规等方面的动态信息、统计数据和研究报告，帮助各类机构准确了解经济形势、政策导向和投资环境，为其经营决策和战略研究提供强有力的信息支持。

图 9-7　中国经济信息网

4．求职网站

现在出现了各种各样的招聘与求职网站。通过网站招贤纳士几乎被所有的上网企业所采用。分析和研究这些网上招聘广告，企业可以获取许多竞争信息，能了解竞争对手所使用的技术、策略、研究和开发重点，甚至扩张计划等。

5．网络数据库

目前，我国被《中国数据库大全》收录的数据库有 1 038 个，而商情数据库就有 467 个。可大致将其分为 12 类：企业和厂商及产品数据库、市场产品信息数据库、行业信息库、金融信息库、市场贸易数据库、宏观经济数据库、科技成果及技术数据库、经济预测数据库、政策法规数据库、专利数据库（见图 9-8）和商标数据库、与经济有关的新闻报刊数据库、统计调查数据库。

国内外较著名的几个数据库有中国期刊网、万方数据资源系统、中国数据库、Dialog 等。美国 Dialog 系统是世界上最大的国际检索系统，收集了世界范围的科技和商业信息，拥有 430 多个数据库，文献量达数亿篇，专业范围涉及所有学科领域以及 STN 系统（此系统是德国信息中心和美国化学文摘社、日本科技信息中心三家联合经营的国际检索系统）等。

图 9-8　专利检索数据库

6．公共渠道

据纽约财政咨询服务社 Wendy Schmidt 分析，企业调研信息的四分之三可以从公共渠道获得。如有家企业因和环境保护局的一场官司而将自己的财务数据公之于世，该企业原本保密的信息也就成为公开的信息。实际上，每个企业都会形成一系列的纸质文档，它们通常以规章制度或法律文档形式出现，如税务表、法律纠纷、破产程序、检察机构的报告。可通过查阅某企业在证券交易委员会的年度报表，看看"展望"章节中是否提及未来的计划。由此进一步查阅证券交易委员会报表获取出售股票或借款计划。查看"收益支配"章节可以获悉该企业的资金拓展业务、偿还贷款或支撑日常运作等信息。

7. 人员沟通渠道

了解对手的一些信息有时可以在与竞争对手企业内部相关人员的谈话中获得。在人员沟通过程中，要了解自己所未知的东西，应先问问题，然后洗耳恭听。在会议、贸易洽谈会、产业聊天室、校友会以及一切社交活动场合中，人们会因种种原因而交换信息，这也是收集竞争信息的好时机。

8. 专业机构收集

企业可与专业机构合作，对公开发行的文献、公开使用或售出的产品进行信息分析而获取与商业秘密内容相同的信息。针对本企业的目标，长期持续地跟踪、收集和积累竞争对手的相关信息，再运用科学的方法加以综合分析判断，便可基本了解竞争对手正在做和将要做什么的战略意图。这种方法是通过综合分析获取竞争对手信息的较为成熟的方法。

9. 权利人授权

收集竞争对手的信息还可通过合法途径取得权利人的授权，即可通过专利技术或商业秘密权利人授权而获取并使用他人的商业秘密，例如，企业在合资、合作过程中形成的专利技术或商业秘密在双方之间的共存共享。

10. 实地查找

当地政府通常有竞争对手企业相关的资产文件，例如，在规划部门有该企业的大楼蓝图或从税收核查部门可以取得该企业人员的细节信息。

如果上述方法都难以奏效，还可以采用观察测试法。前贝思公司的咨询顾问杰瑞德·海曼回顾道，一个客户想了解究竟有多少人在为竞争对手工作，然而公共信息无法为其提供帮助。无奈之下，海曼只好部署手下在该工厂入口数早上有多少辆汽车进入工厂大门，从而大致估算出里边工作人员的数量。

其他一些信息源还有商业 BBS、媒体采访、网络广告等。

（七）竞争对手跟踪与监测

企业战略聚焦于经营最前沿、最核心、最重要的问题，要想使企业在激烈的市场竞争中技压群雄，企业的管理者必须对企业所处的内外部环境、发展变化的趋势和竞争对手的情况有着清楚而充分的了解。竞争战略的有效性不仅取决于时间领先，更突出体现在对竞争对手反应的预测上，其根本点就在于对竞争对手进行实时的、动态的跟踪与监测。

1. 竞争对手跟踪与监测的内涵

竞争是一个搜集、检验和证实有用知识的过程，是一个将无知减少到企业易于控制的程度（有限理性）的过程。竞争对手跟踪与监测就是根据企业的战略目标，对当前的和未来的竞争对手进行有效的判定与确认，了解和掌握其核心能力，分析与把握其战略意图，判断与预测竞争对手的战略与战术行动，从而为企业在竞争中赢得竞争优势。竞争对手跟踪与监测不仅是企业竞争信息工作的核心内容，也是企业战略决策过程中不可或缺的部分，对战略决策效果起着至关重要的作用。竞争对手跟踪与监测是企业自身战略管理的出发点。只有通过对竞争信息的系统收集、分析，获知竞争对手的战略意图，企业才能够了解竞争对手在参与市场竞争中可能采取的战略措施等内容。

在动态竞争环境中，竞争对手跟踪与监测是一种动态博弈的过程，时序、信息在博弈中发挥着重要的作用。企业根据自己对未来趋势的预测，建立竞争对手的跟踪与监测反推机制，搜集对手的各方面信息，通过不断的反馈和修正来为本企业提供决策支持。只有深入研究这些信息，透视相关行业的目前状态和未来趋势，才能及时地预测潜在竞争对手的行为和反应模式，才能对一定范围内的战略竞争行动倾向做出预测和反应，从而改变竞争的信息结构，使博弈本来的均衡结果发生迁移。

同时，竞争对手跟踪与监测也是一项动态、持续的工作，一项需要累积的工作。它是一个具有内在结构的有机整体和复杂系统。它是由许多个人或部门相互配合、相互协调、相互沟通而完成的，其实质是围绕竞争对手的系统信息搜集与分析的过程，其价值也必须作为一个整体或有机系统才能发挥和体现出来。

2. 竞争对手跟踪与监测的模型

在动态的竞争环境中，竞争对手身份的模糊性和隐蔽性、战略的柔性与变化性、行动的不确定性和敏捷性，使得竞争对手的跟踪与监测成为一个动态博弈的过程。为了动态地、有效地对竞争对手进行跟踪与监测，需要构建一个有反馈机制的竞争对手跟踪与监测模型，包括正向机制和反推机制，以便及时、快速应对动态环境与竞争对手要素的变化，如图9-9所示。

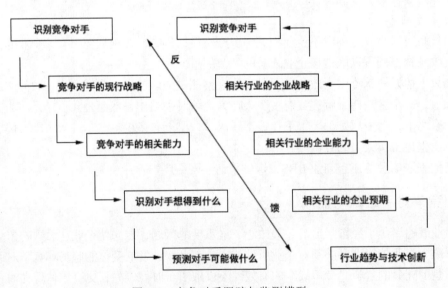

图 9-9　竞争对手跟踪与监测模型

在正向机制中，竞争对手的识别是竞争对手跟踪与监测的出发点。竞争对手现行战略与相关能力两个识别与判断环节则是整个模型的核心所在，是跟踪与监测的重点。这两个环节是相互影响、相互作用的，对手现行战略分析影响着对手相关能力的判断，而对手相关能力判断反过来又是现行战略分析的基础条件。这两个环节是对竞争对手识别结果的进一步修正与确认，也是预测竞争对手行动与反应模式的基础。

在反推机制中，行业趋势与技术创新是跟踪与监测的出发点，而竞争对手的识别则是终结点。未来或潜在的竞争对手现在的企业战略与企业能力是反推机制的根本点所在，以行业发展的趋势、新技术创新成果的信息为线索，进行行业发展识别。识别潜在竞争对手有助于企业对本企业的现行战略进行调整，以获得持续的竞争优势。

同时，模型中的正向机制与反推机制中存在着信息交互作用机制，它为本企业及时对跟踪与监测过程中的各种分析、判断结果进行反应提供了通畅的渠道。

正向机制与反推机制的有机结合，实际上是企业根据所获知的竞争信息，结合自己的目标、能力、认知和战略，就竞争双方之间的反应过程做一个渐进式的科学推理，从而逐步逼近现实中或未来可能展开的真实竞争的可能结果。

三、任务实战

（一）竞品分析

1. 相关知识

竞品分析一词最早出现在经济学领域。市场营销和战略管理方面的竞品分析是指对现有的或潜在的竞争产品的优势和劣势进行评价。这个分析提供了制定产品战略的依据，将竞品分析获得的相关竞品特征整合到有效的产品战略制定、实施、监控和调整的框架中来。

竞品分析的内容包含两部分：竞品各个维度下的特性罗列以及分析评价。

（1）特性罗列。以产品功能维度而言，将竞品 A 具有哪些功能、竞品 B 具有哪些功能一一呈现。这一部分是竞品分析的基础，或者称之为分析评价的对象。

（2）分析评价。以交互设计的竞品分析为例，依照一定的可用性评价指标，对界面布局、交互方式、动画效果等进行分析评价。

竞品分析框架包含了三部分内容：竞品选择、分析维度和分析准则。

（1）竞品选择。竞品选择的范围并不局限于具有直接竞争关系的产品，以 iPad 版即时通讯应用为例，除了 QQ、MSN 等产品以外，我们还需要选择一些国外的产品，如 IM+、AIM、IMO 等优秀且受众群体较大的产品。

（2）分析维度。通常我们进行竞品分析时，可能会从以下几个维度进行对比分析：战略定位、盈利模式、用户群体、产品功能、产品界面（交互方式、视觉表现）等。竞品分析是每一个互联网从业人员都需要做的一项基本工作，不同的职能区分，侧重点会不一样。如运营人员可能更加侧重产品的战略定位、盈利模式、推广方式，产品策划人员更侧重于产品定位、目标用户、产品功能，交互设计师更侧重于产品界面、具体的交互形式。当然这些维度是有机联系的，断然不可以孤立对待。

（3）分析准则。拿交互设计的竞品分析来说，需要参照"可用性准则"来进行分析，可用性准则有很多不同版本，当前较为常用的 10 项可用性准则为：

① 一致性和标准性；

② 通过有效的反馈信息提供显著的系统状态；

③ 方便快捷的使用；

④ 预防出错；

⑤ 协助用户认识，分析和改正错误；

⑥ 识别而不是回忆；

⑦ 符合用户的真实世界；

⑧ 用户自由控制权；

⑨ 美观、精简的设计；

⑩ 帮助和说明。

竞品分析方法主要有客观分析、主观分析、竞争对手的销售商品类别分析、竞争对手的促销调查与分析。

（1）客观分析。客观分析即从竞争对手或市场相关产品中，圈定一些需要考察的维度，得出真实的情况，此时，不需要加入任何个人的判断，应该用事实说话，主要分析市场布局状况、产品数量、销售情况、操作情况、产品的详细功能等。

（2）主观分析。这是一种接近于用户流程模拟的分析方法，如可以根据事实或者个人情况，列出对方网店的优缺点与自己所销商品的情况，或者竞争对手竞品与自己产品的优势与不足。这种分析主要包括用户流程分析、产品的优势与不足等。

（3）竞争对手的销售商品类别分析。竞争对手的商品类别销售数据对商品的销售有非常重要的参考价值。例如，一家做时尚休闲服饰品牌的网店，商品类别非常广泛，另外还有一个定位与该网店有交叉的专业牛仔品牌专卖店。这时时尚休闲服饰品牌网店的牛仔服饰销售数量肯定会受到冲击，那么在订货管理中就要避开与之相近的牛仔款式，而挑选与之有一定差异的牛仔款式，并减少牛仔服饰的订货数量。又如同类竞争品牌的衬衫销售较好，而自己则在 T 恤上更为强势，这时该店在订货管理中应把重点放到 T 恤上，同时研究该品牌衬衫的特点，从而在进行衬衫订货时加以区别。当然，这里所说的订货管理的订货量减少是指订货数量，而不是款式数量，如果减少了款式数量就会让整体的陈列和搭配不合理，从而影响网店整体的陈列形象。只有充分发挥自身品牌的优势，避开对手的强势，才能在激烈的市场竞争中处于更有利的地位。

（4）竞争对手的促销调查与分析。竞争对手的促销对自己的销售有着非常大的影响，这一点在现今的网络销售大战中显得尤为突出。

曾经有两个定位相似的网店，在节日的促销战中，A 店做了"满 400 减 160，满 800 减 320"的活动，B 店得到这一情报以后马上制订对策——"满 400 减 160，满 600 减 180，满 800 减 320"。这两个看似相同的促销活动，却让 B 店在此次活动大获全胜，因为虽然其活动力度完全相同，但由于此时 B 店内的服装大部分吊牌价格均在 600～700 元，这让 B 店的活动更有优势。这就是对竞争对手促销方案的调查起了作用。

所以，在经营过程中，应该合理分析对于促销手段的调查结果，同时应该注意扬长避短，注意发挥自己的优势，以达到最佳效果。以上网店促销的案例就充分说明了这一点，不仅要注意分析竞争对手的促销手段和方法，还要分析自身的产品及价格体系，同时还要考虑消费者的购买行为及消费习惯……只有将各种数据进行有效的综合分析，才能达到最终的经营效果，赢得市场先机。

对竞争品牌进行调查和研究，是为了自己更好地找到市场切入点，而不是竞争对手做什么自己就做什么，最终走向价格战的误区。所以，商家要观察整体市场，多了解对手的数据和情报，并将所收集到的信息记录归档。在收集和整理出的数据和信息中，切忌把自己的优势与对手的弱势进行比较和参考，这样只会让自己感到气馁。分析对手的信息和数据要持之以恒，往往越是难以调研到的数据就越有价值。及时地了解对手的销售数据和销售特点，可以有效提升网店的竞争优势。

2. 任务要求

以一家网店的一个引流商品为分析对象，识别其竞品，然后设计竞品数据追踪表格，持续收集竞品的数据，至少 1 周，再对收集的竞品数据进行分析。

3. 任务实施

（1）理论基础

竞品分析的内容主要有竞争对手、竞品的标题、竞品的价格、竞品的主图、竞品链接、竞品的成交关键词、促销活动事件、日销量、日 UV、PC 端 UV 总计、无线端 UV 总计、日转化率、PC 端流量来源细分、无线端流量来源细分。

竞品数据追踪表格设计成两个，一个是竞品基本信息表，主要数据项有竞争对手、竞品的标题、竞品的价格、竞品的主图、竞品链接、竞品的成交关键词，这些内容相对比较固定、变化较少；再一个是竞品日数据追踪表，主要数据项有促销活动事件、日销量、日 UV、PC 端 UV 总计、无线端 UV 总计、日转化率、PC 端流量来源细分、无线端流量来源细分，这些内容每天都会有变化，需要日日更新。

（2）实施步骤

选择××网店经营的一款西门子 BCD-610W（KA62NV60TI）对开门冰箱为分析对象，选择同一目标市场竞争对手经营的相似产品为竞品，竞品识别方法采用辨识标准识别法，两个竞品之间必须存在直接的竞争关系。竞品分析的内容是从运营人员维度出发，侧重于推广的方式。竞品分析的方法采用客观分析和促销调查与分析相结合的方法。竞品分析所需的数据取自生意参谋，设计一个竞品数据追踪表格，每日收集竞品的数据，重点关注竞争对手的数据变化和竞品数据的对比，定期做竞品数据分析。

步骤 1：识别竞品；

步骤 2：设计竞品数据追踪表格；

步骤 3：持续收集竞品的数据；

步骤 4：定期做竞品数据分析；

步骤 5：撰写《××网店××竞品分析报告》；

步骤 6：做好汇报结果的准备。

（3）成果报告

××网店西门子BCD-610W（KA62NV60TI）双开门冰箱竞品分析报告

××网店经营的西门子BCD-610W（KA62NV60TI）双开门冰箱的主要成交关键词为"西门子双开门冰箱"。以成交关键词"西门子双开门冰箱"为标识将彼此类同或密切相关的产品列为竞品，进而根据自身和对手在本行业中的地位来判别主要竞争对手及竞品。竞品最终确定为苏宁易购官方旗舰店的西门子BCD-610W（KA92NV02TI）双开门冰箱。

1. 竞品基本信息

××网店的SIEMENS/西门子BCD-610W（KA62NV60TI）双开门冰箱（简称西门子BCD-610W冰箱）选择的竞品是苏宁易购官方旗舰店的SIEMENS/西门子BCD-610W（KA92NV02TI）双开门冰箱，竞品基本信息如表9-3所示。

表 9-3　　　　　　　　　　　　　　　　竞品基本信息表

店铺等级	××网店	苏宁易购官方旗舰店
宝贝标题	SIEMENS/西门子 BCD-610W（KA62NV60TI） 双开门冰箱无霜	SIEMENS/西门子 BCD-610W（KA92NV02TI） 双开门式家用冰箱
宝贝价格	返现价 6 899 元	6 999 元

店铺等级	××网店	苏宁易购官方旗舰店
宝贝主图		
交关键词	西门子双开门冰箱	西门子双开门冰箱
	西门子冰箱	苏宁易购官方旗舰店
		西门子冰箱

如果竞品基本信息表上数据发生变化，则建立一个新表，同时保留原表，作为历史数据留作日后分析使用。

2. 竞品日数据追踪

西门子BCD-610W冰箱日数据追踪如表9-4所示。竞品每日的交易数据和流量数据取自生意参谋/市场行情/商品店铺榜/产品粒度。

表9-4 西门子 BCD-610W 冰箱日数据追踪表

	项目	8月21日		8月22日	
		××网店/62	苏宁易购/92	××网店/62	苏宁易购/92
宝贝详情	促销活动		满 5 000-500		聚划算
	日销售量	3	19	5	39
	日访客数	1 594	14 755	2 119	36 080
	PC 端 UV	199	738	574	2 873
	无线端 UV	1 395	14 017	1 545	33 207
	日转化率	0.19%	0.14%	0.24%	0.11%
PC 端	免费流量来源 — 天猫搜索	43	336	169	280
	淘宝搜索	46	196	123	185
	直接访问	17	82	55	199
	购物车	10	35	37	48
	淘宝站内其他	8	30	19	640
	宝贝收藏	4	15	13	15
	淘宝首页	2	15	19	14
	天猫首页	7	5	11	42
	淘宝足迹	5	5	18	7
	其他	11	19	24	37
	共计	153	738	488	1 467
	付费流量来源 — 淘宝客	11	5	21	7
	直通车	45	0	65	0
	聚划算	0	0	0	1 399
	钻展	0	0	0	0
	共计	56	5	86	1 406

项目		8月21日		8月22日	
		××网店/62	苏宁易购/92	××网店/62	苏宁易购/92
无线端	免费流量来源 手淘搜索	670	4 030	736	6 071
	手淘首页	47	3 184	68	7 402
	淘内免费其他	59	2 099	93	3 480
	购物车	23	953	56	1 997
	我的淘宝	15	880	37	1 165
	猫客搜索	292	769	154	1 058
	手淘问大家	37	453	63	1 032
	WAP天猫	0	226	0	323
	手淘旺信	32	193	55	185
	手淘有好货	22	170	24	179
	其他	67	1 042	78	2 785
	共计	1 264	13 999	1 364	25 677
	付费流量来源 淘宝客	0	0	36	0
	直通车	131	0	145	0
	聚划算	0	0	0	6 609
	钻展	0	0	0	921
	共计	131	0	181	7 530

3. 竞品数据分析

（1）竞品日销售对比

西门子BCD-610W冰箱8月15日～8月21日一周的竞品日销量对比如图9-10所示，数据显示苏宁易购的销量虽有波动，但总体上呈现增长趋势；而××网店的销售除了8月17日～18日参加聚划算活动销量有所增长外，整体上呈现下滑趋势，店铺应分析原因，并需要做好竞品数据的继续跟踪。

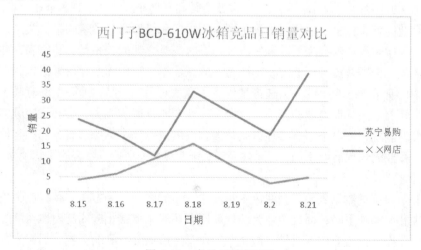

图9-10 竞品日销量对比

（2）竞品日UV对比

西门子BCD-610W冰箱8月15日～8月21日一周的竞品日UV对比如图9-11所示，数据显示苏宁易购的UV波动区间为[14 755，49 316]，趋势上暂时看不出变化方向；××网店的UV波动区间为[1 594，7 343]，8月17日～18日因参加聚划算活动UV较高外，整体上比较平稳，接着做好竞品的数据跟踪。

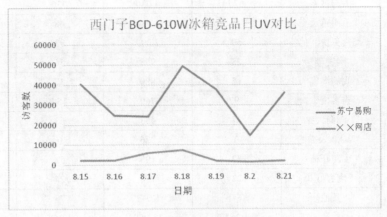

图 9-11　竞品日 UV 对比

（3）流量占比分析

通过对西门子BCD-610W冰箱日数据追踪表分析，可以发现苏宁易购的免费流量来源排名前三的是手淘首页、手淘搜索、淘内免费其他，××网店的免费流量来源排名前三的是手淘搜索、手淘首页、淘内免费其他，相比较而言××网店在手淘首页获取的流量偏少，应对苏宁易购在手淘首页获取UV的方法进行分析并借鉴。

（二）顾客流失分析

1. 相关知识

顾客流失是指企业的顾客由于某种原因而转向购买其他企业产品或服务的现象。忠诚的顾客对企业的产品或服务非常满意，愿意将之推荐给其他人。在高度竞争的行业，若企业在满足顾客需求方面做得不如竞争对手，顾客就会转向其他企业那里，对本企业也就没有忠诚。相反，若企业能够比竞争对手更好地满足顾客需求，积极培育与顾客的亲密关系，顾客就会忠诚于企业，顾客流失就会降低。顾客流失与顾客满意之间的关系是：顾客满意并不意味着顾客不会流失，但顾客流失则一定说明顾客不满意。据《哈佛商业评论》报告，在对商品满意的顾客中仍有 65%～85%的人会选择替代品和竞争对手的产品，而高度满意或忠诚的顾客却很少改变转而购买其他企业的产品。这说明企业要防止顾客流失，就必须使顾客满意，但只做到一般的满意程度还不够，必须做到让顾客高度满意。虽然顾客流失和顾客价值的关联程度在各个行业的表现有所不同，但总体来说，顾客流失率下降，顾客的平均消费年限就长，利润也会随之增长。

美国的一项调查数据表明，企业每 5 年流失一半的客户。一方面，顾客流失不仅直接造成了销售额和利润的下降，而且企业为获取新顾客还必须增加相应的支出，持续的顾客流失还传递着企业提供价值恶化的信号，给企业的声誉造成极其不利的影响。另一方面，减少顾客的流失将给企业增加显著的收益，一些行业的数据表明，企业每年减少1%的顾客流失，利润将增加 2%。由此，加强客户流失管理是企业营销管理的一个重要内容，所有这一切的实现都有赖于对顾客流失的科学分析。

2. 任务要求

选择一家网店，获取其店铺的顾客流失数据和商品的顾客流失数据，计算流失人数、流失率和流失金额，描绘流失人数、流失率和流失成本的变动趋势，分析顾客流失的原因，制定减少顾客流失的措施。

3. 任务实施

（1）理论基础

顾客的类型多种多样，有的顾客天性忠诚度高，喜欢稳定的关系；有的顾客天性爽快，付款迅速且要求很少的服务；有的顾客却永远不会忠诚。对价值的评价也因人而异，一个企业能提供满足所有人价值观的产品和服务是不现实的，而留住一些不合适的顾客对企业是没有益处的。所以，立足长远发展的企业，要找准自己的顾客群体，识别那些对企业发展有潜在价值的顾客。

对于企业来说，那些可以为企业带来更多利润的顾客、对企业的产品或服务评价最高的顾客都是企业的目标顾客。因此，这类顾客的流失理应受到企业的重视。至于那些有不适当需求的顾客，如其需求超越了企业的服务水准或无法带给企业利润的顾客，他们的流失对企业来说反而是件好事。因此，防止顾客流失并非挽留每一位顾客，而是要保留有价值的顾客。当然，确定哪些顾客可以流失是有难度的，因为很多时候企业难以预测顾客的潜在价值。

进行顾客流失分析，找出顾客流失的根源，是企业提供更符合顾客需求的价值主张的依据，它有助于挽救即将流失的顾客，避免顾客流失的发生，是企业培育忠诚顾客的前提。

顾客流失率有两种计算方法：

① 绝对顾客流失率

$$绝对顾客流失率=流失的顾客数量/全部顾客数量$$

② 相对顾客流失率

$$相对顾客流失率=流失的顾客数量/全部顾客数量×流失顾客的相对购买额$$

假设一家网店今日光顾的访客数为 10 000 人，其中有 100 位顾客逛了商家的店铺没有购买却买了其他店铺同叶子类目商品，那么绝对顾客流失率为 100/10 000×100%=1%。绝对顾客流失率把每位流失的顾客同等看待。相对顾客流失率则以顾客的相对购买额为权数来考虑顾客流失率。若上例中，流失的 100 位顾客的单位购买额是平均数的两倍，那么相对顾客流失率即为 100÷10 000×2×100%=2%。

流失人数是指统计周期内，逛了商家的店铺没有购买却买了其他店铺同叶子类目商品的访客数。

流失金额是指统计周期内，逛了商家的店铺没有购买却买了其他店铺同叶子类目商品所支付的金额。

（2）实施步骤

步骤1：获取店铺最近7天的顾客流失数据；

步骤2：计算最近7天的流失人数、流失率和流失金额；

步骤3：描绘流失人数、流失率和流失成本的变动趋势；

步骤4：分析顾客流失的原因；

步骤5：制定减少顾客流失的措施；

步骤6：撰写《××网店顾客流失分析报告》；

步骤7：做好汇报结果的准备。

（3）成果报告

××网店顾客流失分析报告

顾客流失意味着从顾客流向企业的价值流在减少，即便企业采取种种促销手段吸引新顾客，新顾客也无法替代老顾客所带来的持续价值，因为导致原有顾客流失的原因同样可能导致新顾客的流失。如果顾客流失不断地发生，那么企业将无法发展甚至可能无法生存。另外，顾客流失的发生意味着企业存在某些不足之处，因此企业可以通过查明流失的原因来获得改进的依据。

1. 获取店铺的顾客流失数据

店铺8月16日～8月22日最近7天的顾客流失人数和流失金额如表9-5所示，数据取自生意参谋/竞争分析/竞争店铺/顾客流失。

表9-5 　　　　　　　　　　8月16日～22日顾客流失人数与流失金额

项目日期	8月16日	8月17日	8月18日	8月19日	8月20日	8月21日	8月22日
流失人数	410	543	1 163	518	554	235	579
流失金额	1 399 891	1 718 286	4 119 301	1 424 775	1 633 740	616 005	1 808 884

2. 计算流失率

$$绝对流失率=流失的顾客数量/全部顾客数量=流失人数/访客数 \qquad （1）$$

$$相对流失率=流失的顾客数量/全部顾客数量×流失顾客的相对购买额$$
$$=（流失人数/访客数）×（流失客单价/店铺客单价） \qquad （2）$$

流失客单价是指流失顾客的客单价。

$$流失客单价=流失金额/流失人数 \qquad （3）$$

根据式（1）、式（2）、式（3）计算可得8月16日～22日的顾客流失率，如表9-6所示。

表9-6 　　　　　　　　　　8月16日～22日的顾客流失率

项目日期	8月16日	8月17日	8月18日	8月19日	8月20日	8月21日	8月22日
流失人数	410	543	1 163	518	554	235	579
访客数	36 076	49 127	46 592	47 825	48 403	44 010	44 148
绝对流失率	1.14%	1.11%	2.50%	1.08%	1.14%	0.53%	1.31%
流失客单价	3 414	3 164	3 542	2 751	2 949	2 621	3 124
店铺客单价	2 413	2 440	2 867	2 667	2 881	2 621	2 708
相对流失率	1.61%	1.44%	3.09%	1.11%	1.17%	0.53%	1.51%

3. 描绘流失人数、流失率和流失成本的变动趋势

店铺的流失人数与流失金额的变动趋势如图9-12所示，8月16日～22日的流失人数与流失金额呈现下降趋势。

店铺的流失率如图9-13所示，8月16日～22日的绝对流失率和相对流失率均呈现下降趋势，相对流失率要高于绝对流失率，说明流失的顾客是优质顾客，应该引起足够的重视。

4. 分析顾客流失的原因

（1）流失顾客去向店铺

8月22日流失顾客去向店铺排名前五的如图9-14所示，分别是苏宁易购官方旗舰店、美的空调旗舰店、美的官方旗舰店、百业电器专营店和GREE格力官方旗舰店。

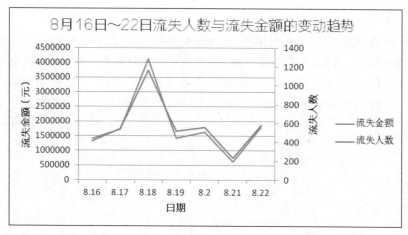

图 9-12　8 月 16 日～22 日的流失人数与流失金额

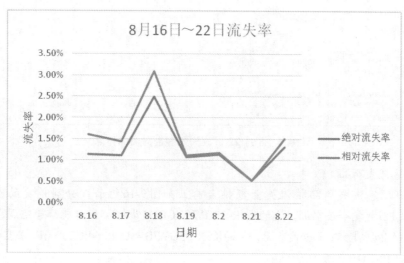

图 9-13　8 月 16 日～22 日店铺的流失率

排名	店铺名称			流失指数 ⇅	流失人气 ⇅	交易指数 ⇅	流量指数 ⇅	搜索人气 ⇅	操作
		顾客流失去向店铺详情							
1	苏宁易购官方旗舰店 天猫 TMALL.com 江苏 南京		监控中	212,187	1,740	2,343,197	415,765	287,169	监控 TOP流失去向商品∨
2	美的空调旗舰店 天猫 TMALL.com 北京 北京		监控中	45,447	219	173,584	37,599	13,519	监控 TOP流失去向商品∨
3	美的官方旗舰店 天猫 TMALL.com 广东 佛山		监控中	44,306	292	406,696	88,953	60,238	监控 TOP流失去向商品∨
4	百业电器专营店 天猫 TMALL.com 浙江 宁波		监控中	44,204	128	86,692	14,883	9,256	监控 TOP流失去向商品∨
5	GREE格力官方旗舰店 天猫 TMALL.com 广东 珠海		监控中	35,345	128	291,593	54,332	32,600	监控 TOP流失去向商品∨

图 9-14　8 月 22 日流失顾客去向店铺排名

（2）流失顾客去向商品

8月22日流失顾客去向商品排名前五如图9-15所示，分别是美的空调旗舰店的美的KFR-26GW/WCBD3@大1匹智能冷暖空调、奥克斯旗舰店的奥克斯KFR-35GW/NFI19+3大1.5匹冷暖定频空调、美的官方旗舰店的KFR-26GW/WCBD3@大1匹智能静音空调、美的KFR-26GW/WDCA3@大1匹变频智能空调和美的KFR-35GW/WCBD3@大1.5匹智能静音空调。

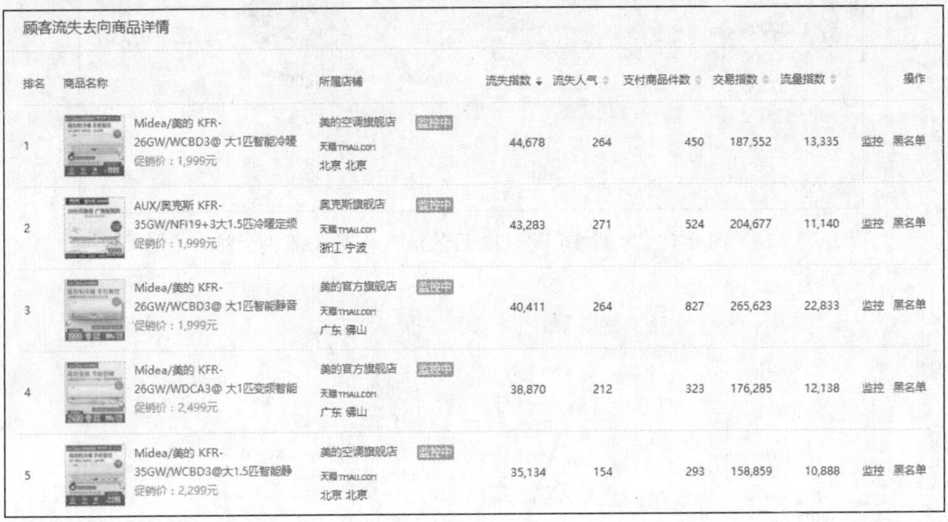

顾客流失去向商品详情

排名	商品名称	所属店铺	流失指数	流失人气	支付商品件数	交易指数	流量指数	操作
1	Midea/美的 KFR-26GW/WCBD3@ 大1匹智能冷暖 促销价：1,999元	美的空调旗舰店 监控中 天猫THALL.COM 北京 北京	44,678	264	450	187,552	13,335	监控 黑名单
2	AUX/奥克斯 KFR-35GW/NFI19+3大1.5匹冷暖定频 促销价：1,999元	奥克斯旗舰店 监控中 天猫THALL.COM 浙江 宁波	43,283	271	524	204,677	11,140	监控 黑名单
3	Midea/美的 KFR-26GW/WCBD3@ 大1匹智能静音 促销价：1,999元	美的官方旗舰店 监控中 天猫THALL.COM 广东 佛山	40,411	264	827	265,623	22,833	监控 黑名单
4	Midea/美的 KFR-26GW/WDCA3@ 大1匹变频智能 促销价：2,499元	美的官方旗舰店 监控中 天猫THALL.COM 广东 佛山	38,870	212	323	176,285	12,138	监控 黑名单
5	Midea/美的 KFR-35GW/WCBD3@大1.5匹智能静 促销价：2,299元	美的空调旗舰店 监控中 天猫THALL.COM 北京 北京	35,134	154	293	158,859	10,888	监控 黑名单

图9-15　8月22日流失顾客去向商品排名

（3）顾客流失商品

8月22日顾客流失商品按流失金额排名前五如图9-16所示，分别是美的KFR-26GW/WCBD3@大1匹智能冷暖空调、美的KFR-35GW/WCBD3@大1.5匹智能静音空调、美的KFR-35GW/WCBA3@大1.5匹壁挂式空调、美的KFR-35GW/BP3DN8Y-PC200（B1）空调、奥克斯KFR-26GW/BPNFI19空调。

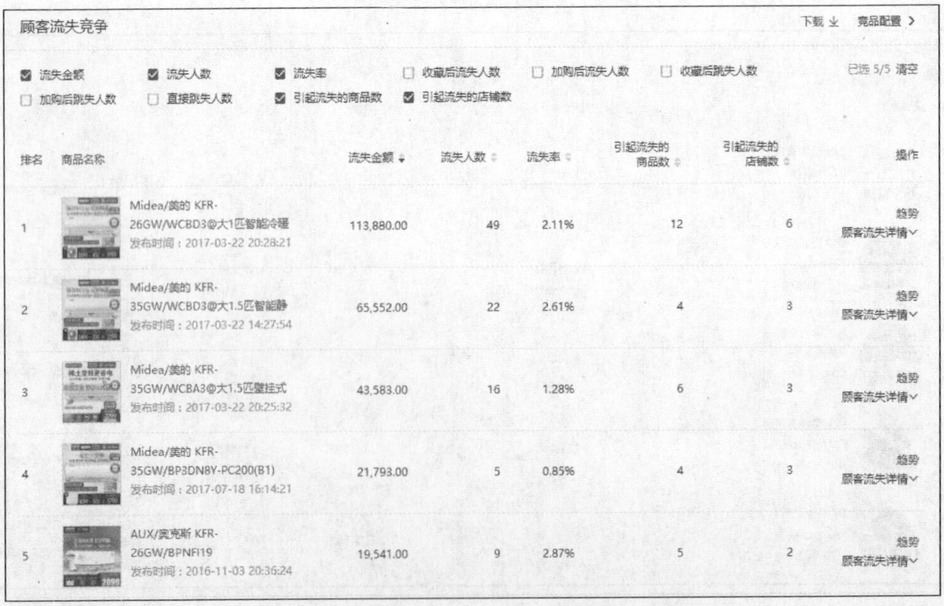

顾客流失竞争　　下载　竞品配置 >

☑ 流失金额　☑ 流失人数　☑ 流失率　☐ 收藏后流失人数　☐ 加购后流失人数　☐ 收藏后跳失人数　已选 5/5 清空
☐ 加购后跳失人数　☐ 直接跳失人数　☑ 引起流失的商品数　☑ 引起流失的店铺数

排名	商品名称	流失金额	流失人数	流失率	引起流失的商品数	引起流失的店铺数	操作
1	Midea/美的 KFR-26GW/WCBD3@大1匹智能冷暖 发布时间：2017-03-22 20:28:21	113,880.00	49	2.11%	12	6	趋势 顾客流失详情
2	Midea/美的 KFR-35GW/WCBD3@大1.5匹智能静 发布时间：2017-03-22 14:27:54	65,552.00	22	2.61%	4	3	趋势 顾客流失详情
3	Midea/美的 KFR-35GW/WCBA3@大1.5匹壁挂式 发布时间：2017-03-22 20:25:32	43,583.00	16	1.28%	6	3	趋势 顾客流失详情
4	Midea/美的 KFR-35GW/BP3DN8Y-PC200(B1) 发布时间：2017-07-18 16:14:21	21,793.00	5	0.85%	4	3	趋势 顾客流失详情
5	AUX/奥克斯 KFR-26GW/BPNFI19 发布时间：2016-11-03 20:36:24	19,541.00	9	2.87%	5	2	趋势 顾客流失详情

图9-16　8月22日顾客流失商品按流失金额排名

（4）对比分析

选择××网店流失金额最大的美的KFR-26GW/WCBD3@大1匹智能冷暖静音壁挂式空调（简称KFR-26GW/WCBD3空调）（见图9-17）与流失顾客去向商品排名第一的美的空调旗舰店的美的KFR-26GW/WCBD3@大1匹智能冷暖定速家用空调（简称KFR-26GW/WCBD3空调）（见图9-18）作对比分析。

图 9-17　某网店的美的 KFR-26GW/WCBD3 空调详情页

图 9-18　美的空调旗舰店的美的 KFR-26GW/WCBD3 空调详情页

××网店经营的美的KFR-26GW/WCBD3空调在8月22日访客数为2 328，支付买家数为36，支付件数为59，支付金额117 941元，支付转化率1.55%，收藏人数为58，加购件数179件，流失人数为49，流失金额113 880元，流失率2.11%，引起流失的商品数12个，引起流失的店铺数有6个，直接跳失的有2 066人，加购后跳失的有121人，收藏后跳失的有50人，加购后流失的有2人，收藏后流失的有2人。

美的空调旗舰店的美的KFR-26GW/WCBD3空调支付件数为450，交易指数为187 552，流量指数为13 335，流失指数为44 678，流失人气为271。

美国科罗拉多大学管理学院的Sussan M.Keaveney在1995年公布的一项研究成果中，总结了八大对顾客流失产生主要影响的关键因素，即价格、不方便、核心服务失误、服务人员的失误、对失误的反应、竞争、伦理、道德、非自愿的流失。美的KFR-26GW/WCBD3空调竞品对比分的要点选择价格、服务和竞争三个方面，如表9-7所示。

表9-7　　　　　　　　　　美的 KFR-26GW/WCBD3 空调竞品对比分析

	××网店	美的空调旗舰店
价格	1 999 元（火爆促销）	1 999 元（聚划算）
优惠	送高端台扇	无
促销活动	8 月 24 日淘抢购活动预热	聚划算
销量	1 225	5 091
推广重点	强劲制冷暖，轻松除湿 全网爆售 80 000 台，性价比之选 送花呗 3 期免息 淘抢购	强劲制冷暖，手机智控 18 分贝静音/高效除尘/自动清洗 全国联保/乡镇可达/送货入户 限时享 3 期免息 0 首付
客户评价	与描述相符 4.8 分，评价数 2 273，服务态度好（409）物流快（355）质量不错（264）划算（116）性价比高（14）物流服务好（5）质量一般（13）	与描述相符 4.8 分，评价数 18 758，服务态度好（3 674）快递不错（2 537）质量不错（1 682）性价比高（113）是正品（74）快递服务好（44）质量一般（92）
商品详情	天猫电器城/宝贝评价/问大家/买家秀/卖家推荐/促销活动介绍/商品亮点介绍/产品参数/关于报装	宝贝评价/问大家/天猫电器城/买家秀/卖家推荐/促销活动介绍/商品亮点介绍/产品参数/关于报装

从表中可以发现，该网店在价格上与美的空调旗舰店是一样的，但该网店提供了额外的优惠"送高端台扇"则是美的空调旗舰店没有的；在推广重点方面，该网店突出"除湿和性价比"，而美的空调旗舰店则突出"手机智控、静音、除尘和自动清洗"，更符合顾客的需求；在客户评价方面，美的空调官方旗舰店的服务态度好评率为19.59%，该网店的好评率17.99%，略微偏低；在商品详情页方面双方没有太大差异。

可见价格不是顾客流失的主要因素，而是二者在服务方面有一定的差距，另外，该网店在商品卖点挖掘方面与优质客户的需求不一致，其实还有一个非常关键的影响因素是品牌，美的空调旗舰店的品牌影响力明显高于该网店。

5. 制定减少顾客流失的措施

从上述分析可以发现，该网店流失的顾客属于优质客户，它们对价格不是很敏感。而该网店在推广时一味强调低价，没有关注优质客户更深层次的需求，如"手机智控、静音、除尘和自动清洗"，因此建议修改主图，更加关注优质客户深层次的需求。另外，建议提升客服的水平和能力，增加培训。再一个是多做品牌宣传，提升本网店的品牌影响力。

四、拓展实训

实训 1　竞店分析

1. 实训背景

在淘宝店运营中时刻关注竞争对手是非常重要的，对手店铺的任何一个变化都极有可能直接影响到自己店铺的销量。

竞争店铺的强弱关键在于其对自身销售额的影响大小，因此做竞争店铺分析要先了解竞争店铺的类型、规模、销售额、客单价、访客数、商品构成、SKU 数、产品差别化、主力商品群、消费层定位、便利性、服务水准、促销力度和水准、品牌影响力等重要因素，再逐一分析，订定有效策略，迎战竞争店铺。

产品差别化：与竞争店铺相较时，产品重复太多是最不利的因素，特别是主力产品群，将会严重瓜分市场。

消费层诉求：每种类型的竞争店铺都有其经营宗旨，也各拥有其忠实的消费层，消费水准高的地区一般较能接受经营高端产品的网店。

促销力度和水准：广告促销 DM 设计是否主题明确，重点商品是否突出，折扣力度和优惠方式是否吸引人，主图是否展示商品的特性。

商品力：价格策略采用的是哪种策略，如低价格低毛利、高价格高毛利、诱饵价格政策、设定尾数价格政策等；品项是否齐全，缺货情况以及重点商品管理方法等。

竞争店铺分析：主要关注的指标有店铺创建时间、主营类目、DSR、主销商品、SKU 数、类目销量分布、UV、客单价、转化率、动销率、复购率、引流词等。

2. 实训要求

选择一家网店，识别其竞争店铺，然后设计竞争店铺数据追踪表格，持续收集竞争店铺的数据至少 1 周，再对收集的竞争店铺数据进行分析。

实训 2　店铺标杆管理

1. 实训背景

标杆管理是国外 20 世纪 80 年代发展起来的一种新型经营管理理念和方法，它是一个持续的调查研究和对过程的学习，以确保发现分析、采纳、执行行为中最好的经营管理实践活动，与企业再造、战略一起并称为 20 世纪 90 年代三大管理方法，也是国内外开展竞争研究常用的方法和工具之一。美国的一项研究表明，世界 500 强企业中有近 95% 的企业在日常管理活动中应用了标杆管理。

标杆环由"立标、对标、达标、创标"四个环节构成，前后衔接，形成持续改进、围绕"创建规则"和"标准本身"的不断超越、螺旋上升的良性循环。

立标——有两重含义，其一为选择行业内外最佳的实践方法，以此作为基准、作为学习对象。其二是在企业内部培养、塑造最佳学习样板，学习样板可以是具体方法、某个流程、某个管理模式，甚至是某个先进个人，使其成为企业内部其他部门或个人的榜样。

对标——对照标杆测量分析，发现自身的短板、寻找差距，并分析与尝试自身的改进方法，探索达到或超越标杆水平的方法与途径。

达标——改进落实，在实践中达到标杆水平或实现改进。

创标——运用标杆四法创新并进行知识沉淀，超越最初选定的标杆对象，形成新的、更先进的实践方法，进入标杆环，直至成为行业标杆。

2. 实训要求

淘宝网上女装是一个竞争非常激烈的类目，全网"双十一"女装店铺交易指数排行榜中，优衣库连续几年排名第一。请选择韩都衣舍官方旗舰店作为分析对象，以优衣库为标杆，制作一份对标分析报告。

任务小结

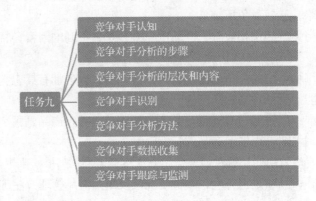

同步习题

（一）判断题

1. 一般而言，竞争对手是指产品功能相似、目标市场不同的企业。（　　）

2. 企业决策层的竞争对手分析内容包括竞争对手的产品或服务在市场上的竞争地位、发展趋势、竞争策略、财务指标等一系列决定其竞争地位的关键指标。（　　）

3. 在动态竞争环境中，对竞争对手的跟踪与监测是一种动态博弈的过程。（　　）

4. 标杆环由"立标、对标、达标、创标"四个环节构成。（　　）

5. 对商品满意的顾客不会选择替代品和竞争对手的产品。（　　）

（二）不定项选择题

1. 根据战略层次，竞争对手分析的层次分为（　　）。

  A. 企业决策层竞争对手战略分析   B. 企业经营层竞争对手战略分析

  C. 企业职能层竞争对手战略分析   D. 以上都不对

2. 竞争对手基本的战略有（　　）。

  A. 差异化   B. 成本领先   C. 集中战略   D. SO 战略

3. 竞争对手分析时，财务部门应了解的竞争对手指标包括（　　）。

  A. 收益性指标   B. 安全性指标

  C. 生产性指标   D. 创新能力指标

4. 依据竞争事实的形成与否，竞争对手可分为（　　）。

A. 行业竞争对手　　　　　　　　　B. 目标市场竞争对手

C. 潜在竞争对手　　　　　　　　　D. 直接竞争对手

5. 竞品分析框架包含（　　　）。

　A. 竞品选择　　　　B. 分析维度　　　　C. 分析评价　　　　D. 分析准则

（三）简答题

1. 按照迈克尔·波特观点，潜在的竞争对手可以分为哪几类？

2. 常见的竞争对手数据收集渠道有哪些？

3. 简述竞争对手跟踪与监测模型。

4. 竞品分析方法主要有哪些？

5. 顾客流失分析的原因是什么？

（四）分析题

小米公司成立十一周年时，雷军做了一场年度演讲——"我的梦想，我的选择"，誓言要把小米办成一家伟大的公司，不辜负用户的信任，并宣布小米的下一个目标：三年时间，拿下全球第一。根据市场调研机构 DIGITIMES Research 公布的 2021 年全球智能手机出货量排行榜，前 3 名分别是三星、小米和苹果。小米要实现全球第一的愿望，就需要超越三星。

请选择小米和三星各一款旗舰产品做竞品分析。

参考文献

[1] 孟小峰. 大数据管理：概念、技术与挑战. 北京：机械工业出版社. 2017.5.

[2] 李杰臣，韩永平. 网店数据化运营. 北京：人民邮电出版社. 2016.1.

[3] 老夏. 电商数据化运营. 北京：电子工业出版社. 2015.9.

[4] 吴元轼. 淘宝网店大数据营销. 北京：人民邮电出版社. 2015.7.

[5] 黄成明. 数据化管理. 北京：电子工业出版社. 2014.7.

[6] 恒盛杰电商资讯. 网店数据化管理与运营. 北京：机械工业出版社. 2015.10.

[7] 李奇，毕传福. 大数据时代精准营销. 北京：人民邮电出版社. 2015.8.

[8] 张九玖. 数据图形化，分析更给力. 北京：电子工业出版社. 2012.6.

[9] 数据创新组. 京东平台数据化运营. 北京：电子工业出版社. 2016.3.

[10] 李军. 数据说服力. 北京：人民邮电出版社. 2016.2.

[11] 谭磊. 数据掘金. 北京：电子工业出版社. 2013.6.

[12] 谢家发. 数据分析. 郑州：郑州大学出版社. 2014.12.

[13] 王彦平. 人人都是网站分析师. 北京：机械工业出版社. 2015.3.

[14] 淘宝大学. 数据化营销. 北京：电子工业出版社. 2012.1.